Mastercam

進階多軸銑削加工

應用及實例

第二版

吳世雄
陳威志
鄧博仁 著

五南圖書出版公司 印行

Preface

Mastercam® is a suite of Computer Aided Design / Computer Aided Manufacturing (CAD/CAM) software developed by CNC Software Inc. It is one of the most widely used CAD/CAM software among manufacturing industry users, as well as education and training professionals.

The CAD functions of **_Mastercam_**® covered popular CAD functions from wireframe modeling, dimensioning, to 3D surface modeling, and solid modeling. In order to better serve the manufacturing industry, Mastercam developed specialized CAD tools like Model Prep functions, which greatly simplified solid model modification process before toolpath programming.

The CAM functions of Mastercam provided CNC programmers with a collection of products for Milling, Turning, Mill-Turn, MultiAxis, WIreEDM, Router & ART, etc. Each product is a full-featured collection of software tools which was designed to facilitate automation in manufacturing processes of certain type of CNC machining.

The manufacturing industry is rapidly growing, so are modern CNC machines. Multiaxis machining, which used to be considered as "high-end", is becoming more and more popular. The Book <Mastercam Advanced Multiaxis machining applications and case study> is providing the readers who want to know more about multiaxis programming using Mastercam with interesting information. It covered from basics to advanced applications for 4 axis rotary, 5 axis positioning, and 5 axis simultaneous programming. Then the book further explained how the multiaxis programming was used in real-life machining examples. The book also talked about toolpath collision check and machine simulation to make multiaxis machining safer.

All the authors of this book have years of working relationship with CNC Software. Mr. Deng, Boren has been working in the field of professional training for many years. I learned a lot from him. Mr. Wu, Shixiong and Mr. Chen, Weichih have worked on a lot of advanced CAD/CAM projects in their career. I'm confident the knowledge and experience they shared in this book will benefit every reader.

Ke Wang

Applications Engineering Manager, CNC Software, Inc.

推薦序一

Mastercam® 是美國 CNC Software 公司開發的電腦輔助設計與製造（CAD/ CAM）專業軟體，是當前全球機械加工行業和職業教育領域普及程度最高，使用範圍最廣的 CAD/CAM 軟體之一。

Mastercam® 的 CAD 部分涵蓋了從線架構繪圖，尺寸標註，到曲面模型設計，實體模型設計等所有電腦輔助設計功能。為了適應機械加工的需要，**Mastercam**® 還增加了模型修改等特殊 CAD 工具，大大簡化了刀路編程前的實體模型修改流程。

Mastercam® 的 CAM 部分則為數控編程工程師們提供了銑削、車削、車銑複合、多軸加工、線切割、木雕、浮雕等多種不同的解決方案，其中每一種都是一套功能完備的軟體工具，適用於機械加工行業中多樣化的工藝流程。

在當今機械加工技術快速變化，數控機床功能不斷升級的時代，多軸加工等以往略顯小眾的高端功能變得越來越普及。這個時候，一本專攻 **Mastercam**® 多軸加工的專業書籍就變得尤為重要。《**Mastercam**® 進階多軸銑削加工應用及實例》一書的問世為廣大想要進一步了解 **Mastercam**® 多軸銑削功能的讀者帶來了福音。本書從多軸加工的基本概念入手，由淺入深的詳細介紹了四軸旋轉銑削、多軸定面加工和五軸聯動銑削的理論、工法和應用。然後輔以大量的實例，進一步加深了讀者對多軸加工的理解。本書還特意編寫章節，詳細介紹了刀路安全驗證和整機模擬功能，讓多軸機床用戶對刀路安全性有了更好的把握。

本書的作者都是和 CNC Software 有著多年合作關係的業界精英。其中鄧博仁老師從事職訓工作多年，有豐富的研究，教學多軸加工的經驗，是我十分尊重的前輩。吳世雄先生和陳威志先生在 CAD/CAM 領域從業多年，見證了這個行業的發展，親手解決過無數高難度的應用案例，對 **Mastercam**® 多軸加工有著深入，獨到的理解。相信讀者們可以從他們的分享中獲益匪淺。

王可

應用工程部經理，CNC Software, Inc.

推薦序二

作為技術核心開發商，被邀請為多年的合作夥伴出版的專業書籍做序，有一種如突然被拉上舞臺，雖然流程爛熟於胸，但不知所措的感覺。

ModuleWorks 在 CAM 工業中持續開發相關算法和模擬驗證技術，並為眾多軟體提供服務。其中和 **Mastercam**® 的合作已經頗有歷史，並且已經在工業領域中得到充分的驗證和肯定。隨著工具機應用領域的拓展，特別是多軸加工技術和一些特殊加工工法發展，ModuleWorks 有更多的技術整合支援 **Mastercam**®，為客戶提供優質服務的機會。

多軸加工的本質就是為了提供更高效簡便的加工過程，但當在線性軸（X、Y、Z）的基礎上加上了旋轉軸（A、B、C）的連動，使得對於素材、刀具和機器結構間的干涉判斷變得不再直觀。這時一個高效優質的多軸算法可以提供一個高速優質的路徑，然後透過材料移除的模擬和整機運動仿真的驗證，來預判並確認結果的準確性和加工過程的安全性。這便是 **Mastercam**® 和 ModuleWorks 為使用者提供服務的核心部分。

雖然電腦輔助製造在華語工業界已經有幾十年的歷史了，但是在這個領域中，詳細準確的中文手冊類專著非常稀缺。這種資源的缺少為業內人員造成了不少困難，特別是在複雜的場景和技能的提高方面。

本書詳盡闡述了 **Mastercam**® 以及 ModuleWorks 與之配合部分的使用方法，和許多參數的應用，讓 **Mastercam**® 的用戶更加明確準確的使用多軸加工的技巧和驗證，同時擁有了技術手冊和技能提高的工具。能推薦此書，本人頗為榮幸。

孫超（ModuleWorks）

前言

　　臺灣製造業普遍以代工製造（OEM）或設計與製造代工（ODM）為主，當今產品的研發技術透過軟硬體上不斷的精進與提升，相對的企業競爭也更加的激烈，無論產品開發週期的縮短與客戶品質上的嚴格要求，企業都必須以更快、更彈性的生產方式來滿足顧客的需求。

　　而關鍵零組件所涵蓋的範圍，包括有汽機車、醫療器材、航太、電子 3C 等等產品，在開發週期不斷的縮短與製造成本不斷的上升、人力資源的匱乏、技術斷層等營運的挑戰下。目前經由產官學的共同推動努力，持續地不斷發展單機、整線與整廠的智慧化製造整合生產系統，以迎合生產力 4.0 的規範。業界也持續的朝向加工設備須具備故障預測、精度補償與自動參數調整等功能，來整合全流程的彈性生產、以其減少換線的時間，並全面檢測自動化和即時機臺監控系統來確保製造品質。其目的都在於降低成本和提高生產的競爭力，以達成高效率、高精度的需求和交期的準確度。

　　本書透過很多的編程實例來直接導引五軸加工的應用觀念，與編著者多年的實務經驗累積，無私地做分享和問題的剖析對應處理方式，讓您能夠真正的學以致用與技術力的大幅提升。本書經由臺灣總代理：眾宇科技有限公司（CHUNG YI）的認可同意，操作案例經由美國 CNC software 公司推出的 *Mastercam*® 軟體做編寫，它是目前全球市面上占有率最高的 CAD/CAM 系統，*Mastercam*® 是最經濟、最有效率以及全方位之 CAD/CAM 軟體。其強大、穩定、快速的功能，使您不論是在設計製圖上或是 CNC 銑床 2-5 軸、車／銑複合、線切割、木雕和浮雕等加工上，都能獲得最佳的成果，加上 *Mastercam*® 是一套兼容於 PC 平臺下，配合 Microsoft Windows 操作系統，且支援中文操作，讓您在 *Mastercam*® 操作上更能無往不利。該軟體具有易學易用、運算程式時間短、機臺加工效益高、加工表面品質優、機臺／刀具壽命延長與現有很多的二次開發增益集工具（Ex: RoboDK 外掛）等優勢特點。不僅提供臺灣推動生產力 4.0 在數位製造上的利器，也讓業界的使用者和學校學員都能夠更深一層的瞭解實務上的加工應用。

本教材特點：

・本教材著重於多軸加工的基本應用、觀念的導引、加工安全須知與經由各個章節的功能重點說明和實例的操作。經由編著者多年的實務經驗累積，無私地做分享和問題的剖析與對應處理方式，讓您能夠淺顯易懂地進行多軸路徑的編程與提高上機實作加工的信心。

• 本教材以產業界最廣泛的零件加工為主，挑選最具代表性的幾何零件形狀，不僅讓讀者能夠學習到不同產業的零件加工應用，也更清楚地了解如何選用軟體上的工法來創建加工路徑與問題的解決。

• 本教材的編排除了提供製造產業界用戶的技能提升之外，也適用於各個教育機關的教學與輔導。

說明：

本教材主要介紹 Mastercam 2020 版本的內容，適用於 Mastercam 2017 至 2022 版本。如果版本不同或最新的版本，可能會導致工法功能有所不同，如有需要了解的地方，請聯繫作者或經銷商詢問服務。

著者 The authors

2023 於臺南 Tainan, Taiwan

目　錄

1 緒　論

2 多軸基本加工觀念與須知

3 多軸銑削加工使用入門

4 四軸旋轉銑削加工應用

1

緒論

五軸技術的發展近年來不斷的提升，無論五軸工具機是國內、外都已逐漸受到工業界的重視。

幾十年來，人們普遍認為五軸加工技術是加工連續、平滑、複雜曲面的唯一方式。一旦人們在設計、製造複雜曲面遇到無法解決的難題，就會求諸於五軸加工。但是，五軸同動加工是數控技術中難度最大、應用範圍最廣的技術，它集計算機控制、高性能伺服驅動和精密加工技術於一體，來應用於複雜曲面的高效、精密、自動化加工。國際上也把五軸同動加工技術作為一個國家生產設備自動化技術水平的標誌，由於其特殊的地位，特別是對於航空、航太及軍事工業的重要影響，以及技術上的複雜性。西方工業已開發國家，一直把五軸數控系統作為戰略物資實行出口許可證制度，對有些國家實行禁運，限制國防、軍事工業的發展。

以下是針對多軸加工的優點、應用的領域、軟體的評估及未來的發展做說明：

1-1 多軸加工的優勢特點

五軸加工是數控工具機加工的一種模式。採用 X、Y、Z、A、B、C 中任意 5 個座標的線性插補運動，五軸加工所採用的工具機通常稱為五軸工具機或五軸加工中心。五軸工具機比一般傳統的三軸工具機多了兩個旋轉軸，所以可以有較廣泛的加工及切削能力。一般而言，它具有下列優點：(1) 經由控制旋轉軸來製造出更複雜的幾何形狀零件，(2) 可以增加切削力以提高產量，(3) 可以增加加工零件之表面平滑度，(4) 減少更換夾具的次數而提高其加工精度，(5) 縮短生產過程，簡化生產管理，(6) 縮短新產品的研發周期。

使用 5 軸加工，我們透過圖示讓您更了解其特點：

• **一次性裝夾對零件做多個面的加工**：以減少工件翻面裝夾的時間與夾治具的成本。

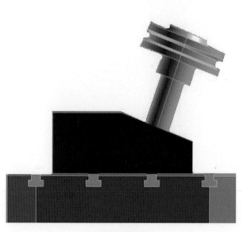

三軸加工機   5 軸加工機

- **連續性的加工倒勾區域**：以減少加工上的製程與提高表面加工精度與品質。

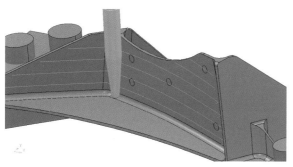

航太結構件倒勾區域加工　　　　　　　　模型連續性五軸同動加工

- **加工深穴的模具與零件**：以減少放電加工的製程與電極的設計和加工成本。

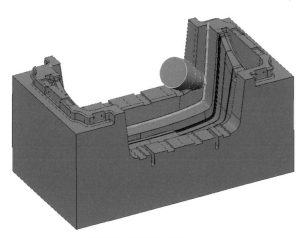

汽車保桿五軸清角加工　　　　　　　　　渦輪五軸倒角加工

- **可縮短刀具的夾持長度**：提高工件的表面加工精度與延長刀具壽命。

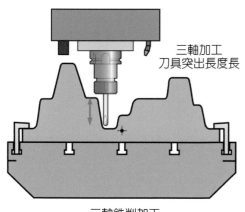

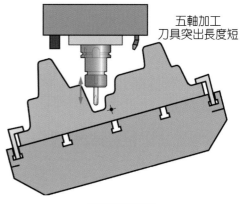

三軸加工
刀具突出長度長

五軸加工
刀具突出長度短

三軸銑削加工　　　　　　　　　　　　　五軸銑削加工

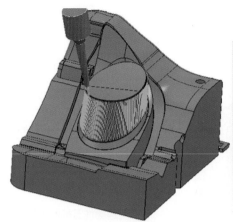

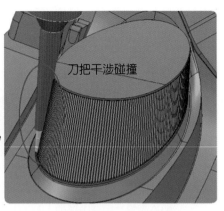

五軸：法線同動加工 三軸加工：刀把干涉碰撞
（製程需翻面加工或延長夾持）

	編程時間	CNC 加工時間	總時間
3 axis	＞4 小時	大於 1.5 天	約兩天
5 axis	＜1 小時	約 3 小時	＜4 小時

- **提高成型刀具的使用率**：例如使用酒桶刀具，透過有效的刀刃來增加切削效率。

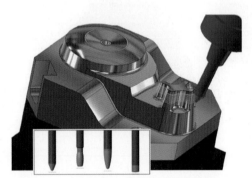

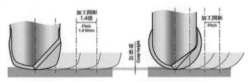

五軸桶形刀加工 鏡型刃：提升間距 1.4 倍

- **避開刀具靜點加工問題**：利用刀具的刀腹、刀緣做切削來避開靜點加工，同時也大幅度的減少加工時間。

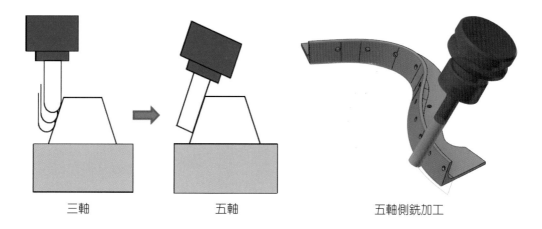

| 三軸 | 五軸 | 五軸側銑加工 |

提供參考:

依據球刀的刀刃切削力以傾斜 15 度爲最佳

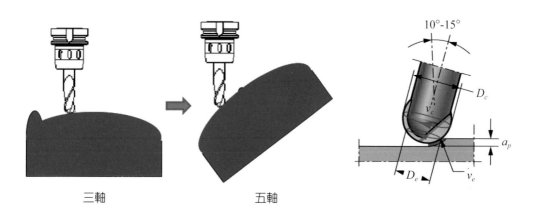

| 三軸 | 五軸 |

• **減少用刀數與程式編程** > 減少三軸在區域加工須分長短刀具或定軸 3+2 的編程路徑。

2＋3 軸加工

	三軸	3+2 軸	五軸
加工時間	15hrs	8hrs	4hrs
使用刀具數	6 支	3 支	3 支

五軸加工對於刀具的偏擺控制與預防碰撞干涉，其加工應用與注意比三軸要複雜得多。所以，您必須真實地花更多的時間來獲取更多的加工應用經驗，但其實只要按部就班的做練習與實作加工，五軸加工也並非真的很難！

1-2 多軸加工的應用領域

1. 五軸加工基本上區分為 3 個種類：

- **五面加工**：單一旋轉軸固定，通常都是 Spindle 主軸頭的類型，普遍應用於大型的鑄件體加工。

- **3+2 固定軸向加工**：切削時第四、五旋轉軸固定，普遍應用於快速移除殘料的粗加工或非倒勾的多面加工，例如幾何特徵零件的加工。

- **五軸同動加工**：切削時同時轉動兩個旋轉軸及移動三個直線軸進行加工的動作，適合加工複雜的工件造型。

下圖為五軸加工的使用率

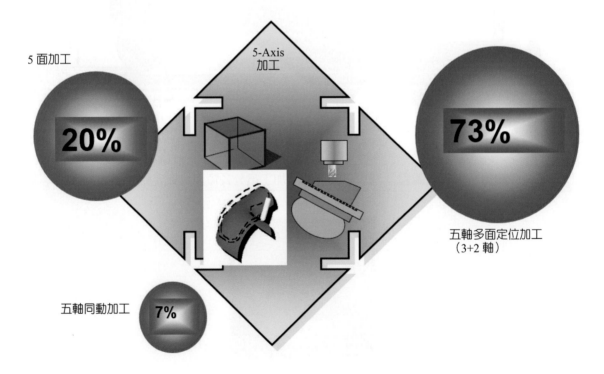

2. 五軸加工機可應用在那些產業：

- **汽機車工業**：例如車身模型製作、車燈模側花加工、引擎零件、輪胎模具製作。

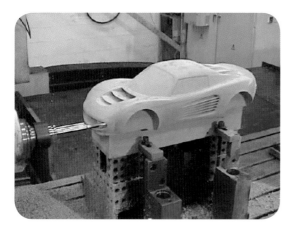

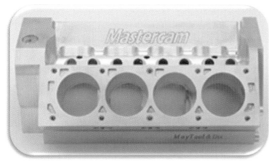

• 模具業：五金加工類、塑膠模具、鞋楦加工等。

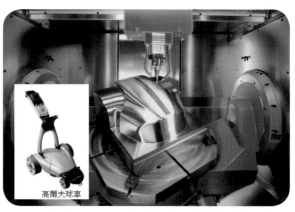

高爾夫球車

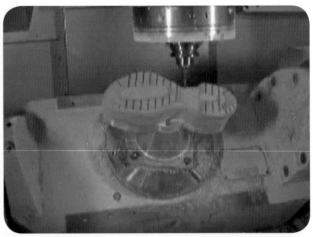

• 工具機業：導螺桿、滾齒凸輪加工、捨棄式刀具刀把加工等。

• 產品開發快速原型：產品設計打樣、3C 產品、汽機車等。

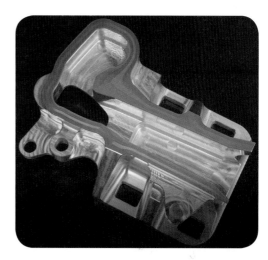

• 醫療器材業：醫療器材可應用於牙齒模、人工關節、植入性零件等。

- 能源工業：壓縮機葉片、發電機組渦輪扇葉、高效率風扇等。

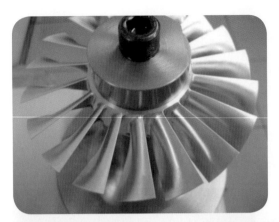

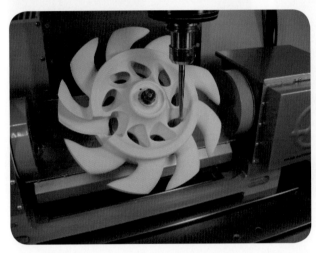

- 造船工業：大型或複雜型狀的槳葉、渦輪葉片或船身模具等。

- 航太工業：航太零件：渦輪葉片、結構件切削加工等。

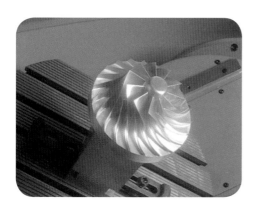 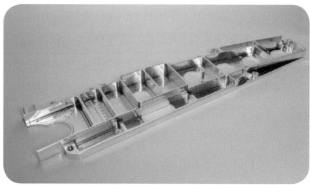

1-3 了解軟硬體的評估

首先我們來了解導入五軸加工的思維，有以下幾點提供參考：

- 一機可以多用：(1) 三軸高速加工，(2)3+2 固定軸向加工與鑽孔，(3)5 軸連續加工。
- 技術提升與成本降低：(1) 更快的進給及主軸轉速，(2) 更好精度與剛性，(3) 標準機型價格降低，(4)CAM 功能提升。

五軸該如何選擇和決定

當您決定導入五軸加工，除了需要性與投資報酬上的考量之外，還必須評估 CAD/CAM 人員的技術支援與經驗豐富真的很重要。您必須要選對軟硬體商，無論服務與經驗都必須能夠支援，才能事半功倍。所以五軸有幾點需要考量的要素（如下圖）：

- **選擇哪個產牌的機臺**：決定國內或國外機臺，市場上的風評、機臺精度、穩定性與技術服務是否到位。也可詢問同業的使用心得與雲端上論壇的評價。
- **搭配的控制器類型**：一般都會依據硬體廠商的建議，還有價位上的考量。但此控制器的選擇會影響到機臺操作的方便性、加工的速度與表面品質的呈現。
- **刀具的選擇**：常態性以加工的材質來選擇適合的刀具，如果你加工深穴模具或複雜的零件，通常會衍生干涉與夾持的刀長問題。那麼刀桿的選擇就相對的重要，建議您使用燒結式的錐形刀桿，可避免很多干涉的問題發生。
- **軟體與操作人員**：CAD/CAM 人員必須俱備基本的五軸應用觀念與程式編程的安全性確認，除了膽大細心之外，該當注意的事項與路徑的驗證模擬絕對不能忽略，建議可考量專業的機臺模擬軟體，以確保在上機加工之前多一道安全的路徑驗證。

接下來將說明如何進行軟體功能的評估：

- **軟體的操作與編程效率**：須具備易學易用人員培訓快、支援二次開發客製化、中文介面與管理簡易、5 軸的路徑計算速度快，支援多工多核心運算。
- **適用功能**：功能策略俱有豐富的加工工法、高精度點的控制（提高表面品質）、支援多的刀具類型與成形刀運算、彈性的刀軸軸向定義，也須俱有高速高效率加工，例如動態擺線、路徑螺旋、轉角圓弧化與平順化、全工法殘料等負荷切削加工，多樣的清角方式。
- **路徑編輯**：是否需要重新運算，包括有任意切換座標程式輸出、路徑修剪／移動／陣列／鏡射／下刀位置／加工順序／方向編輯是否都簡易方便、可定義最佳化進退刀與連結、自動運算邊界加工範圍、不等預留量的定義，以及 5 軸加工角度範圍限制、軸向彈性編輯、路徑刀軸可以平順化與自動避讓的功能。

- **安全性**：模型須完全的過切保護、路徑進退刀與提刀安全性須確保、刀把夾長可碰撞檢查，提供完整的機臺干涉碰撞模擬。
- **技術支援**：技術人員的服務專業度與經驗豐富，具備各類機臺後處理的支援能力。
- **公司背景**：具有穩定長久的經營。

以上幾點提供給讀者參考做為評估，以免造成評估錯誤，花錢買經驗，也可能造成設備發生問題與客戶流失的風險。

1-4 五軸工具機未來的產業發展

五軸數控技術正朝向高速、高效率、高可靠性、高精度、複合化、智能化、網絡化、柔性化、綠色化等方向發展。高階五軸加工機及複合加工機的發展也趨向多軸化及高效率化為主流，對於零組件的設計、加工及組裝技術的要求下，精密越高相對的門檻也提高。但經由臺灣工具機產業，持續不斷的提高開發能力，技術上也越趨地成熟，都促使國內工具機業者開發出更多的功能化與高效率化的加工機臺，進而提升工具機產業的價值與競爭優勢。

五軸綜合加工機，其主要核心技術仍掌握在國際大廠，因此必須能夠自主研發，配合產、學、研等單位之多方整合才能有所突破。如伺服控制器、直驅伺服線性馬達、直驅伺服扭矩馬達、內藏式馬達主軸、軟硬體介面（如 CAD/CAM）、人機操作介面等設計與開發，皆為未來應發展之趨勢。而該如何增加附加產品以提高價值和功能的多樣化，則可考量單一多工的機種，除加工之功能外，亦可檢測工件幾何、刀具破損、監控運作等，使得客戶可得到完整的問題解決方案。另一方面，近年來因全球暖化問題愈益嚴重，如何提供具有高性能、節能又環保之機型，也將是未來我國工具機廠商於設計新機型時必須納入考量之主題。

本書參考文獻

美國 CNC Software,Inc. 文案資料

DARCAM TECH CO., LTD. 文案資料

CYTEK TECH CO., LTD. 文案資料

108 學年度全國 CNC 加工競賽大專組文案

林子寬老師，2013 博士論文，國立臺灣大學機械工程學研究所

控制器手冊：HEIDENHAIN/SIEMENS/FANUC/MITSUBISHI/ 新代

坤嶸 http://www.kun-jung.com/product_info.php?products_id=31

https://kknews.cc/news/pxar92.html

https://kknews.cc/zh-tw/news/pxar92.html

https://www.weiwenku.org/d/301001

2

多軸基本加工觀念與須知

2-1 多軸加工的基本觀念

一、何謂五軸加工

　　五軸工具機的五個軸通常是由三個直線軸外加兩個迴轉軸組成的，但其類型結構卻有很大的差別。加工中心機三個直線移動軸即為 X 軸、Y 軸及 Z 軸，五軸加工機所代表的五軸又是那五軸呢？五軸包含有三個直線移動軸 X 軸、Y 軸，和 Z 軸和 2 個旋轉移動軸 A+B 軸或 B+C 軸或 A+C 軸。A、B、C 旋轉軸又該如何區分，定義如下：繞著 X 軸旋轉移動的軸向稱為 A 軸，繞著 Y 軸旋轉移動的軸向稱為 B 軸，繞著 Z 軸旋轉移動的軸向稱為 C 軸。依據這些軸向的定義，即可得知五軸加工機的旋轉軸如何做定義。

直線移動軸及旋轉軸的定義

　　另外補充四軸工具機的定義：

　　四軸工具機上至少有 4 個軸向，分別為 3 個直線移動軸和 1 個旋轉軸，並區分兩種形式的四軸，立式四軸 XYZ+A、臥式四軸 XYZ+B。下左圖為一般四軸銑削的加工配置，即在三軸銑削基礎上加上一個 A 的旋轉軸。

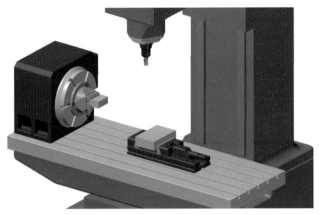

立式四軸 XYZ+A 的加工配置　　　　臥式四軸 XYZ+B 的加工配置

二、五軸加工 五面加工的差異

五軸加工機與五面加工機這兩者最大的區別在那？在於五個軸向有無同動。

- 五軸加工機：擁有 3 個線性軸及 2 個旋轉軸，多了這兩個自由度來控制刀軸的彈性變化，即可在 3D 空間的任何位置，來加工複雜的工件：例如葉片 Impeller。
- 五面加工機：擁有 3 個線性軸及 1 個旋轉軸，通常利用旋轉工作臺或刀具頭作特定角度之定位後，再進行 2 軸或三軸的加工，不具有 5 軸同時到達定位與方向之功能。

三、五軸加工機的分類

五軸加工機的種類以正交軸大致可區分 Table 型（工作臺旋轉型）、Hybrid 型（混合型）及 Spindle 型（主軸頭擺動型）這三種分類。若以旋轉軸的軸向關係來細分類，正交型五軸加工機將分類成 12 型，在此我們將不深入說明這些類型的差異與軸向關係。

市場上普遍的這三種正交軸類型概述說明如下：

1. 兩個旋轉軸皆可帶動工件，則稱為 Table 型（工作臺旋轉型），如下圖所示；Table-Table：

2. 一個旋轉軸帶動主軸，另一個旋轉軸帶動工件，則稱為 Hybrid 型（混合型），如下圖所示；Head / Table：

3. 五軸加工機的兩個旋轉軸皆可帶動主軸，則稱為 Spindle 型（主軸頭擺動型），如下圖所示；Head / Head：

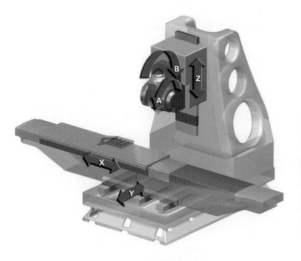
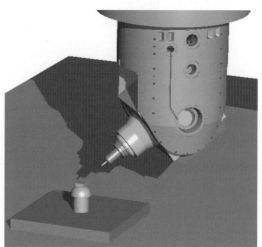

除此之外，市面上還有以機械手臂控制來進行加工，下圖就是以六軸機械手臂的加工實例，此種 Robot 應用特別適合於大型工件的加工場合。

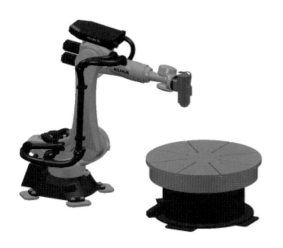

四、五軸加工的分類

　　依據加工軸向的種類有區分這幾種加工方式：五面加工、 3+2 固定軸向加工、五軸同動加工及六軸 Robot 機械手臂加工。

五面加工：在一次定位的架設條件下，對正立方體的五個面進行加工的動作。

3+2 固定軸向加工：在一次定位的架設條件下，經由兩個旋轉軸的搭配，依加工件的特徵，轉動至指定的軸向後，以固定軸向進行加工，此主軸總是垂直於操作面。

五軸同動加工：依據加工件的造型需求，同時轉動兩個旋轉軸及移動三個直線軸來進行五軸同動加工的動作。

六軸 Robot 機械手臂加工，自由度高可支援到 18 軸。

五、5 軸加工的優點好處

依據加工的分類，我們區分幾種加工方式的優點好處來做概述：

3+2 固定軸向加工的優點好處：

- 短刀具加工：可做快速切削、延長刀具壽命及提高加工精度與表面品質。
- 縮短製程：減少夾製具、減少拆換誤差、加工時間縮短及更好的機械稼動率。
- 高速加工技巧直接使用。
- 程式製作簡單。

車燈模加工　　　　　　　　　保險桿加工

多軸向鑽孔加工為 3+2 固定軸向加工的歸類，它的加工優點好處：

- 主要用於不同複合角度的孔系，例如引擎零件。
- 製程需多次翻面鑽孔，在五軸加工機上可一次完成。
- 大幅縮短鑽孔時間並降低加工成本

五軸同動加工的優點好處：

- 工件一次裝夾定位。
- 適合深模具加工。
- 複雜的工件加工。
- 易加工倒勾區域。
- 減少放電的成本。
- 提高刀具使用率與刀具壽命。
- 刀具夾持縮短，有更好的加工品質與精度。

2-2 多軸加工的觀念須知

一、五軸機臺的類型配置

　　前章節我們已說明五軸加工軸向的定義與五軸加工機的分類，五軸由三個直線移動軸 X 軸、Y 軸和 Z 軸，和 2 個旋轉移動軸 A+B 軸或 B+C 軸或 A+C 軸所構成。那該如何做軸向的宣告，此章節將做概述的說明，您可以由以下幾點的原則來判斷。

　　由 A 軸、B 軸、C 軸來定義旋轉軸，分別圍繞 X 軸、Y 軸、Z 軸轉動，轉動的正向可由右手定則來界定，如下圖所示：

- 繞著 X 軸旋轉移動的軸向稱為 A 軸。
- 繞著 Y 軸旋轉移動的軸向稱為 B 軸。
- 繞著 Z 軸旋轉移動的軸向稱為 C 軸。

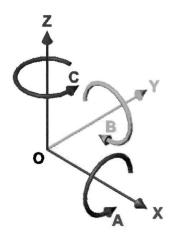

　　大多數的加工機，是以直角座標系為最常用的座標系統。您可以透過此直角座標系之右手法則來判斷五軸加工機的正負軸向宣告，如下圖所示。

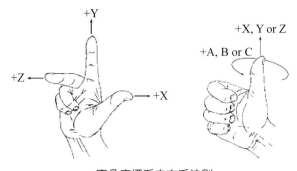

直角座標系之右手法則

基於以上的原則與規定，銑削加工的座標系統就非常的明確。

我們提供以下幾種，五軸加工機型的軸向宣告供您參考。

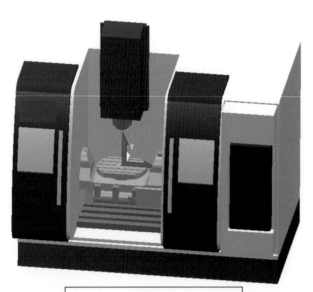

Table(A)_ 行程角度 -120~+30 度
Table(C)_ 行程角度 0~99999 度

Table(B)_ 行程角度 -110~+110 度
Table(C)_ 行程角度 0~99999 度

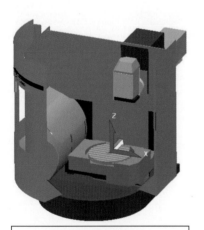

Head (B)_ 行程角度 -120~+30 度
Table(C)_ 行程角度 0~99999 度

Head (B)_ 行程角度 -105~+105 度
Head (C)_ 行程角度 -275~+275 度

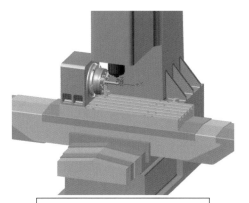

Table(A)_ 行程角度 0~99999 度

另外提供以下三種五軸加工機型的優缺比較供參考。

機臺類型\比較項目	Table / Table	Head / Table	Head / Head
機型大小	小型	中小型	中大型
軸向行程	A:-110~110	B:-120~+30	B:+-105 and C:+-275
軸向定義	AC/BC 居多	BC 居多	AB/BC 居多
主軸剛性	最優	中	差
加工效率	較高	中	較低
加工精度	較優	優	差
物件承重	較小	中	較重
適合工件	小工件	中的工件	大工件
位置與開關誤差	誤差小	誤差大	誤差大

二、控制器的類別

常用的五軸數控系統包含有：

- HEIDENHAIN
- SIEMENS
- MITSUBISHI
- FANUC
- OKUMA
- MAZAK

- FAGOR
- NUM
- ANDRONIC
- FIDIA
- 新代
- PC Base
- …

五軸刀具跟隨指令：

- HEIDENHAIN_ 海德漢：M128/M129
- SIEMENS_ 西門子：TRAORI/TRAOFOFF
- FANUC_ 發那科：G43.4 or G43.5/G49
- OKUMA：G169/G170
- MAZAK：G43.4/G49
- MITSUBISHI：G43.4/G49
- 新代：G43.4/G49
- …

三、何謂 RTCP 與 Non RTCP 的差異

何謂 RTCP？在五軸數控系統裡，RTCP 即是 Rotation Tool Center Point 的縮寫，字義就是刀尖點跟隨功能。而海德漢則將此技術稱爲 TCPM，即「Tool Centre Point Management」的縮寫，稱爲刀具中心點管理。當然，還有其他的 TCPC 或者 RPCP 等功能稱呼。其實這些稱呼的功能定義都與 RTCP 類似，都是爲了保持刀具中心點與工件表面的實際接觸點不變。在五軸加工中，刀尖點軌跡及刀具與工件間的偏擺姿態，由於迴轉運動，而產生刀尖點的附加運動。因此數控系統的控制點往往與刀尖點不重合，因此數控系統要自動修正控制點，以保證刀尖點是按既定的軌跡做運動。

下列我們將以圖示來說明加工一個點和一條直線，有沒有 RTCP 功能的差異

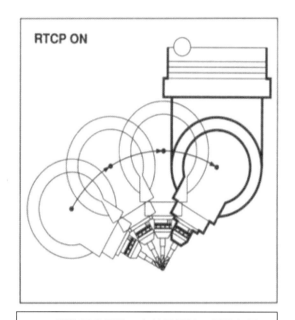

RTCP 開啓刀尖跟隨：主軸偏擺時，保持在同一點的位置上。

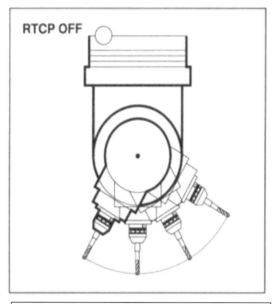

NO RTCP 刀尖跟隨：主軸偏擺時，無法保持在同一點的位置。

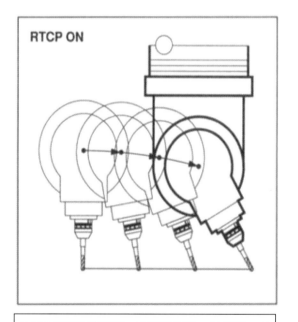

RTCP 開啓刀尖跟隨：主軸偏擺時，保持同一水平線的位置上。

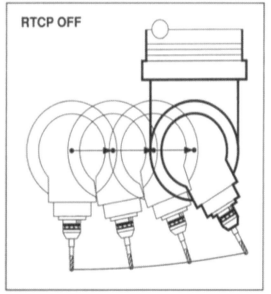

NO RTCP 刀尖跟隨：主軸偏擺時，無法保持在同一水平線的位置上。

　　於程式 G01 X_Y_Z_A_C_，不管有無 RTCP 的功能，一般的五軸機臺都會做五軸同動。未啓動 RTCP 功能時，運動路徑是以線性內插演算法來進行，而刀具跟隨（RTCP）功能是以工件座標系的座標旋轉角來描述加工位置及刀軸方向，再經由控制器重新計算成 Non RTCP

的資料，才能驅動各軸的運動。

在刀具跟隨（RTCP）功能中，CAM 軟體是以球形刀具中心點 X_Y_Z 和旋轉軸座標來輸出加工程式，再經由數控系統以刀具中心點為基準來進行自動補償，以確保球形刀具的中心點在插補演算過程中始終處於編程的刀具路徑軌跡上，如同（RTCP ON 的圖示）。

對於不帶 Non RTCP 功能的五軸機臺（例如：控制系統為 4+1 軸的機臺），要求 CAM 軟體生成的加工程式必須包含機械的座標偏移和工件的擺放位置。當工件擺放的位置或者刀具發生改變的時候，需要重新的輸出加工程式，此作業的麻煩將影響到效率與不方便性。

比方同樣一個零件，機臺換了或者刀具換了，都必須重新進行 CAM 編程或後處理的相關位置補正。並且機臺在裝夾工件時，需要保證工件在其工作臺的旋轉中心位置，若工件有偏移旋轉中心，那麼 X_Y_Z 的值都需要準確得做補正。對操作者來說，這意味著需要花大量的時間去確認補正值與裝夾，且精度也得不到保證。即使是做分度加工，不帶 RTCP 功能的五軸機臺也麻煩很多。

而具備有刀具跟隨（RTCP）的五軸機臺，工件的位置可以任意擺放，只需要設置一個座標系與對刀，就可以進行加工作業，在數控系統的演算法會自動計算工件安裝的位置偏差進行補償。一是對工件安裝位置的偏差進行補償，二是對機臺的兩個旋轉軸的旋轉中心偏移進行補償。

所以，刀具跟隨（RTCP）與 Non RTCP 兩者的差異不同在於：

- 數控系統的價格高低
- 軟體的後處理檔輸出
- 軟體的編程座標定義
- 工件裝夾的座標簡易
- 加工精度品質與效率
  ……等等。

重要觀念：

> 無論有無 RTCP 的功能，依據機臺類型的不同，補正方式皆不同，但唯一的觀念是要**將工件的工作座標補正到旋轉中心**。以此旋轉中心當工作座標，那麼無論物件上的任何位置做偏擺加工都是正確無誤。所以有無 RTCP 的控制系統差異，只在於是由控制系統協助演算補正還是由 CAM 人員自行確認補正值。

另外補充：

> 有刀具跟隨（RTCP）的五軸機臺在表面的加工精度品質與轉角處，都比 Non RTCP 功能的五軸機臺來得更優更好。差異在於切削移動與刀軸偏擺有無得到合理的控制，有刀具

跟隨（RTCP）它的運算是以刀具球心來控制加工速度，而Non RTCP功能的五軸機臺是以主軸軸心來控制加工速度。舉例來說，以手臂軸當軸心和以手腕當軸心，同樣的偏擺30度，除了距離有差異外其速度比也不同。以手臂軸當軸心（Non RTCP），所移動的速度比無法依據加工的曲面造型得到最佳的切削速率，而以手腕當軸心（RTCP），在偏擺和移動時是以刀具球心控制切削速率，該快的時候快該慢的時候慢，尤其在角落或特徵處就能明顯比較出加工的差異，這是兩者在加工精度與表面品質的優劣因素。

四、加工注意事項與衍生的問題

五軸加工時，提供了幾點建議供參考。首先您需要了解：

- **機臺的軸向行程**：確認偏擺的行程範圍與夾治具的干涉。
- **控制器的功能**：了解相關的五軸 G/M 碼與功能操作。
- **刀具與刀桿夾頭的使用**：儘可能的使用錐形刀桿以減少空間的干涉。
- **工件夾持於床臺的位置**：建議您使用機臺模擬先行驗證。
- **確切的路徑干涉驗證**：確保每一條刀具路徑的干涉碰撞檢查。

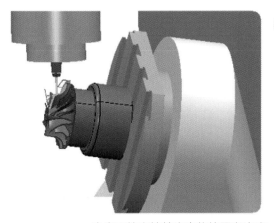 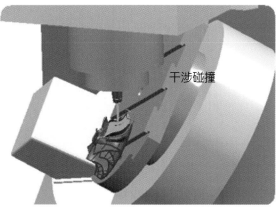

干涉碰撞

注意工件夾持於床臺的位置與高度，以免造成干涉碰撞或過行程的問題。

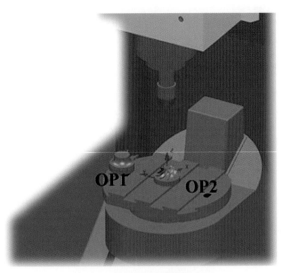

工件夾持儘可能放置盤面中心

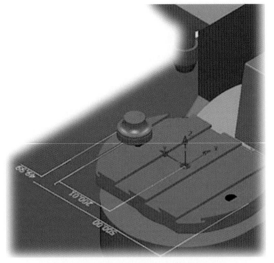

工件夾持位置不佳容易造成偏擺干涉

五軸加工時常衍生的問題還有那些：

- **靜點切削**：刀尖靜點切削，切削效率差，加工表面品質不佳。

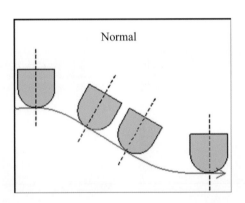

- **刀軸劇烈擺動**：複雜（垂直）的曲面變化容易導致刀軸劇烈擺動的情形。

- **加工區域不及**：無法產生所需的理想路徑。

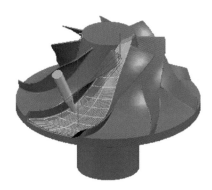

- **機臺過行程**：造成無法進行加工的問題。

- **提刀安全性問題**：造成工件的碰撞與過切。

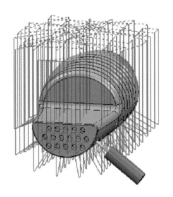

- **刀軸偏擺不順造成加工刀痕。**
- **轉角處加工無效的速度控制。**

- 刀軸定義不佳造成劇烈偏擺。
- 刀具路徑串刀造成碰撞問題。
- 刀具、刀桿及刀把夾持問題。
- 路徑的點造成加工效率問題。

五、五軸機臺的精度如何自行做簡易檢測

建議一：使用端銑刀銑削四方塊

作法：A 軸或 B 軸轉 90 度先銑左右兩側，再轉 C 軸 90 度，再銑兩側，量正尺寸。

建議二：使用球刀 3+2 定點銑削四方塊

作法：1. 使用三軸先銑削四方塊到正尺寸

2. 使用 3+2 定點偏擺 A 軸或 B 軸 15 / 30 / 45 /60 /75 度，各角度分別吃入 0.05，
建議同面分階銑，再轉 90 度同樣做法，由留痕加工判斷即知五軸機在各軸向
得精度偏差。

* 以上的建議作法僅提供參考，若要明確五軸機臺的精度，請洽專業的設備商或公正單位使
用儀器做檢測。

另外提供幾點的建議，讓您評估五軸 CAM 軟體功能時做參考。

如下所列：

- 操作的簡易性
- 豐富的加工工法
- 路徑的運算能力
- 各種刀軸軸向設定
- 支援多的刀具類型
- 彈性的路徑編輯
- 進退刀安全性
- 機臺干涉模擬
- 完全過切保護偵測
- 技術支援的能力

3

多軸銑削加工使用入門

學 習 重 點

3-1 基本設定

簡介

為何需要利用多軸銑削？

在許多產品的加工製程上，往往會遇到非三軸立式平面即可完成的加工，此時大多需要透過治具、3D 曲面加工工法或是成型刀具來克服。但是對於定位精度與效率的要求，就會遇到困難。

而多軸加工一般可以分為固定軸方式的定面加工、部分軸的同動加工、五軸同動加工等方式，因為這些也關係到硬體設備與控制器的支援程度。所以要選擇多軸加工必須要先清楚了解軟硬體上的搭配，方可選擇最理想的加工工法應用。

本章節將以一個初階概念來介紹多軸加工的使用，後面的章節將會針對各種加工的應用與範例來逐一做介紹與說明。

一、輸入模型

經由光碟 Chapter-03 內開啟 "GettingStarted_Start.mcam" 專案檔，您也可以使用滑鼠的左鍵，點選專案直接拖拉到工作視窗來做開啟。

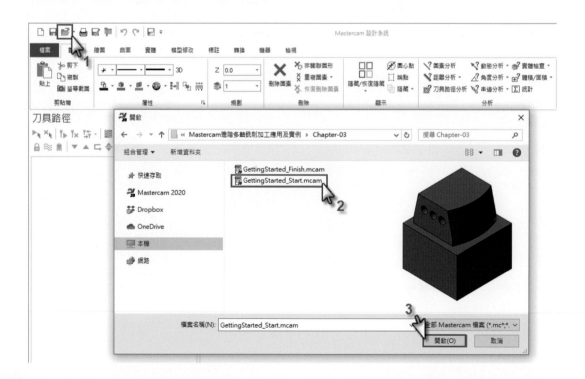

二、素材設定

- 由左下角處點選**刀具路徑**。
- 點擊**屬性**的 ＋ 展開參數。
- 點擊**素材設定**。
- 於素材設定內的形狀，選擇立方體。

  輸入素材尺寸 X：50、Y：50、Z60

  勾選顯示
- 點擊**確定**完成素材設定。

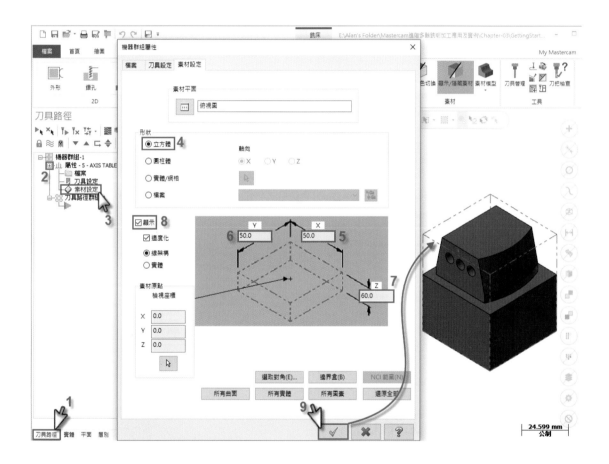

三、刀具設定

　　爲了讓使用者先清楚知道此章節要使用的刀具，所以先在此將刀具都建立完成。使用者亦可依照原有的習慣，在編寫路徑時的刀具頁面中，新增所需使用的刀具。

- 點選**刀具路徑**選項卡的**刀具管理**。

- 可於下方刀具庫右下角處，勾選**啓用刀具過濾**，並點擊**刀具過濾**功能鍵。在刀具過濾的清單設定視窗中，可設定顯示平刀、鑽頭等刀具。將所需要的刀具複製到上方的加工群組或是直接利用上方加工群組，直接按右鍵新增下列的刀具。
- 刀號 1：12mm 平刀。
- 刀號 2：6mm 鑽頭。
- 點擊**確定**完成關閉刀具管理對話框。

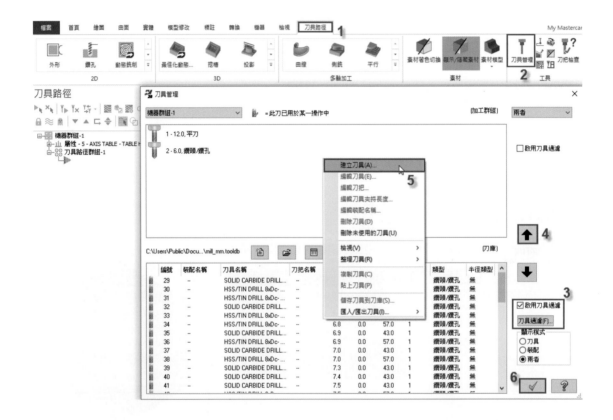

3-2 設定多軸加工路徑

製作多軸加工路徑之前，建議先調整較佳的螢幕視角。定面加工可搭配加工平面使用所有的三軸工法來加工產品，而多軸加工則需選擇相對應的多軸工法來應用。

一、2D 動態銑削加工

用最基本的 2D 刀具路徑，快速將外部材料去除，也是一般在加工前的準備動作。

- 點選**刀具路徑**選項卡的 **2D**，從**銑削**工法中選擇**動態銑削**。

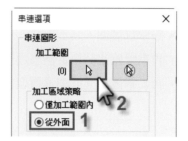

- 加工區域策略，勾選**從外面**。
- 點選**加工範圍**。

- 將串連切換到**實體串連**。
- 點選**外部邊界**。
- 點擊實體面。
- 再點擊**確定**結束實體串連對話框。

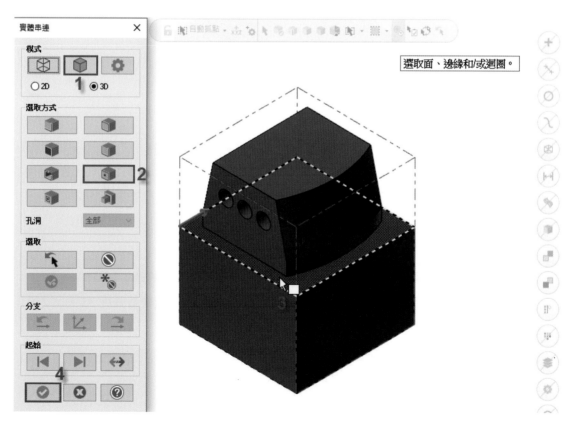

- 點選**避讓範圍**。

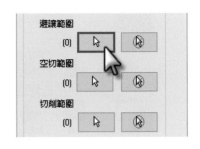

- 串連仍是使用**實體串連**。
- 點選**凸臺**。
- 點擊實體面。
- 再點擊**確定**結束實體串連對話框。
- 再點擊**確定**完成串連選取對話框。

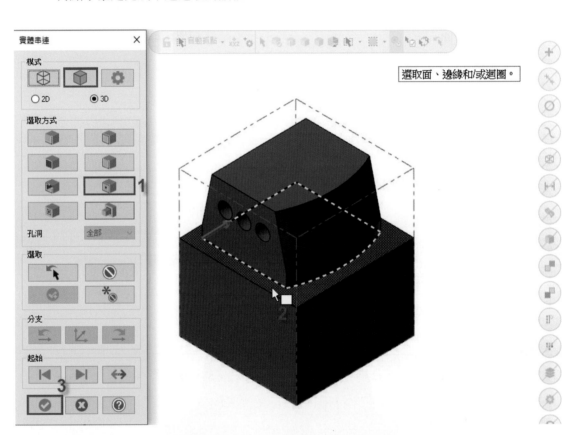

在 2D 高速刀具路徑 – 動態銑削工法視窗中設定相關參數：

- 點選**刀具**頁面，選擇刀號 1：12mm 平刀的刀具，由頁面中可更改切削條件。
- 點選**刀把**頁面，可由資料庫中自行選擇或建立新刀把，並定義夾持長度 35。
- 點選**切削參數**頁面，設定下列參數：

  步進量：10%

  壁邊預留量：0、底面預留量：0

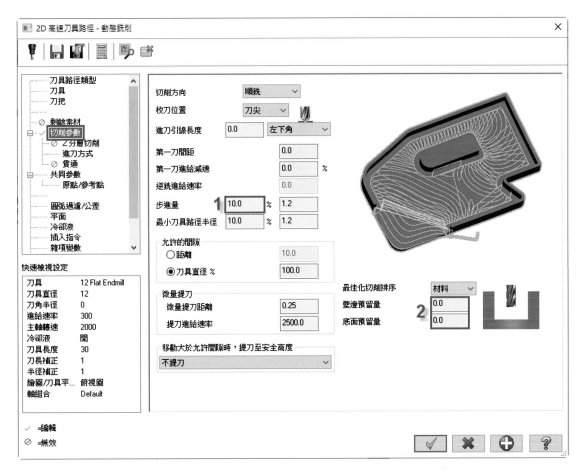

- **進刀方式**頁面，可以無需理會。

  因為加工區域策略是從外面，電腦將會自動於範圍外下刀。

- 點選**共同參數**頁面，設定下列參數：

  勾選使用安全高度：30（絕對座標）

  取消勾選參考高度

  進給下刀：3（增量座標）

  工件表面：0（增量座標）

  深度：0（增量座標）

  再點擊**確定**完成參數設定。

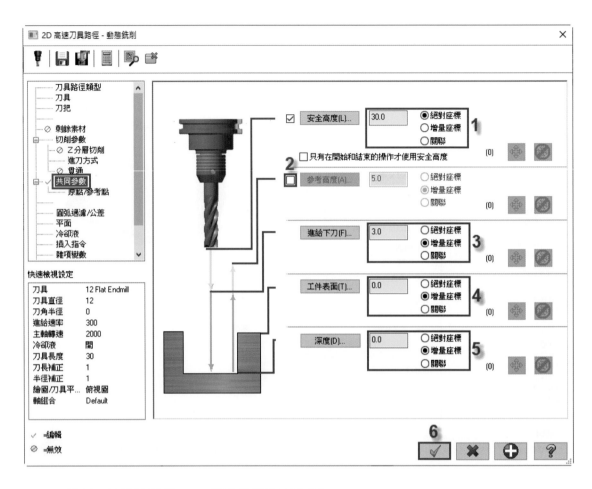

• 執行刀具路徑運算，刀具路徑運算結果如圖。

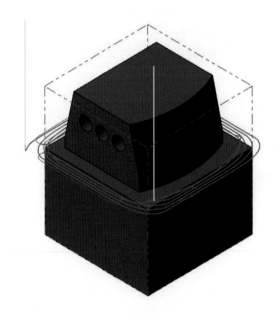

- 結束後，請點擊**僅顯示已選取**的**刀具路徑**。
- 再點擊**切換**將**刀具路徑**顯示**切換**，將路徑顯示關閉。

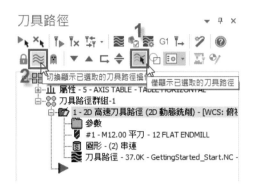

二、傾斜平面加工方式 1

因為左側有一個斜面，若沒有傾斜軸方式做加工，可能需要透過成型刀或是 3D 工法來加工。但是透過多軸的加工設備，傾斜刀具或是旋轉工作臺，僅需定義加工平面，來控制刀具的切削軸向，即可有效率的來完成加工。

- 建立加工平面的方式，可以選擇**動態平面**功能（工作視窗左下角）。
- 移動滑鼠並點選實體面（此範例僅解說定面概念，詳細的參數與設定在後面的章節再做解說）。
- 輸入平面名稱為 **A-01**。
- 點選**確定**結束新的平面對話框。

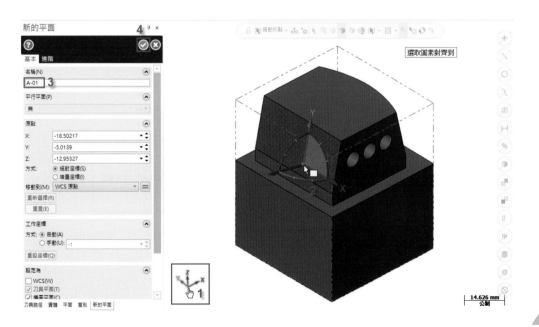

- 點選左下角處的平面。
- 確認 **WCS** 為俯視圖（以此為輸出工作座標原點）。
- 切換**構圖平面**（**C**）與**刀具平面**（**T**）至 **A-01** 平面。

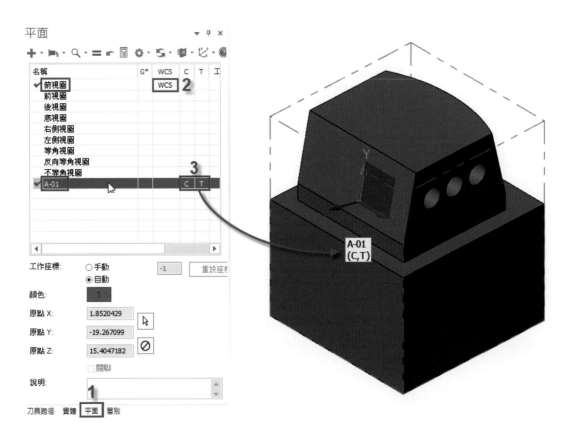

- 點選刀具路徑選項卡的 **2D**，從銑削工法中選擇**平面銑削**。

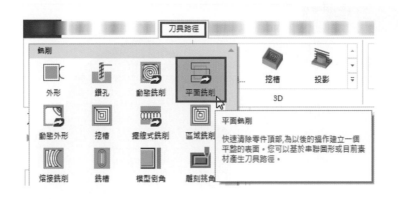

- 將串連切換到**實體串連**。
- 點選**外部邊界**。

- 點擊實體面。
- 再點擊**確定**結束實體串連對話框。

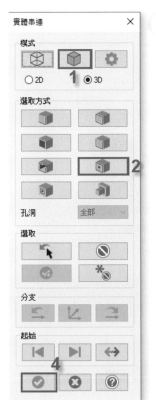

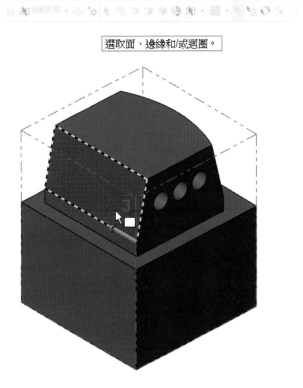

在 2D 刀具路徑 – 平面銑削工法視窗中設定相關參數：

- 點選**刀具**頁面，選擇刀號 1：12mm 平刀的刀具，由頁面中可更改切削條件。
- 點選**切削參數**頁面，設定下列參數：

　　類型：雙向

　　截斷方向超出量：20%

　　底面預留量：0

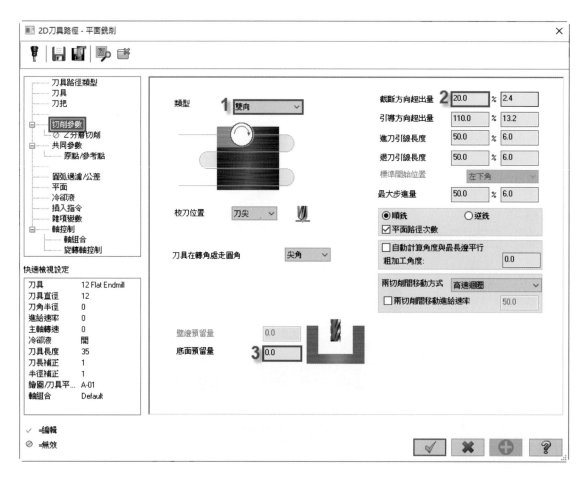

- 點選**共同參數**頁面,設定下列參數:

  勾選使用安全高度:30(絕對座標)

  取消勾選參考高度

  進給下刀:3(增量座標)

  工件表面:0(增量座標)

  深度:0(增量座標)

  再點擊**確定**完成參數設定。

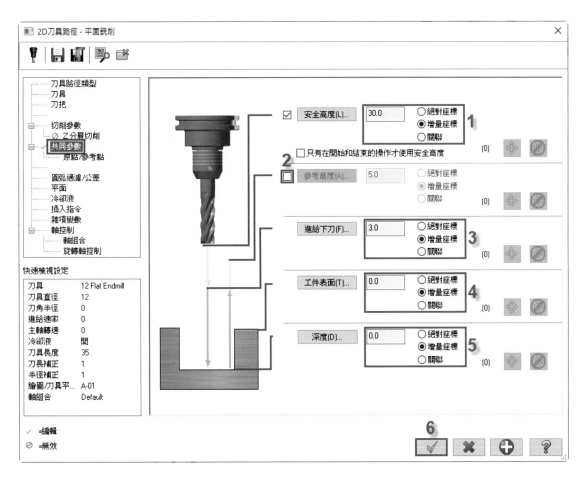

- 執行刀具路徑運算，刀具路徑運算結果如圖。
- 請將刀具路徑顯示切換至關閉。

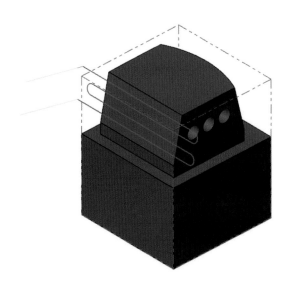

三、傾斜平面加工方式 2

接下來這個平面的加工，如果使用的是刀具的底刃來做切削，其實表面的質量不會比用側刃來做加工的理想。當刀刃足夠加工這個平面時，我們可以利用側刃來銑削，以達到較好的加工效果，這也是我們後面採用五軸沿邊的方法來做加工的概念。

我們就來介紹另一種刀軸方向的切削方式，使用者可以自行選擇加工的方式。

- 點選左下角處的**平面**。
- 點選平面名稱 **A-01**，並**按滑鼠右鍵**。
- 選擇複製，此時會產生 **A-01-1** 的平面。
- 雙擊 **A-01-1**，更改名稱為 **A-02** 的平面名稱。
- 再點選平面名稱 **A-02**，並**按滑鼠右鍵**。
- 選擇**增量旋轉**。

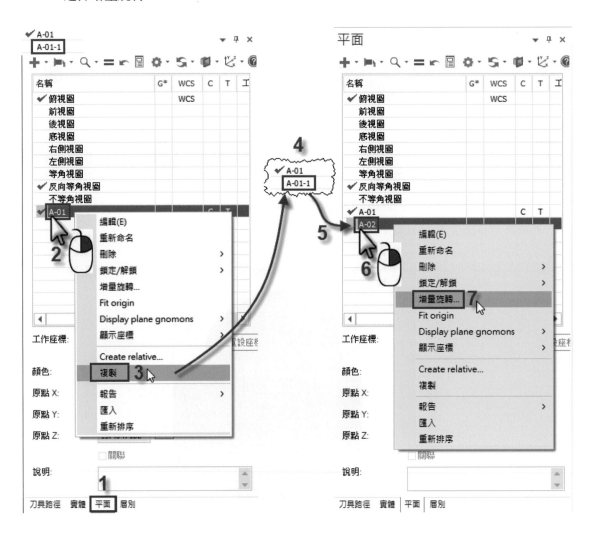

- 在方向的選項內，選擇相對於 X 軸，輸入 -90 度。

  此時會看到軸向變動，且 Z 軸平行於斜面。

- 點擊**確定**完成旋轉平面設定。

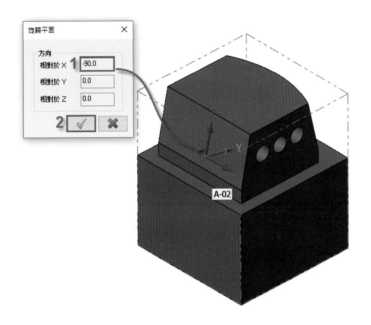

- 確認 **WCS** 為俯視圖（以此為輸出工作座標原點）。
- 切換**構圖平面**（**C**）與**刀具平面**（**T**）至 **A-02** 平面。

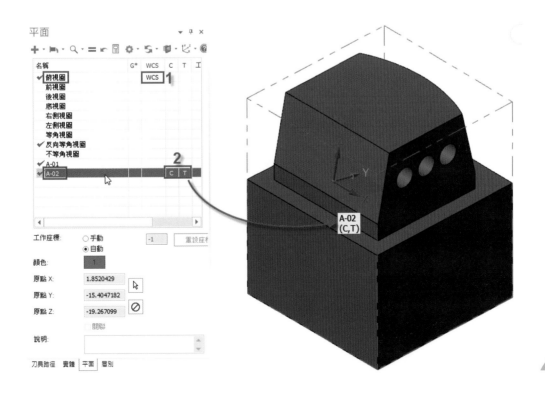

- 點選刀具路徑選項卡的 **2D**，從**銑削**工法中選擇**外形**。

- 確認串連為**實體串連**。
- 點選**邊界**。
- 點擊實體邊界（如圖的位置）。
- 確認串連的位置與方向是否正確？若不正確，請利用**反向**功能來調整。
- 再點擊**確定**結束實體串連對話框。

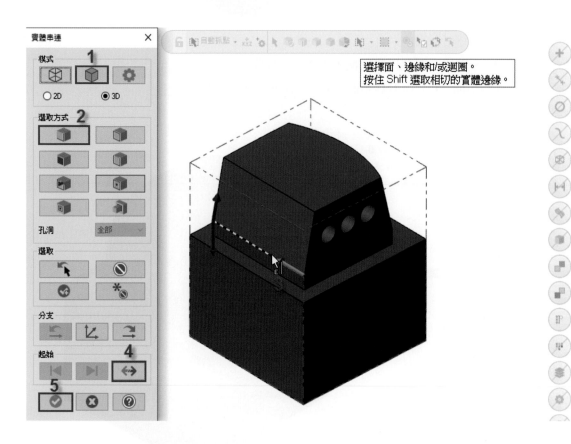

在 2D 刀具路徑 – 外形銑削工法視窗中設定相關參數：

- 點選**刀具**頁面，選擇刀號 1：12mm 平刀的刀具，由頁面中可更改切削條件。
- 點選**切削參數**頁面，設定下列參數。

  補正方向：左

  外形銑削方式：2D

  壁邊預留量：0、底面預留量：0

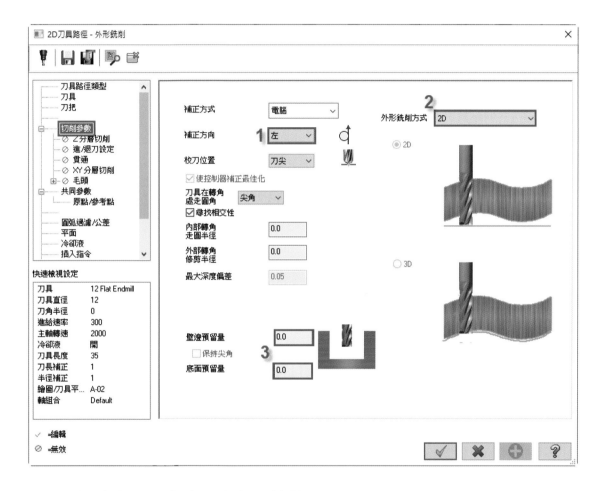

- 點選**進／退刀設定**頁面，設定下列參數：

  勾選使用進／退刀設定，勾選進刀

  在直線選項勾選相切，長度：70%

  在圓弧選項處，輸入半徑：0

  再點擊中間複製箭頭將進刀參數複製到退刀參數。

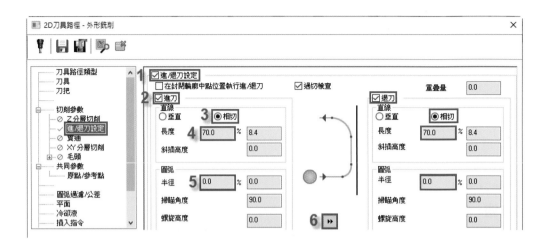

- 點選**共同參數**頁面，設定下列參數：

  勾選使用安全高度：50（增量座標）

  取消勾選參考高度

  進給下刀：3（增量座標）

  工件表面：0（增量座標）

  深度：0（增量座標）

  再點擊**確定**完成參數設定。

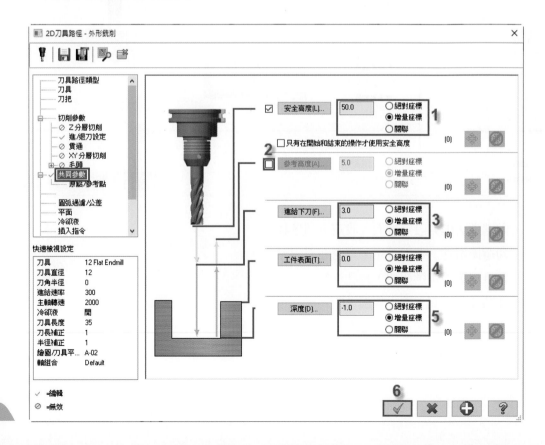

- 執行刀具路徑運算，刀具路徑運算結果如圖。
- 請將刀具路徑顯示切換至關閉。

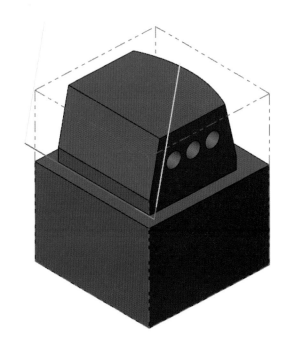

四、五軸沿邊

　　觀看右側的曲面時，大多會採用 3D 工法來加工。但採用 3D 的加工方式，就需要考慮到使用球刀加工後所產生的殘脊高度，例如等高加工的每層切削量。透過前面介紹的側刃加工方式，會得到較佳的表面品質與縮短加工時間，而此章節我們就用五軸的沿邊方式來加工這個曲面。確認此曲面可以使用沿邊方式加工，我們可以透過產生曲面的流線，來檢查這個曲面是否為直紋面。

- 點選**繪圖**選項卡的**曲線**，點擊**剖切線**下方箭頭中的**曲面流線曲線**功能。
- 設定曲線品質的數量：10。
- 點擊實體面。
- 注意流線方向，請使用 U、V 切換。
- 再點擊**確定**結束曲面流線曲線對話框，即可產生此曲面的曲面流線。

Mastercam® 進階多軸銑削加工應用及實例

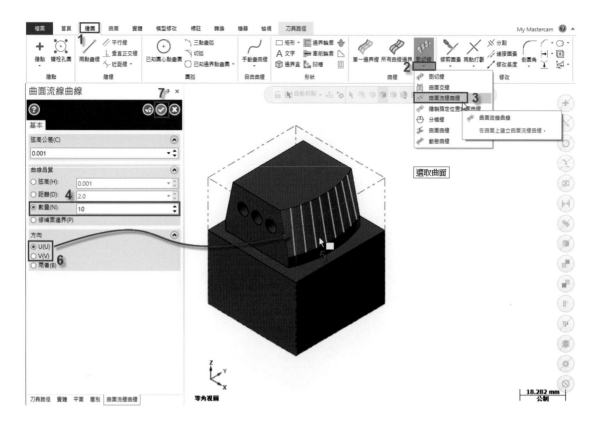

- 點選**首頁**選項卡的**曲線**內的**統計**。

  會顯示有 8 條直線（因為此為修剪曲面，兩側邊緣的曲面流線並未產生。）

- 點擊確定設定曲線品質的數量：10。
- 點擊**確定**結束統計對話框。
- 再點擊**快速存取工具列**的**復原**，將曲面流線曲線取消建立。

  （因為此處僅是檢查曲面的性質）

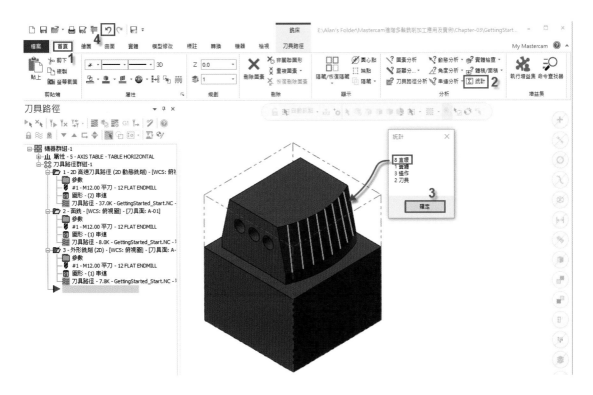

- 點選**刀具路徑**選項卡的**多軸加工**，從**擴充應用**工法中選擇**沿邊**。

在多軸刀具路徑 – 沿邊工法視窗中設定相關參數：

- 點選**刀具**頁面，選擇刀號 1：12mm 平刀的刀具，由頁面中可更改切削條件。
- 點選**切削方式**頁面，設定下列參數：

壁邊模式選擇曲面

點擊**選取壁邊**

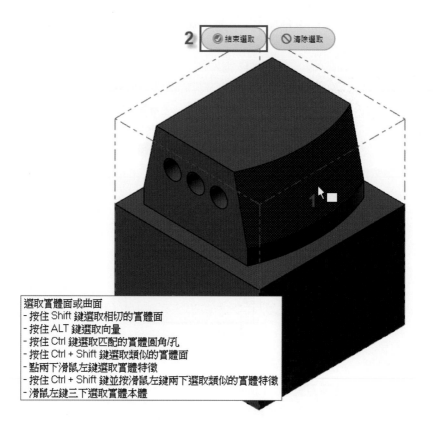

- 選取實體面。
- 再點擊**結束選取**繼續。

選取實體面或曲面
- 按住 Shift 鍵選取相切的實體面
- 按住 ALT 鍵選取向量
- 按住 Ctrl 鍵選取匹配的實體圓角/孔
- 按住 Ctrl + Shift 鍵選取類似的實體面
- 點兩下滑鼠左鍵選取實體特徵
- 按住 Ctrl + Shift 鍵並按滑鼠左鍵兩下選取類似的實體特徵
- 滑鼠左鍵三下選取實體本體

- 訊息顯示**選取第一曲面**。
- 點擊剛才的實體面。
- 訊息顯示**選取第一個較低的軌跡**。
- 移動箭頭到曲面底部。
- 點擊**切換方向**，切換如圖的箭頭方向。
- 再點擊**確定**結束設定邊界方向對話框，回到切削方式參數設定。

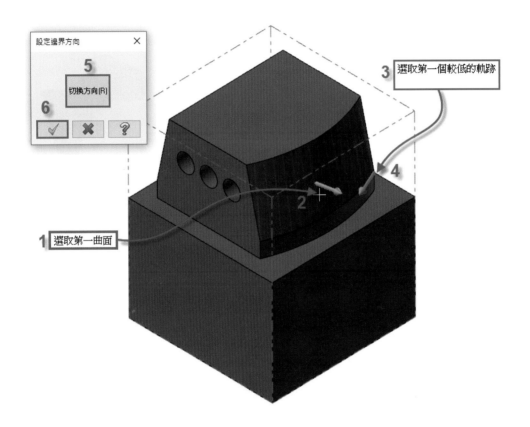

- 回到**切削方式**頁面，繼續設定下列參數：

  切削方向：單向

  切削公差：0.005、最大步進量：0.5

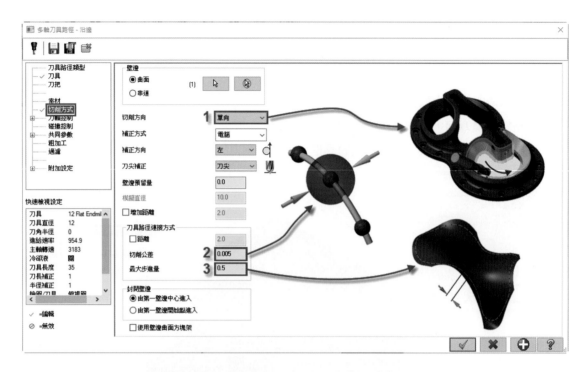

- 點選**刀軸控制**頁面,設定下列參數:

  軸旋轉於:Z 軸

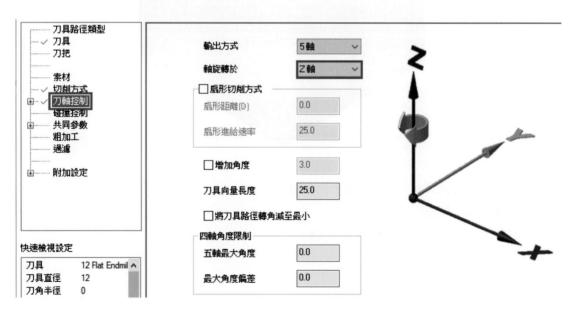

- 點選**碰撞控制**頁面,設定下列參數:

  刀尖控制:底部軌跡

  在底部軌跡之上距離:-1

- 點選**共同參數**頁面，設定下列參數（可依照預設值）：
  安全高度：100、參考高度：10、進給下刀：2

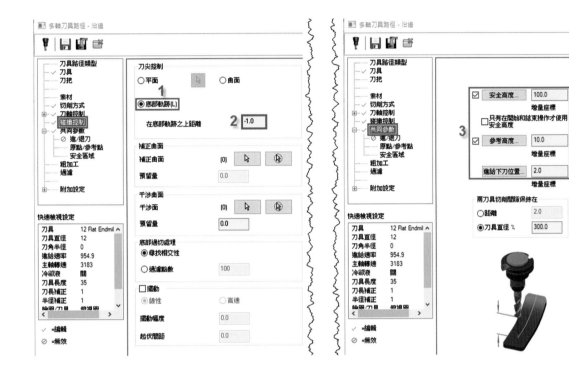

- 點選**進／退刀**頁面，設定下列參數：
  勾選進／退刀、勾選進刀曲線、勾選總是使用
  長度：50%、厚度：50%
  選擇正切進入、方向：左
  選擇複製參數
  再點擊**確定**完成參數設定。

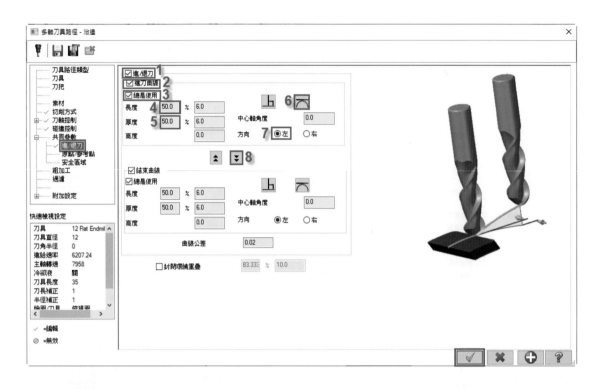

- 執行刀具路徑運算,刀具路徑運算結果如圖。
- 請將刀具路徑顯示切換至關閉。

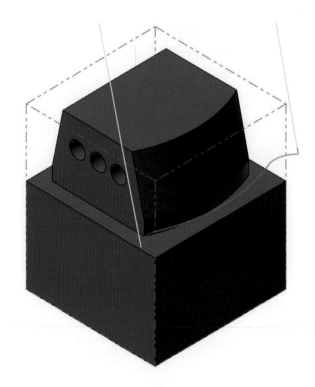

五、五軸鑽孔

　　當加工件上有許多孔需要加工時，雖然可以利用定面的方式來製作刀具路徑，但是若有很多的角度平面，就需要花費很多的時間管理定義平面與產生刀具路徑。此處我們將利用新版本中整合了三軸、四軸與五軸鑽孔的功能，透過五軸鑽孔，電腦將自動判定各個孔的刀軸方向。

• 點選**刀具路徑**選項卡的 **2D**，從**銑削**工法中選擇**鑽孔**。

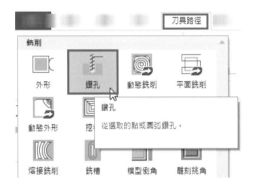

• 長按住鍵盤上的 **Ctrl** 鍵，移動滑鼠點選要鑽孔的內孔面。

　Mastercam® 可直接透過滑鼠與 Ctrl 鍵，一次性選取相同直徑的實體特徵孔，來產生加工路徑。但請注意刀軸方向（綠色箭頭），因為鑽孔路徑已經整合三軸、四軸與五軸鑽孔。若箭頭方向非刀軸方向（Z 軸退刀方向），請直接點擊箭頭來更改即可，避免進刀方向產生錯誤，進而造成碰撞的問題發生。

• 再點擊**確定**完成刀具路徑孔的定義。

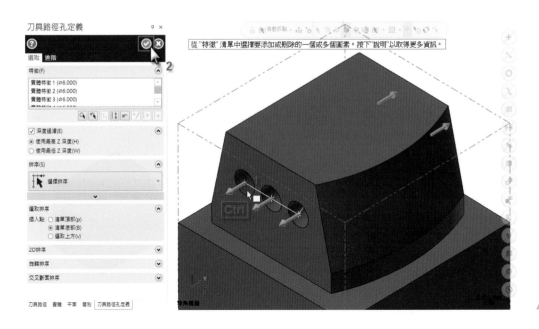

在 2D 刀具路徑 – 鑽孔 / 全圓銑削工法視窗中設定相關參數：

- 點選**刀具**頁面，選擇刀號 2:6mm 鑽頭的刀具，由頁面中可更改切削條件。
- 點選**刀把**頁面，可由資料庫中自行選擇或建立新刀把，並定義夾持長度。
- 點選**切削參數**頁面，設定下列參數：

循環方式：(G81)_ 深孔鑽，使用者可以自行選擇適當的循環方式。

- 點選**刀軸控制**頁面，設定下列參數：

輸出方式：5 軸

此時跳出一提示視窗，說明四軸或 5 軸不支援關聯參數。

所有連結參數都將變更為增量

點擊**確定**即可

選擇軸旋轉於：Z 軸

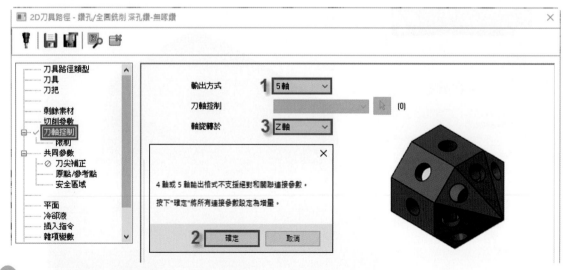

- 點選**共同參數**頁面，設定下列參數：

  勾選**從孔/線計算增量值**（電腦將會自動計算孔特徵的表面與深度）

  勾選使用安全高度：50（上步驟有說明，所有連結參數皆為增量座標）

  參考高度：3、工件表面：0、深度：0

- 點選**刀尖補正**頁面，設定下列參數：

  勾選刀尖補正

  貫通距離：0

  刀尖角度：118

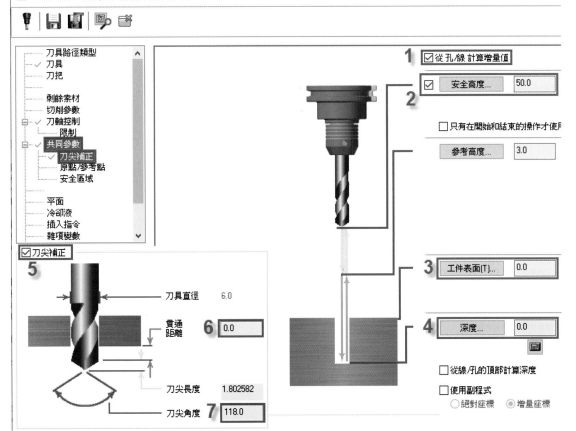

- 點選**安全區域**頁面，設定下列參數：

  勾選安全區域

  選取旋轉軸：Z

  角度步進：5、使用進給率：5000

  點選定義形狀，此時會跳出安全區域設定對話框。

點選實體

點擊結束選取

形狀：圓柱體

軸心：Z 軸

半徑更改為：40

點擊**確定**結束安全區域對話框

再點擊**確定**完成參數設定。

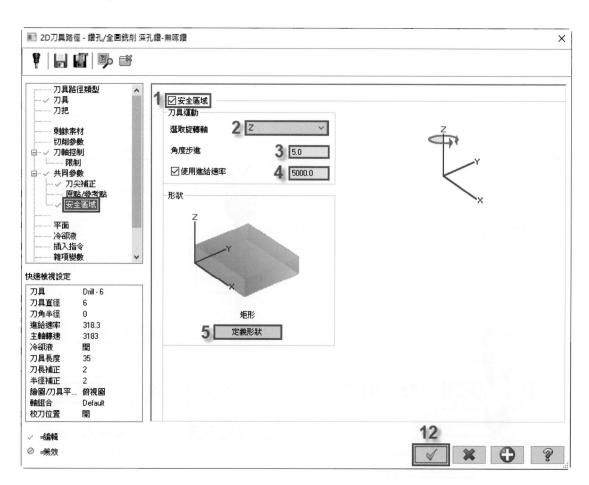

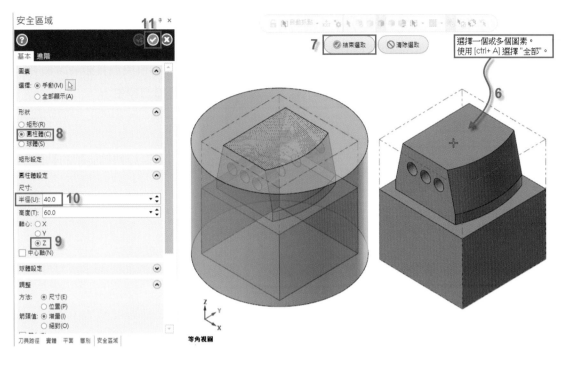

- 執行刀具路徑運算，刀具路徑運算結果如圖。
- 結束後，請將刀具路徑顯示切換至關閉。

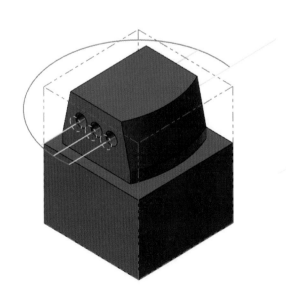
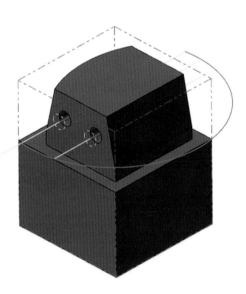

3-3 路徑模擬驗證與加工報表

當刀具路徑製作完成，在實際上機加工之前，建議可以做路徑的模擬與實體驗證檢查。此步驟就是要避免因爲參數設定不良，而引起零件過切或是干涉碰撞的發生。

一、刀具路徑模擬

當執行多軸的刀具路徑模擬時，須將模擬的選項做設定，方可模擬旋轉軸旋轉的動作。

- 點擊選取全部操作。
- 點擊切換將刀具路徑顯示切換，可以快速檢視所有的刀具路徑。

  此時可做簡易的檢查，確認是否有刀具路徑的位置不正確。

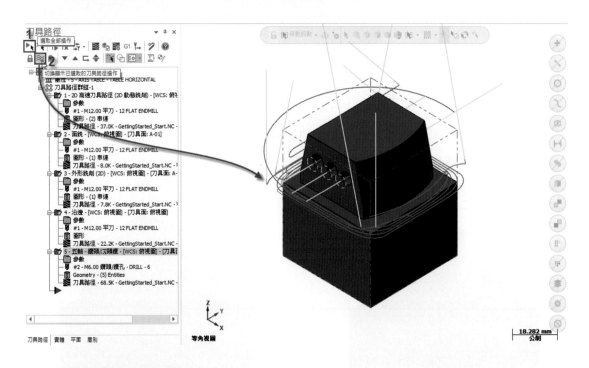

- 選擇模擬已選取的操作：

  將顯示刀具、顯示刀把、顯示快速位移點選成啓用

  選擇開始（**R**）或停止模擬刀具路徑（自行調整最佳觀看視角）

  用調整指針設定模擬的速度（慢←→快）

  點擊確定完成刀具路徑模擬選項對話框。

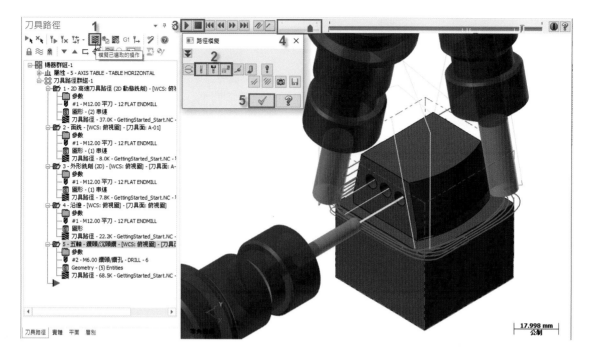

二、實體切削驗證

依照先前所設定的素材，執行實體切削的驗證與整機的模擬，確保更安全與正確的路徑。

- 選擇**驗證已選取的操作**，***Mastercam***。將會另外開啓一個模擬器的視窗。

- 選擇 ***Mastercam***。模擬器的**實體切削驗證**：

  選擇**顏色循環**與**顯示邊界**

  選擇**首頁**

  勾選可見的選項內**刀具路徑、刀具、素材**等

  選擇操作的選項內**目前操作**

- 點擊**播放**執行實體切削驗證（自行調整最佳觀看視角）

  用**調整指針**設定模擬的速度（慢←→快）

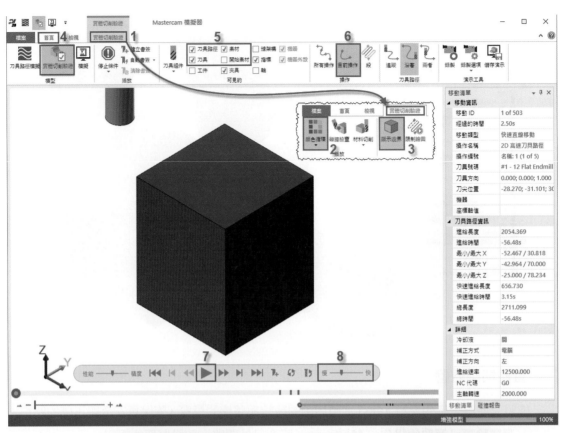

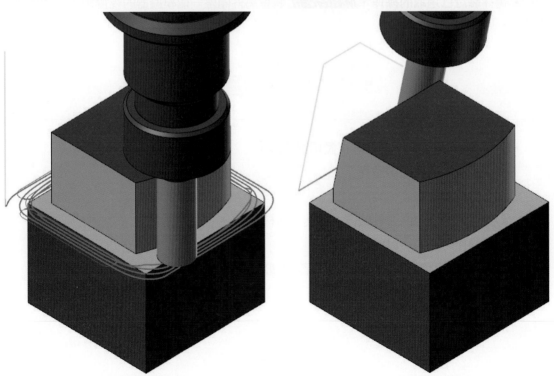

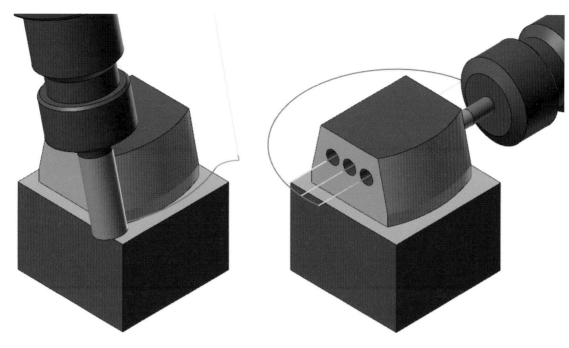

三、整機模擬

　　透過整機模擬的仿真，更能有效的檢視工件、夾具與機器的相對關係。因為此章節為使用入門，而且沒有安裝夾具與選擇機器，所以僅先介紹部分功能，後面將會有章節做詳細完整的介紹說明。

- 選擇 ***Mastercam*** 模擬器的**模擬**。
- 點擊**播放**執行整機模擬。

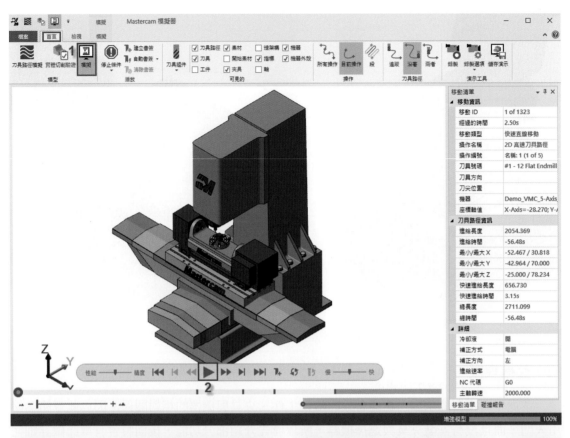

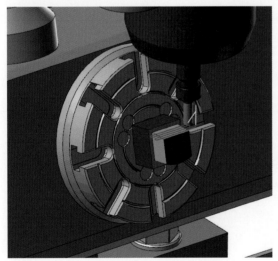

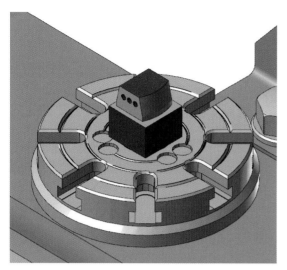
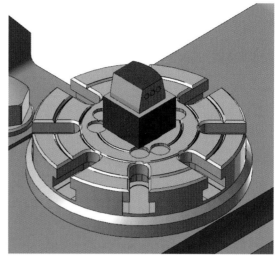

四、加工報表輸出

當透過模擬與驗證過後，我們將需要提供現場操作人員相關的切削刀具與加工數據，這時候就可以透過加工報表的輸出，快速地產生加工表單提供給操作人員。

- 回到 **Mastercam®** 主畫面。
- 點擊**選取全部操作：**

  在空白處**按滑鼠右鍵**，選擇**加工報表**。

  此時可依照內容填入相關數據，或可於下方按 F2 切換報表格式。
- 點擊**確定**完成加工報表對話框。

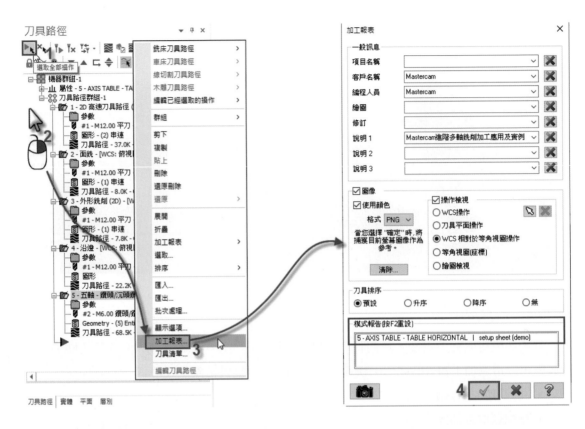

• 執行加工報表製作，報表結果如圖。

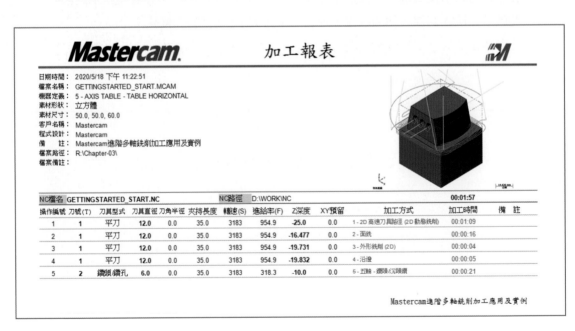

加工報表

日期時間：	2020/5/18 下午 11:22:51
檔案名稱：	GETTINGSTARTED_START.MCAM
機器定義：	5 - AXIS TABLE - TABLE HORIZONTAL
素材形狀：	立方體
素材尺寸：	50.0, 50.0, 60.0
客戶名稱：	Mastercam
程式設計：	Mastercam
備　註：	Mastercam進階多軸銑削加工應用及實例
檔案路徑：	R:\Chapter-03\
檔案備註：	

| NC檔名 | GETTINGSTARTED_START.NC | | | | NC路徑 | D:\WORK\NC | | | 00:01:57 | | |

操作編號	刀號(T)	刀具型式	刀具直徑	刀角半徑	夾持長度	轉速(S)	進給率(F)	Z深度	XY預留	加工方式	加工時間	備 註
1	1	平刀	12.0	0.0	35.0	3183	954.9	-25.0	0.0	1 - 2D 高速刀具路徑 (2D 動態銑削)	00:01:09	
2	1	平刀	12.0	0.0	35.0	3183	954.9	-16.477	0.0	2 - 面銑	00:00:16	
3	1	平刀	12.0	0.0	35.0	3183	954.9	-19.731	0.0	3 - 外形銑削 (2D)	00:00:04	
4	1	平刀	12.0	0.0	35.0	3183	954.9	-19.832	0.0	4 - 沿邊	00:00:05	
5	2	鑽頭/鑽孔	6.0	0.0	35.0	3183	318.3	-10.0	0.0	5 - 五軸 - 鑽頭/沉頭鑽	00:00:21	

Mastercam進階多軸銑削加工應用及實例

4

四軸旋轉銑削加工應用

簡介

四軸的加工應用觀念，簡單的區分有定面與圓筒展開的概念。

依照使用者將工作座標旋轉或定義新的加工平面，再利用原有三軸工法來產生加工路徑，圓筒展開的加工法亦然。而切削時，旋轉軸是以軸心為基準方式，作為各個加工面的參考。其主要的優點是在於，多面的零件與圓筒上的四軸加工應用上，可減少夾治具的製作與降低更換時的加工誤差。並且也可以提升切削速率以達到更好的加工品質與精度，進而縮短加工的時間來提升更好的機械稼動率。

簡易的四軸程式製作非常簡單，一般皆是應用在定面銑削、鑽孔與圓筒外形等。而較為複雜的四軸加工，則需要應用到多軸銑削的刀具路徑，我們將在後面的加工實例章節做更詳細的應用介紹。以下將介紹常見的四軸定面加工應用：

4-1 基本設定

一、輸入模型

經由光碟 Chapter-04 內開啟 "4axis_Start.mcam" 專案檔，您也可以使用滑鼠的左鍵，點選專案直接拖拉到工作視窗來做開啟。

二、CAD 圖素說明

- 由左下角處點選**層別**，分別檢視各圖層圖素（此部分依使用者確認）。
- 層別 1：直徑 100 的展開圖說明（直徑 *π = 圓周長）。
- 層別 2：12mm 螺旋溝的展開圖。
- 層別 3：凹槽與 D6 鑽孔的展開圖。
- 層別 100：CAD 圖形。
- 層別 200：素材。
- 建立展開圖的觀念於章節 4-6 做補充說明。

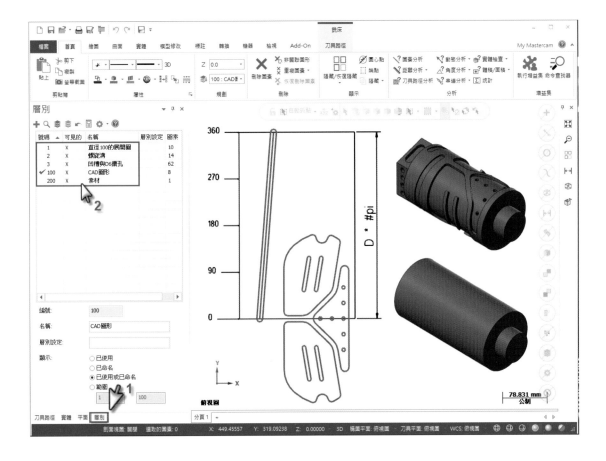

- 此圖為示意圖（請檢視後將其他層別關閉）。

三、素材模型建立

- 由左下角處點選**層別**。
- **開啟層別號碼 200**（工作視窗顯示素材）。

- 點選**刀具路徑**選項卡 _ **素材模型**的功能。
- 此時開啟素材模型視窗,輸入名稱:Stock。
- 選擇**模型**的功能。
- 點選圖層號碼 200 的素材。
- 點擊**結束選取**。
- 點擊**確定**完成素材模型設定。
- **關閉圖層號碼 200 的素材。**

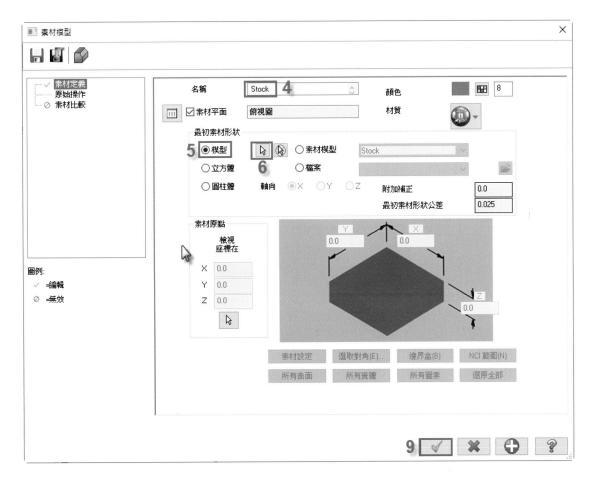

- 再點選左下角處**刀具路徑**。
- 點擊切換將刀具路徑顯示切換,將素材模型名稱 Stock 的顯示關閉。

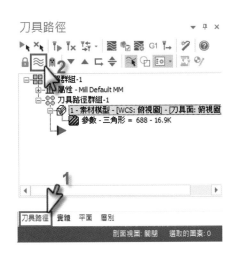

四、定面加工平面建立

因 8mm 孔可直接利用前視圖作平面加工，故無需額外建立，僅須建立 U 形槽平面。

- 選擇**動態平面**功能。
- 移動滑鼠並點選實體平面上的端點。

  若點選失敗，可用動態指針調整至正確的參考點。

- 輸入平面名稱為 **A-01**。
- 點選**移動到 WCS 原點**。

  此處主要是將平面座標基準點移動到 WCS 原點上，因大多數四軸加工的機臺並沒有 Fanuc（G68.2）/ SIEMENS（CYCLE800）或其他控制器的傾斜面座標轉換功能。所以需要這個設定，以避免程式產生錯誤。

反之若有這些功能則可以不需要做歸零動作，控制器將會自動做轉換運算。

- 點選**確定**結束新的平面對話框。

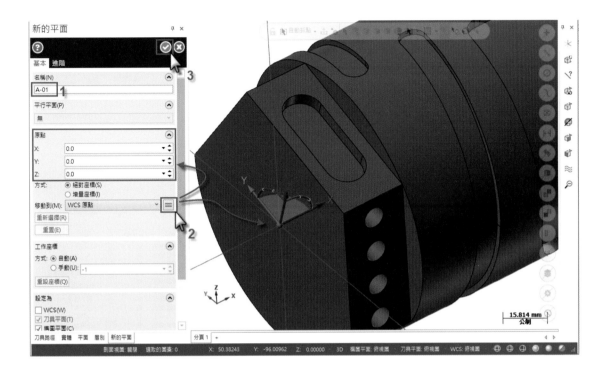

五、刀具設定

為了讓使用者先清楚知道此章節要使用的刀具，所以先在此將刀具都建立完成。

使用者亦可依照原有的習慣，在編寫路徑時的刀具頁面中，新增所需使用的刀具。

- 點選**刀具路徑**選項卡的**刀具管理**。
- 可於下方刀具庫右下角處，勾選啟用刀具過濾，並點擊刀具過濾功能鍵。
- 在刀具過濾的清單設定視窗中，可設定顯示平刀、鑽頭等刀具。將所需要的刀具複製到上方的加工群組或是直接利用上方加工群組，直接按右鍵新增下列的刀具。
- 刀號 1：12mm 平刀。
- 刀號 2：10mm 平刀。
- 刀號 3：8mm 鑽頭。
- 刀號 4：6mm 平刀。
- 刀號 5：6mm 鑽頭。
- 刀號 6：10mm 倒角刀（底徑 0.5mm，亦可使用定點鑽）。

Mastercam® 進階多軸銑削加工應用及實例

- 點擊**確定**完成，關閉刀具管理對話框。

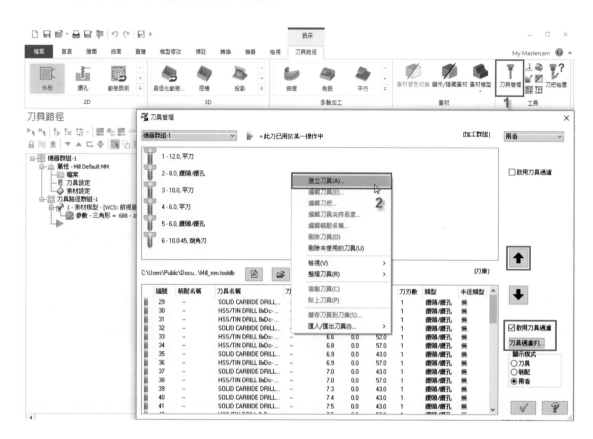

4-2 四軸定面加工路徑

在製作四軸定面加工路徑之前，建議先調整較佳的螢幕視角，並切換構圖平面（C）與刀具平面（T）至欲加工的平面上。定面加工可使用所有的三軸工法來加工產品的造型尺寸，由於加工圖素大多是在立體圖上，故在設定安全高度與下刀等距離時，通常會以增量方式來做選擇。如已知材料的最大旋轉半徑時，也可以用絕對座標來設定安全高度。

一、傾斜平面加工 1

- 點選左下角處的**平面**。
- **WCS** 為俯視圖（以此為輸出工作座標原點）。
- 切換**構圖平面**（C）與**刀具平面**（T）為**前視圖**（**Front**）。

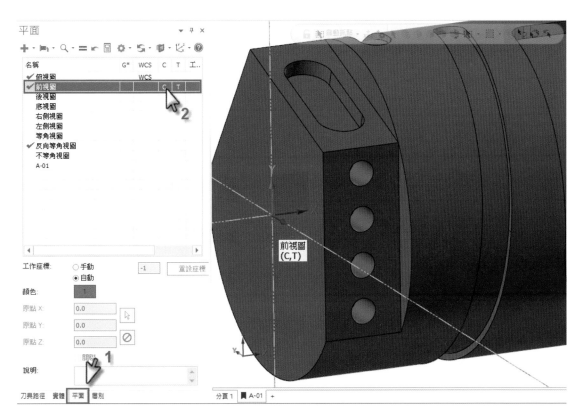

- 點選刀具路徑選項卡的 **2D**，從銑削工法中選擇**動態銑削**。

- 點選加工範圍。

- 將串連切換到**實體串連**。
- 點選**外部邊界**。
- 點擊實體面。
- 再點擊**確定**以結束實體串連對話框。

- 點選**空切範圍**。
- 串連仍是使用**實體串連**。
- 點選**開放邊界**、點擊實體面。
- 再點擊**確定**結束實體串連對話框。
- 再點擊**確定**完成串連選取對話框。

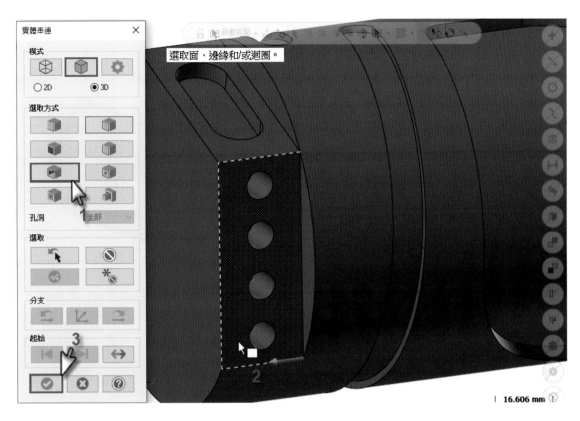

在 2D 高速刀具路徑 – 動態銑削工法視窗中設定相關參數：

• 點選**刀具**頁面，選擇刀號 1：12mm 平刀的刀具，由頁面中可更改切削條件。

• 點選**刀把**頁面，可由資料庫中自行選擇或建立新刀把，並定義夾持長度。

• 點選**切削參數**頁面，設定下列參數。

　步進量：10%

　壁邊預留量：0.2

　底面預留量：0

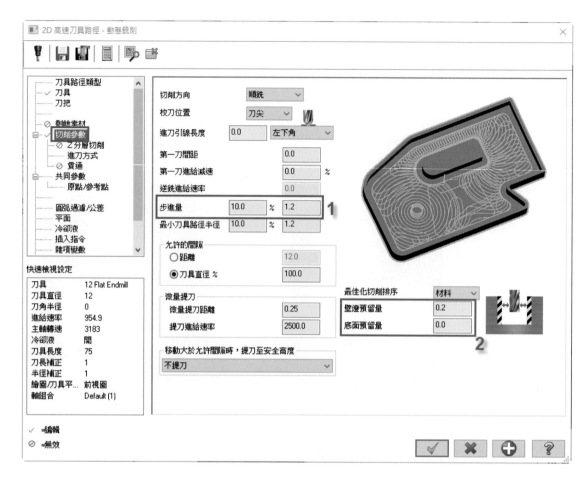

- **進刀方式**頁面，可以無需理會。

  因為當動態加工有空切範圍時，電腦將會自動於空切範圍處下刀。

- 點選**共同參數**頁面，設定下列參數：

  勾選使用安全高度：50（增量座標）

  取消勾選參考高度

  進給下刀：3（增量座標）

  工件表面：50（絕對座標），因工件外徑為 100mm

  深度：0（增量座標）

  再點擊**確定**完成參數設定。

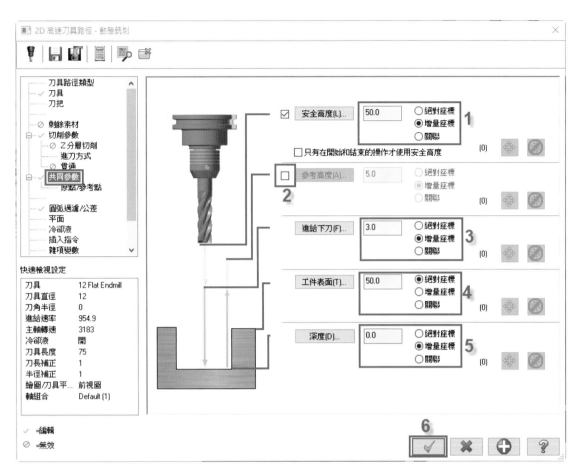

• 執行刀具路徑運算，刀具路徑運算結果如圖。

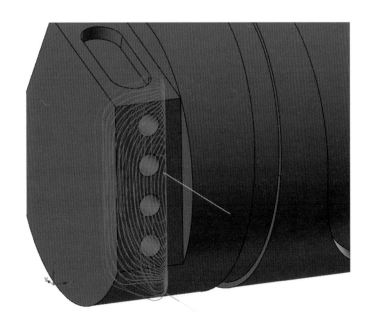

二、刀具路徑轉換

因為其他兩個平面的路徑相同，所以可以直接使用刀具路徑轉換方式來複製刀具路徑至其他的平面即可。

- 點選**刀具路徑**選項卡 — **工具**中的**刀具路徑轉換**。

- 點選**刀具路徑轉換類型與方式**頁面：

  類型：旋轉

  方式：刀具平面

  來源：NCI

  原始操作：勾選要路徑轉換的操作 2

  再勾選複製原始操作與關閉選取原始操作後處理（避免產生重複程式）。

- 點選**旋轉**頁面：

  陣列：2 次（角度之間）

  起始角度：-72、掃描角度：-72（順時針旋轉角度爲負值）

  勾選　對平面旋轉

  點擊　選取平面

  選擇　右側視圖（Right）

  點擊此平面視窗的確定

  再點擊旋轉對話框的確定，即可生成路徑。

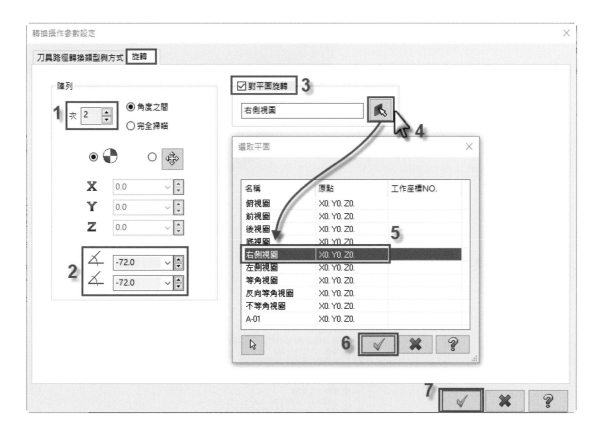

- 按滑鼠右鍵選擇螢幕視角，再選擇反向等角視圖，即可觀看路徑轉換後的 3 個平面刀具路徑。

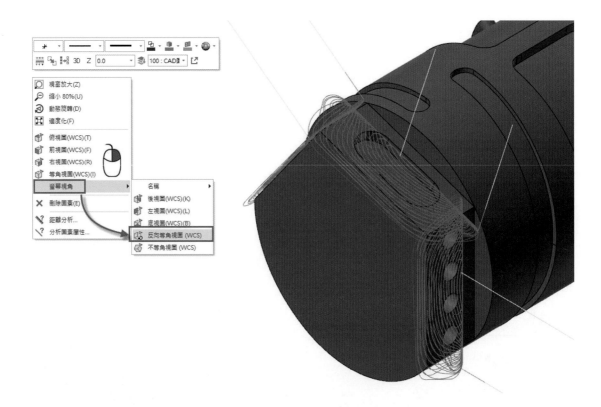

• 請將刀具路徑顯示切換至關閉。

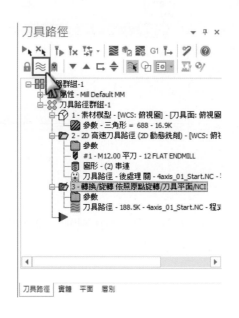

三、傾斜平面加工 2

再次提醒，製作四軸定面加工路徑之前，建議先調整較佳的螢幕視角，並切換構圖平面與刀具平面至欲加工的平面。

- 點選左下角處的**平面**。
- **WCS** 為俯視圖（以此為輸出工作座標原點）。
- 切換**構圖平面（C）**與**刀具平面（T）**至 **A-01** 平面。

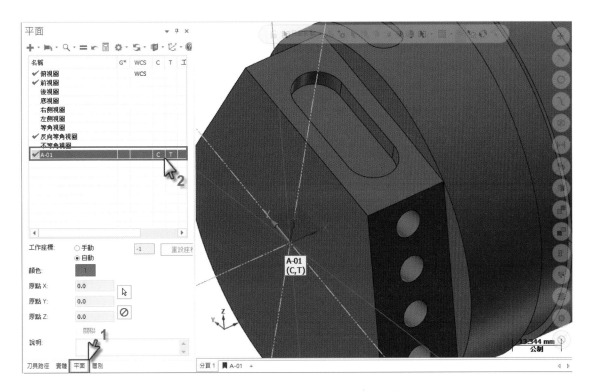

- 點選**刀具路徑**選項卡的 **2D**，從銑削工法中選擇**外形**。
- 確認串連為**實體串連**。
- 點選**串連**。
- 點擊實體邊界（如圖的位置）。
- 此時會詢問是否為底面？若非底面，請點擊**其他面**切換至底面，點擊**確定**結束選取參考面對話框。
- 確認串連的位置與方向是否正確？若不正確，請利用**向後**、**向前**、**反向**等功能來調整。
- 再點擊**確定**結束實體串連對話框。

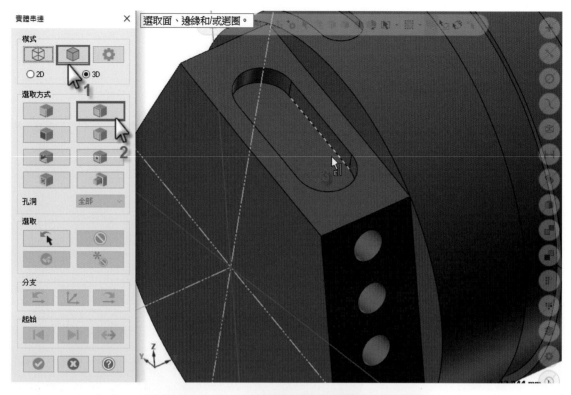

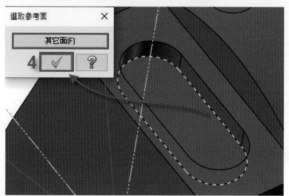

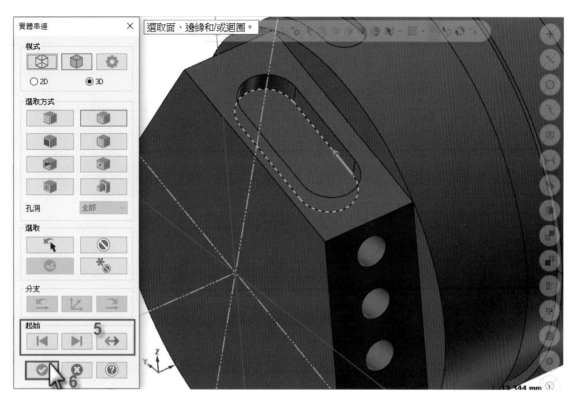

在 2D 刀具路徑－外形銑削工法視窗中設定相關參數：

- 點選**刀具**頁面，選擇刀號 1：12mm 平刀的刀具，由頁面中可更改切削條件。

- 點選**切削參數**頁面，設定下列參數：

  補正方向：左、壁邊預留量：0、底面預留量：0、外形銑削方式：斜插

  斜插方式：深度、斜插深度：1

  勾選**在最後深度處補平**

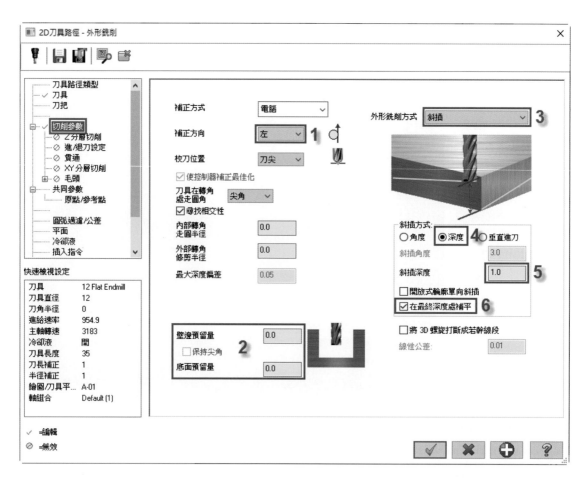

點選進 / 退刀設定頁面，設定下列參數：

勾選使用進 / 退刀設定、勾選進刀、在直線選項勾選相切，長度為 1

在圓弧選項處，輸入半徑：1、掃描角度：45

再點擊中間複製箭頭將進刀參數複製到退刀參數

重疊量：0.5

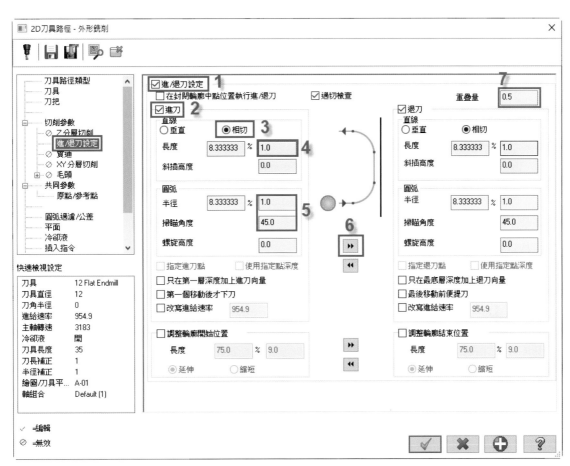

- 點選 **XY 分層切削**頁面，設定下列參數：

  勾選使用 XY 分層切削

  粗加工次數：1、間距 0

  精加工次數：1、間距 0.2

  勾選精加工時機：最後深度

  勾選不提刀

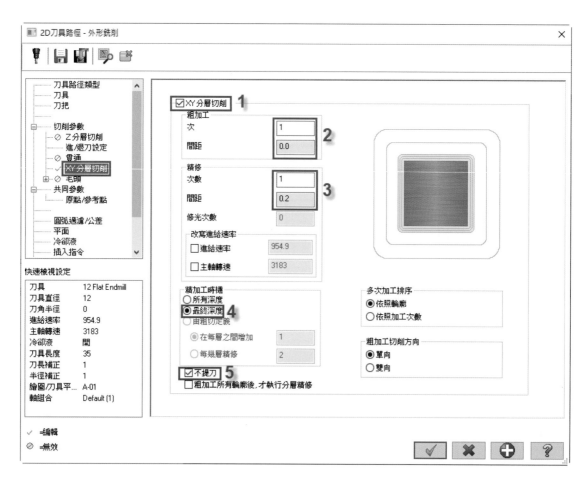

- 點選**共同參數**頁面，設定下列參數：

  勾選使用安全高度：50（增量座標）

  取消勾選參考高度

  進給下刀：3（增量座標）

  工件表面：5（增量座標）

  深度：0（增量座標）

  再點擊**確定**完成參數設定。

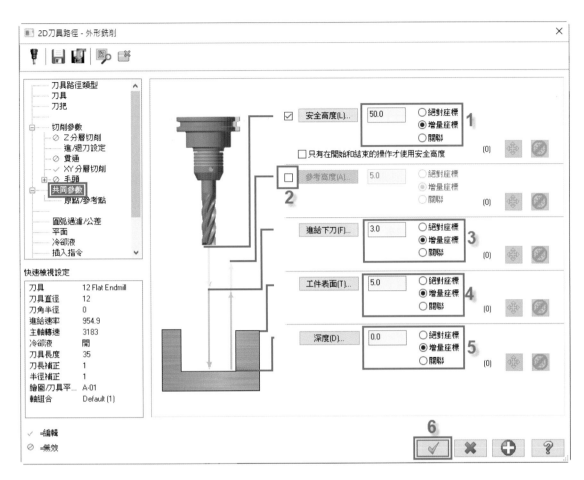

- 執行刀具路徑運算，刀具路徑運算結果如圖。
- 結束後，請將刀具路徑顯示切換至關閉。

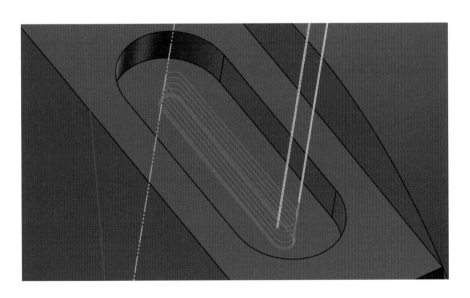

四、傾斜平面孔加工

鑽孔路徑基本上跟前面介紹的銑削觀念相同，重點都是要注意刀具平面的相關位置。

- 點選左下角處的**平面**。
- **WCS** 爲俯視圖（以此爲輸出工作座標原點）。
- 切換**構圖平面**（**C**）與**刀具平面**（**T**）爲**前視圖**（**Front**）。

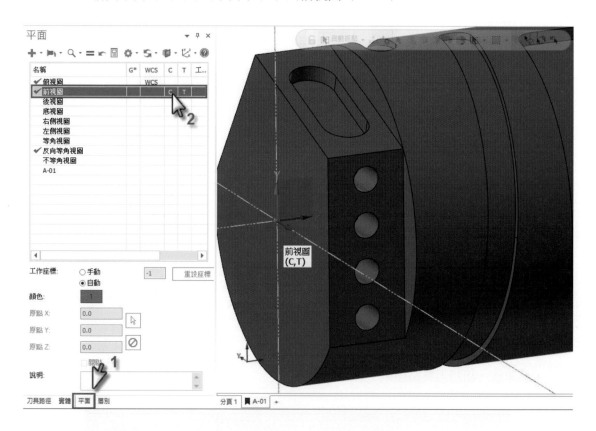

- 點選**刀具路徑**選項卡的 **2D**，從銑削工法中選擇**鑽孔**。

- 長按住鍵盤上的 **Ctrl** 鍵，移動滑鼠點選要鑽孔的內孔面。

  Mastercam® 可直接透過滑鼠與 Ctrl 鍵，一次性選取相同直徑的實體特徵孔，來產生加工路徑。但請注意刀軸方向（綠色箭頭），因為鑽孔路徑已經整合三軸、四軸與五軸鑽孔。若箭頭方向非刀軸方向（Z 軸退刀方向），請直接點擊箭頭來更改即可，避免進刀方向產生錯誤，進而造成碰撞的問題發生。

- 再點擊**確定**完成刀具路徑孔定義。

在 2D 刀具路徑 — 鑽孔 / 全圓銑削工法視窗中設定相關參數：

- 點選**刀具**頁面，選擇刀號 2：8mm 鑽頭的刀具，由頁面中可更改切削條件。
- 點選**刀把**頁面，可由資料庫中自行選擇或建立新刀把，並定義夾持長度。
- 點選**切削參數**頁面，設定下列參數。

  循環方式：（G81）_ 深孔鑽，使用者可以自行選擇適當的循環方式。

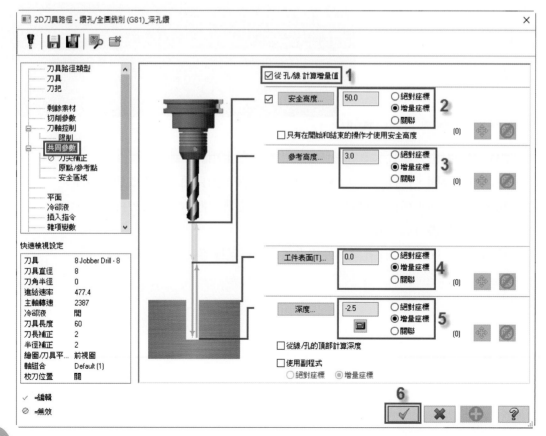

- 點選**共同參數**頁面，設定下列參數：

  勾選**從孔／線計算增量值**（電腦將會自動計算孔特徵的表面與深度）

  勾選使用安全高度：50（增量座標）、參考高度：3（增量座標）

  工件表面：0（增量座標）、深度：-2.5（增量座標）

  再點擊**確定**完成參數設定。

- 執行刀具路徑運算，刀具路徑運算結果如圖。
- 結束後，請將刀具路徑顯示切換至關閉。

4-3 替換軸加工路徑

在製作替換軸加工路徑時，要先確認圖形展開的外徑尺寸，避免路徑生成時角度計算錯誤。展開圖是以長度為圓周長（直徑 $*\pi$）的矩形，再依照對應的角度繪畫出圖形。或是可以將 3D 圖形的邊界，透過纏繞的指令將其展開成 2D 平面圖形，建立展開圖觀念於章節 4-6 再做補充說明。

一、螺旋溝槽加工

- 點選左下角處的**層別**。
- 將層別**僅開啟層別號碼 1、2**，關閉其他層別。
- 切換螢幕視角為**俯視圖**，並將螢幕圖素**適度化**。

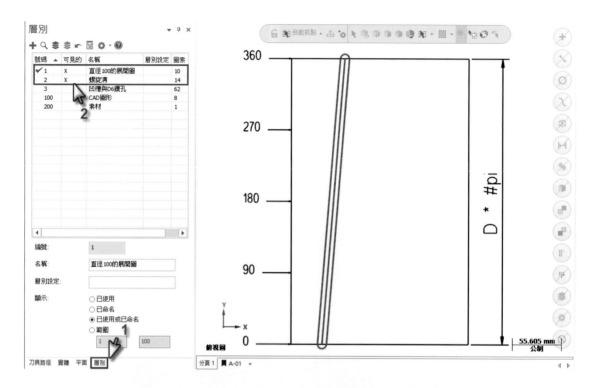

- 點選刀具路徑選項卡的 **2D**，從銑削工法中選擇外形。

- 將串連切換到**線架構**。
- 點選**串連**。
- 選擇繪圖區內 U 形槽內中間的串連圖素。
- 再點擊**確定**結束線架構串連對話框。

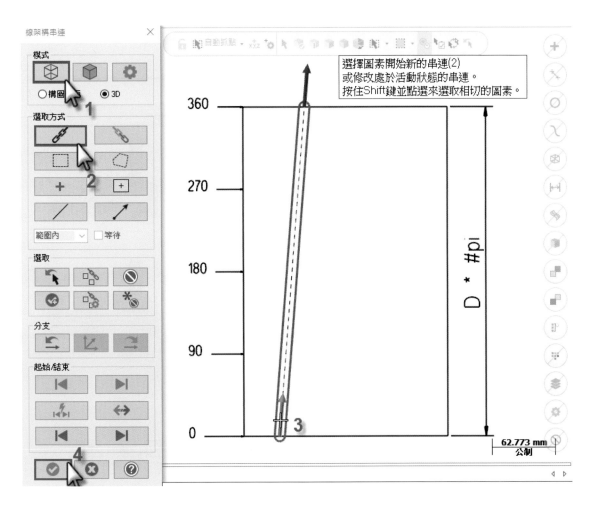

在 2D 刀具路徑 — 外形銑削工法視窗中設定相關參數:

- 點選**刀具**頁面,選擇刀號 3:10mm 平刀的刀具,由頁面中可更改切削條件。
- 點選**刀把**頁面,可由資料庫中自行選擇或建立新刀把,並定義夾持長度。
- 點選**切削參數**頁面,設定下列參數。

  補正方式:關、外形銑削方式:2D

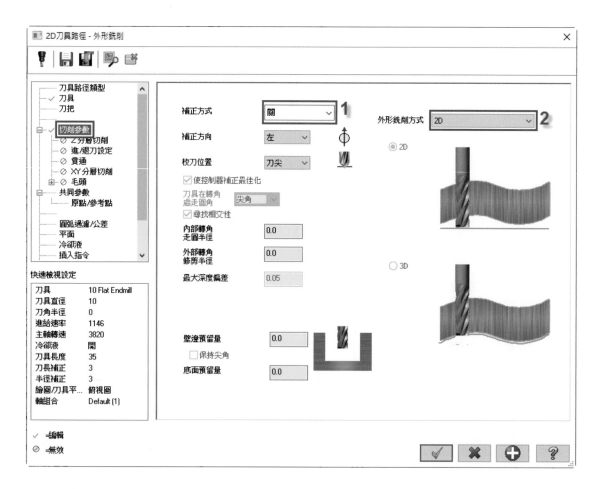

- 點選 **Z 分層切削**頁面，設定下列參數：

  勾選使用深度分層切削

  最大粗切深度：1、精修次數：1、精修量：0.2

- 點選**進/退刀設定**頁面，設定下列參數：
  取消勾選使用進/退刀設定
- 點選 **XY 分層切削**頁面，設定下列參數：
  取消勾選使用 XY 分層切削

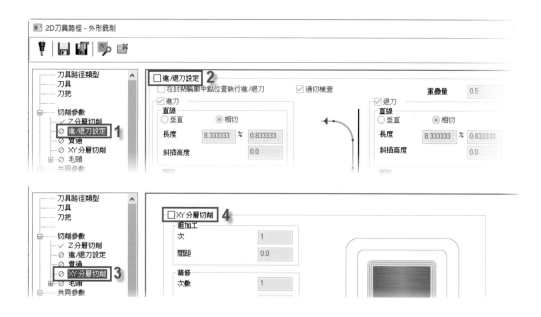

- 點選**共同參數**頁面，設定下列參數：

  勾選使用安全高度：50（增量座標）、取消勾選參考高度

  進給下刀：3（增量座標）、工件表面：0（增量座標）

  深度：-3（增量座標）

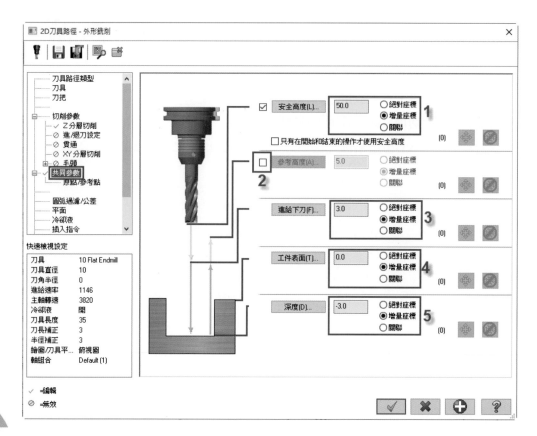

- 點選**旋轉軸控制**頁面，設定下列參數：

  選轉方式：替換軸

  替換軸：替換 Y 軸

  旋轉軸方向：順時針

  旋轉軸直徑：100

  取消勾選展開

  再點擊**確定**完成參數設定。

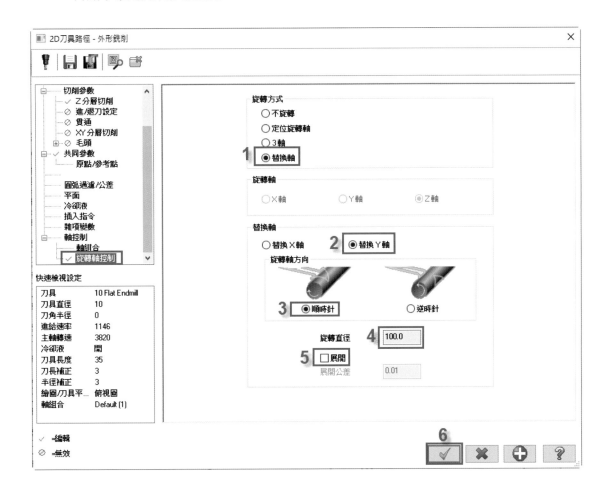

- 執行刀具路徑運算，刀具路徑運算結果如圖。

  請自行**關閉層別號碼 1、2，僅開啟層別號碼 100**，並切換視角至等角視圖。

- 結束後，請將刀具路徑顯示切換至關閉。

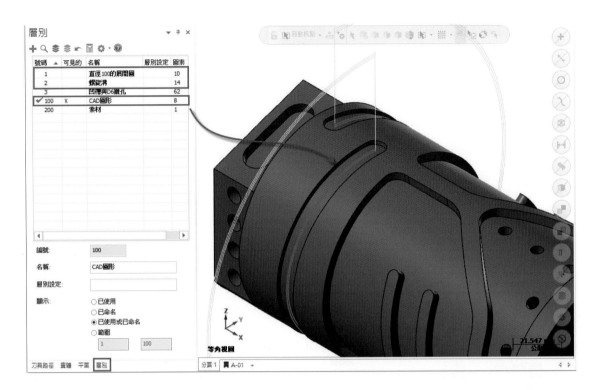

二、動態銑削凹槽加工

使用動態加工的效率，可以快速將凹槽內的材料去除，以達到安全又快速的粗加工。此處一樣是要確認圖形展開的圓周長（直徑 $*\pi$）。

- 點選左下角處的**層別**。
- 將層別**僅開啟層別號碼 1、3**。
- 切換螢幕視角為**俯視圖**，並將螢幕圖素調整至方便觀看的大小。

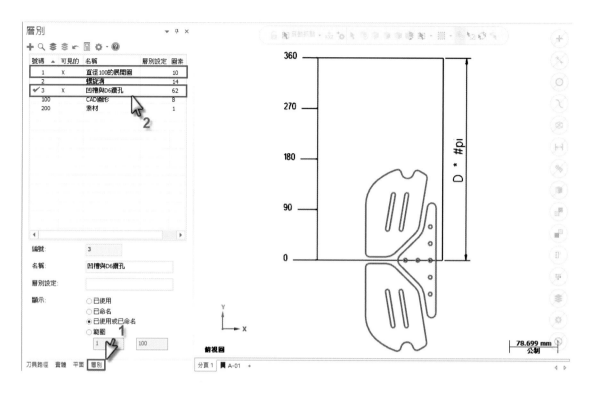

• 點選刀具路徑選項卡的 **2D**，從**銑削**工法中選擇**動態銑削**。

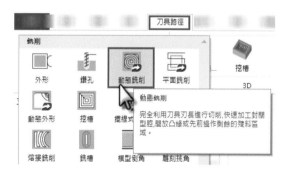

• 點選**加工範圍**。

- 將串連切換到**線架構**。
- 點選**串連**。
- 選擇繪圖區內圖素串連 3、串連 4、串連 5。
  選取順序、箭頭方向與位置可以不同。
- 再點擊**確定**結束線架構串連對話框。

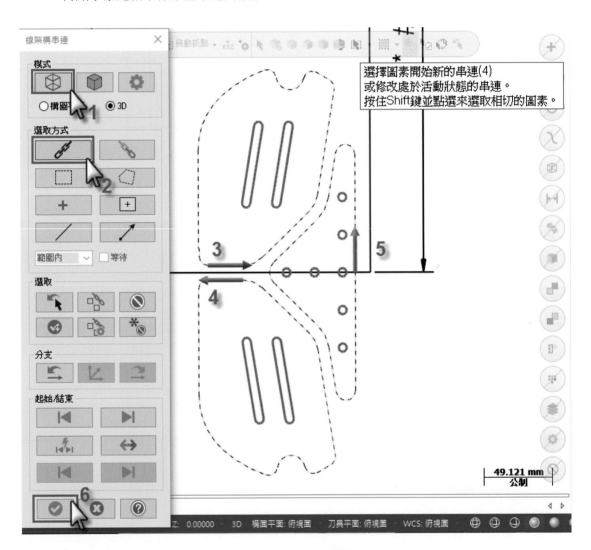

- 點選**避讓範圍**。

- 串連仍是使用**線架構**。
- 點選**串連**。
- 選擇繪圖區內圖素串連 3、串連 4、串連 5、串連 6。
  選取順序、箭頭方向與位置可以不同。
- 再點擊**確定**結束線架構串連對話框。
- 再點擊**確定**完成串連選取對話框。

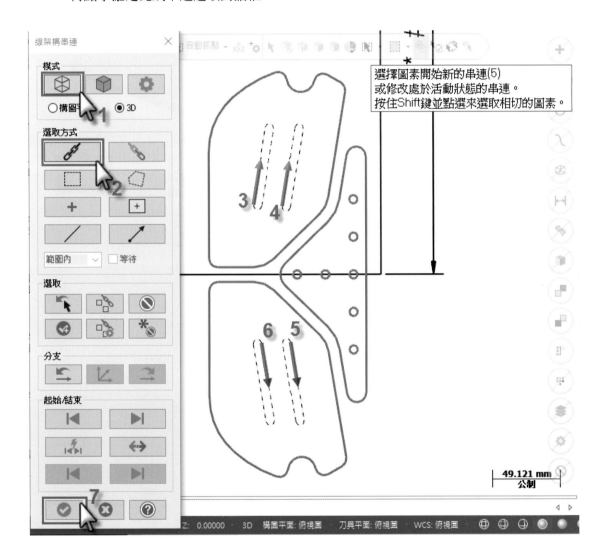

在 2D 高速刀具路徑 — 動態銑削工法視窗中設定相關參數：

- 點選**刀具**頁面，選擇刀號 3：10mm 平刀的刀具，由頁面中可更改切削條件。
- 點選**切削參數**頁面，設定下列參數：
  步進量：10%（可自行調大步進量，因深度較淺）

壁邊預留量：0.2

底面預留量：0

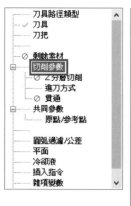

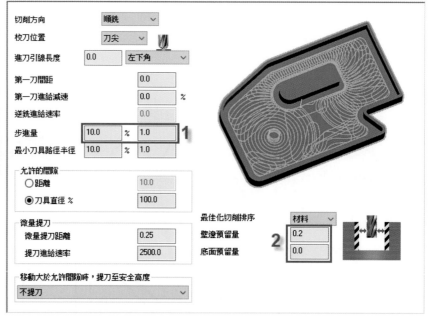

- 點選**進刀方式**頁面，設定下列參數：

  螺旋半徑：4.5

  Z 方向開始位置：2、進刀角度：2

  勾選　下刀進給／轉速，下刀進給率：600、下刀主軸轉速：3000

  主軸變速暫停時間：0.5 秒

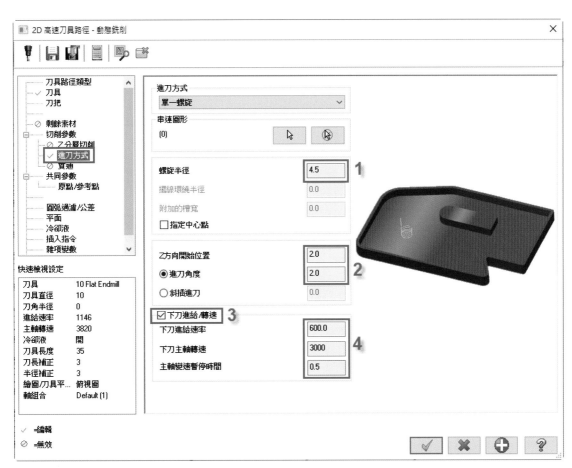

• 點選**共同參數**頁面，設定下列參數：

　勾選使用安全高度：50（增量座標）

　取消勾選參考高度

　進給下刀：3（增量座標）

　工件表面：0（增量座標）

　深度：-4（增量座標）

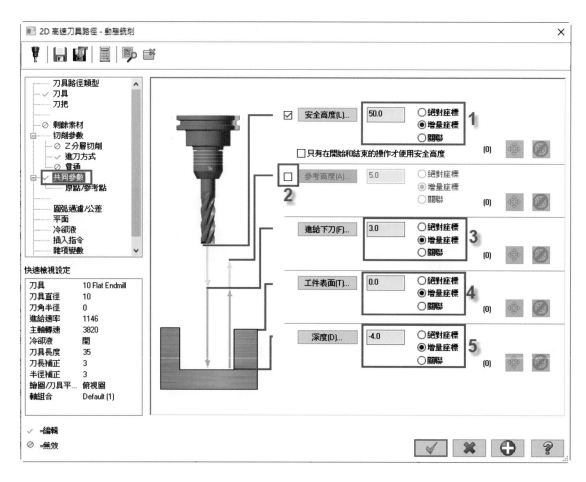

- 點選**旋轉軸控制**頁面，設定下列參數：

  選轉方式：替換軸

  替換軸：替換 Y 軸

  旋轉軸方向：順時針

  旋轉軸直徑：100

  再點擊**確定**完成參數設定。

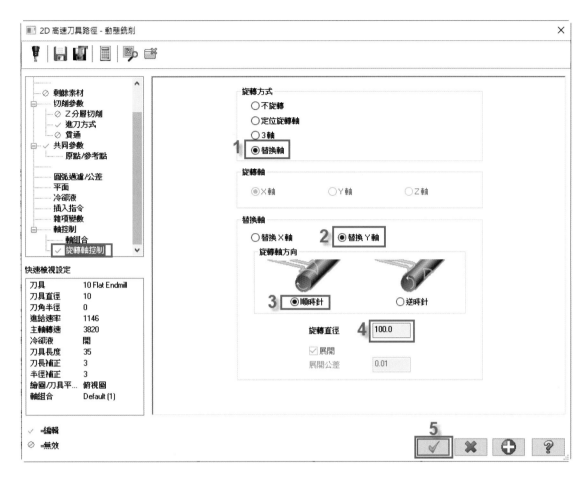

- 執行刀具路徑運算，刀具路徑運算結果如圖。

  請自行**關閉層別號碼1、3，開啟層別號碼100**，並以動態旋轉切換至適當觀看的視角。

- 結束後，請將刀具路徑顯示切換至關閉。

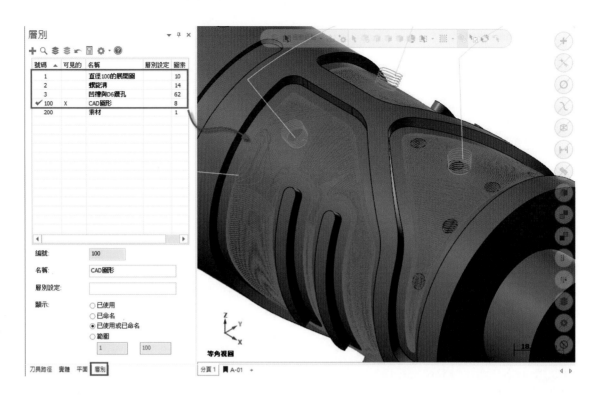

三、凹槽側壁精修

凹槽避邊可利用外形銑削方式，透過刀具補正來精修壁邊，之後的倒角加工亦然。

- 點選左下角處的**層別**。
- 將層別**僅開啓層別號碼 3**。
- 切換螢幕視角爲**等角視圖**或使用者習慣的視角，並將螢幕圖素調整至方便觀看的人小。

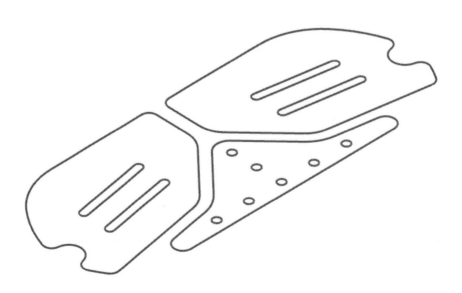

- 點選刀具路徑選項卡的 **2D**，從**銑削**工法中選擇**外形**。

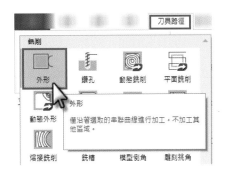

- 將串連切換到**線架構**。
- 點選**串連**。
- 選擇繪圖區內圖素串連 3～串連 9。

  選取順序與位置可以不同，但串連方向請控制為左補正方向。
- 再點擊**確定**結束線架構串連對話框。

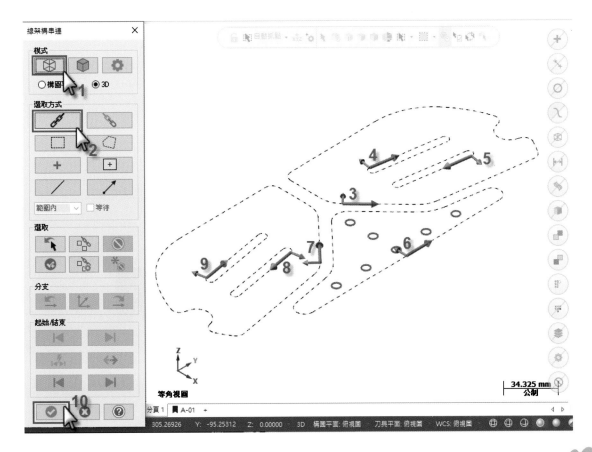

在 2D 刀具路徑－外形銑削工法視窗中設定相關參數：

- 點選**刀具**頁面，選擇刀號 4：6mm 平刀的刀具，由頁面中可更改切削條件。
- 點選**刀把**頁面，可由資料庫中自行選擇或建立新刀把，並定義夾持長度。
- 點選**切削參數**頁面，設定下列參數。

  補正方式：電腦

  外形銑削方式：2D

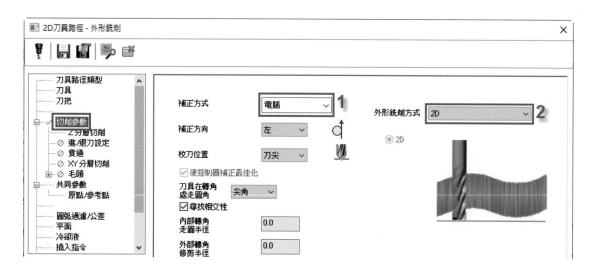

- 點選 **Z 分層切削**頁面，設定下列參數：

  取消勾選使用深度分層切削。

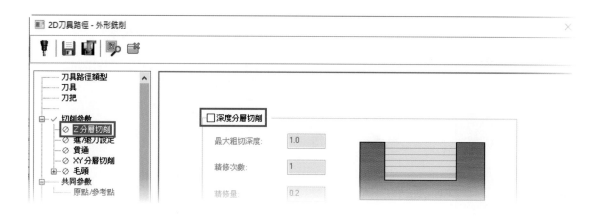

- 點選**進／退刀設定**頁面，設定下列參數：

  勾選使用進／退刀設定

  勾選進刀

在直線選項勾選相切

長度：1

在圓弧選項處，輸入半徑：1、掃描角度：45

再點擊中間複製箭頭將進刀參數複製到退刀參數

重疊量：0.5

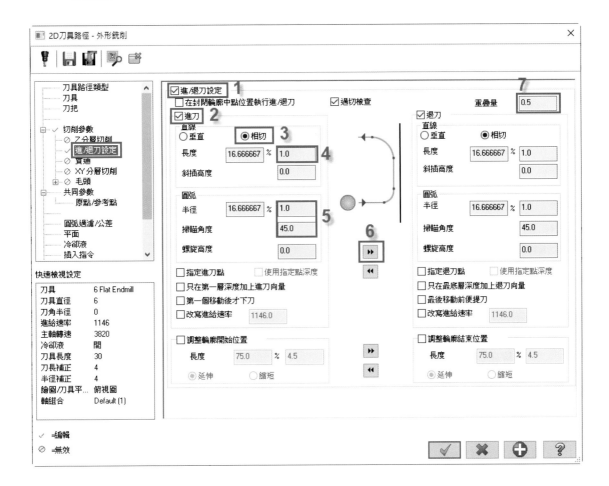

• 點選**共同參數**頁面，設定下列參數：

勾選使用安全高度：50（增量座標）

取消勾選參考高度

進給下刀：3（增量座標）

工件表面：0（增量座標）

深度：-4（增量座標）

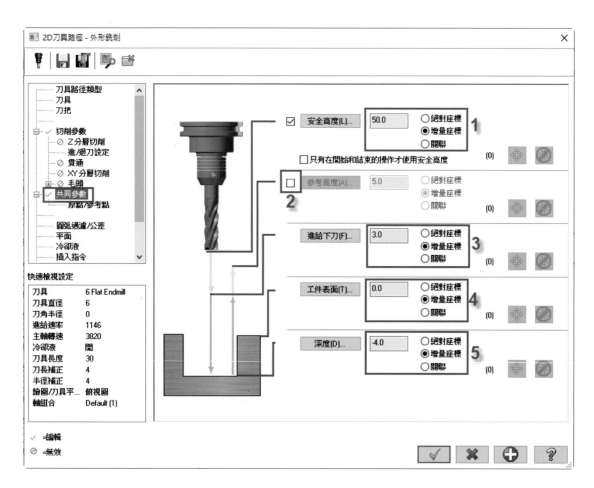

- 點選**旋轉軸控制**頁面，設定下列參數：

  選轉方式：替換軸

  替換軸：替換 Y 軸

  旋轉軸方向：順時針

  旋轉軸直徑：100

  取消勾選展開

  再點擊**確定**完成參數設定。

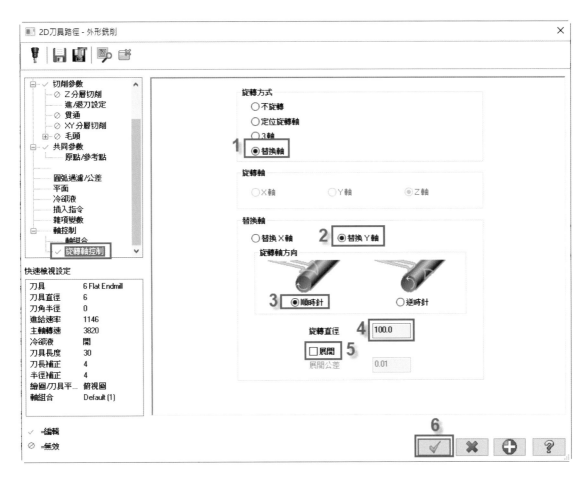

- 執行刀具路徑運算，刀具路徑運算結果如圖。

  關閉其他層別，僅開啓層別號碼 100，並以動態旋轉切換至適當觀看的視角。

- 結束後，請將刀具路徑顯示切換至關閉。

四、凹槽內鑽孔加工

凹槽內鑽孔概念與銑削相同，也是透過展開圖方式，須注意這些孔計算的深度與工件表面，之後的倒角加工亦然。

- 點選左下角處的**層別**。

- 將層別**僅開啓圖層 3**。

- 切換螢幕視角爲**俯視圖**或使用者習慣的視角，並將螢幕圖素調整至方便觀看的大小。

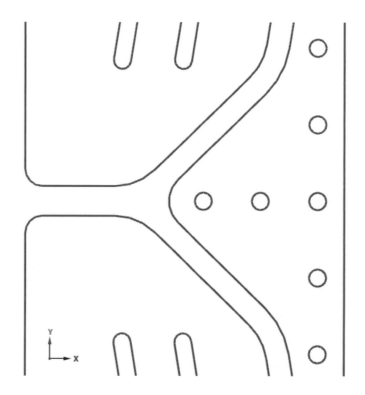

- 點選刀具路徑選項卡的 **2D**，從**銑削**工法中選擇**鑽孔**。

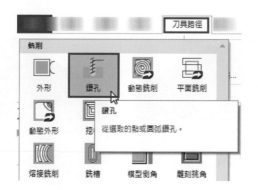

- 可參考下圖依序選擇 6mm 直徑的孔，或是利用限定圓弧的方式選取，再點擊**確定**完成刀具路徑孔定義。

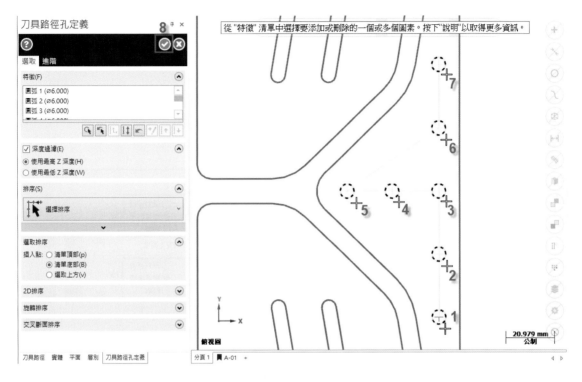

在 2D 刀具路徑 — 鑽孔 / 全圓銑削工法視窗中設定相關參數：
- 點選**刀具**頁面，選擇刀號 4：6mm 鑽頭的刀具，由頁面中可更改切削條件。
- 點選**刀把**頁面，可由資料庫中自行選擇或建立新刀把，並定義夾持長度。
- 點選**切削參數**頁面，設定下列參數。
  循環方式：（G81）_ 深孔鑽，使用者可以自行選擇適當的循環方式。

- 點選**共同參數**頁面，設定下列參數：

  勾選從孔／線計算增量值

  勾選使用安全高度：50（增量座標）

  參考高度：3（增量座標）

  工件表面：-4（增量座標）

  深度：-21（增量座標）

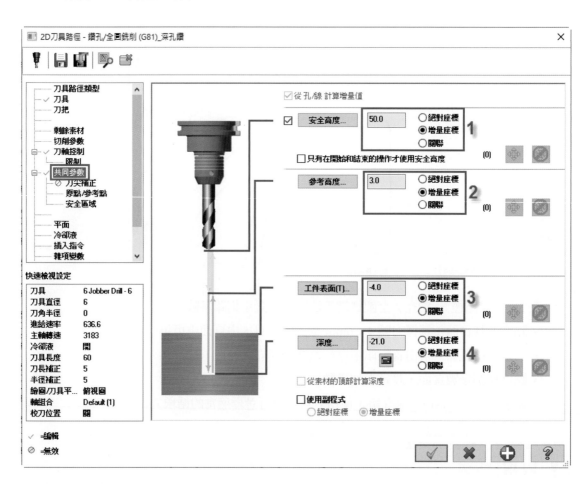

- 點選**旋轉軸控制**頁面，設定下列參數：

  選轉方式：替換軸

  替換軸：替換 Y 軸

  旋轉軸方向：順時針

  旋轉軸直徑：100

  取消勾選展開

  再點擊**確定**完成參數設定。

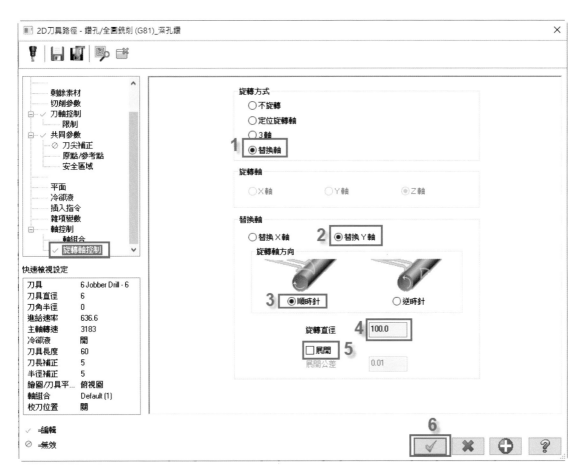

- 執行刀具路徑運算，刀具路徑運算結果如圖。

關閉其他層別，僅開啓層別號碼 100，並以動態旋轉切換至適當觀看的視角。

- 結束後，請將刀具路徑顯示切換至關閉。

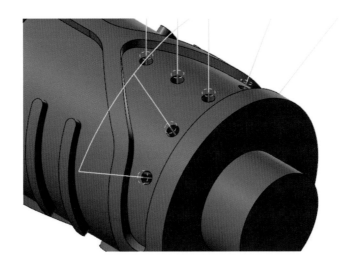

4-4 倒角加工路徑

利用 *Mastercam*® 的倒角功能，可以方便去除加工後產生的銳角部分，易於零件裝配與避免使用者割傷。接下來我們將複製之前製作的路徑，直接修改成倒角的刀具路徑。且為避免混淆操作，我們也將建立一個新的群組來調整參數。

一、刀具路徑群組與複製

- 點選左下角處的**刀具路徑**。
- 選擇**選取全部操作**。

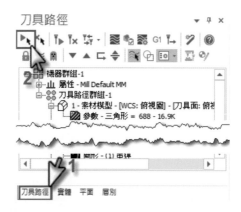

- 按下**鍵盤快速鍵 E**（可重複多按幾次，會有不同效果）。

  此時所有操作將會折疊起來，或請自行點選操作前的 ─ 合併操作。

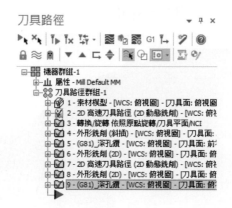

- 點選**機器群組 -1** 處。
- 在此處**按滑鼠右鍵**。

- 選擇**群組**。
- 選擇**新增刀具路徑群組**（請務必不要選錯成新增機器群組）。

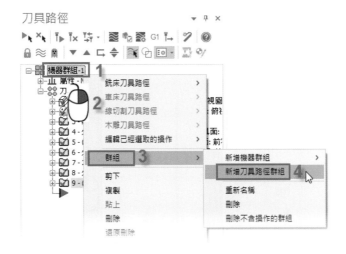

- 利用 Ctrl 鍵將下列操作選取：

  4- 外形銑削（斜插）　　（傾斜平面加工 2）

  5-G81_ 深孔鑽　　　　（傾斜平面孔加工）

  6- 外形銑削（2D）　　 （螺旋溝槽加工）

  8- 外形銑削（2D）　　 （凹槽側壁精修）

  9-G81_ 深孔鑽　　　　（凹槽內鑽孔加工）

- **按滑鼠右鍵。**
- 選擇**複製**。
- 在空白處再**按滑鼠右鍵**。
- 選擇**貼上**，即可產生操作 10～14 等路徑操作。

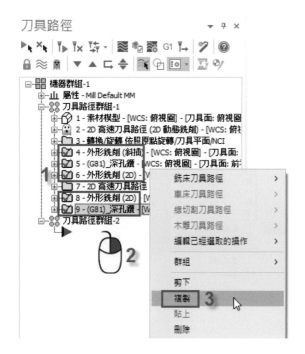

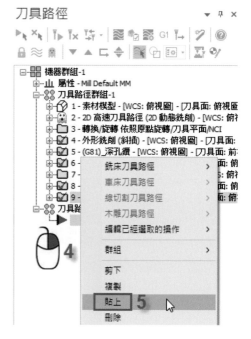

二、傾斜平面 U 形槽倒角

透過外形銑削功能內的倒角，使用者可以很簡單的設定倒角寬度與刀具頂部或底部偏移值，進而控制刀具的切削位置。

- 點擊操作 **10- 外形銑削（斜插）** 的 ➕ 展開參數。
- 點擊**參數**，進入參數畫面。

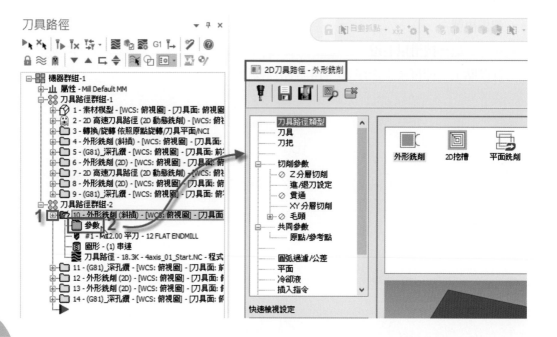

在 2D 刀具路徑 — 外形銑削工法視窗中設定相關參數：

• 點選**刀具**頁面，選擇刀號 6：10mm 倒角刀，由頁面中可更改切削條件。

• 點選**刀把**頁面，可由資料庫中自行選擇或建立新刀把，並定義夾持長度。

• 點選**切削參數**頁面，設定下列參數：

　外形銑削方式：2D 倒角

　倒角寬度：0.5

　底部偏移：3

• 點選**進／退刀設定**頁面，此處可不用修改，因為數值會隨刀具直徑比例調整。

• 點選**共同參數**頁面，設定下列參數：

　工件表面：5（增量座標）

　深度：5（增量座標）

　點擊**確定**完成參數設定（此時路徑暫時是有問題操作，後面再重新計算）。

Mastercam® 進階多軸銑削加工應用及實例

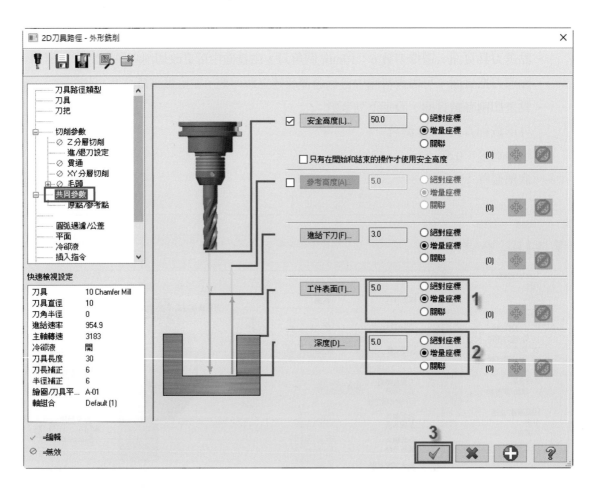

三、傾斜平面孔倒角

鑽孔功能中的共同參數，有一方便的計算機功能可以依照使用者設定的刀具，當輸入倒角後的直徑後，軟體將自動計算出所需要的深度。

- 點擊操作 **11-G81_ 深孔鑽**的 $\boxed{+}$ 展開參數。
- 點擊**參數**，進入參數畫面。

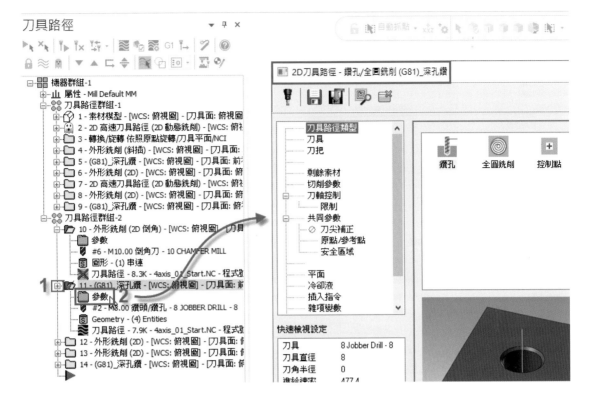

在 2D 刀具路徑 — 鑽孔 / 全圓銑削工法視窗中設定相關參數：

- 點選**刀具**頁面，選擇刀號 6：10mm 倒角刀，由頁面中可更改切削條件。
- 點選**共同參數**頁面，設定下列參數：

　勾選**從線 / 孔的頂部計算深度**

　點擊**計算機**圖示

　輸入精修直徑：9（此時深度會自動計算為 -4.25）

　勾選**覆寫深度**

　點擊**確定**完成深度計算對話框（此時深度會自動修改為 -4.25）。

　點擊**確定**完成參數設定（此時路徑暫時是有問題操作，後面再重新計算）。

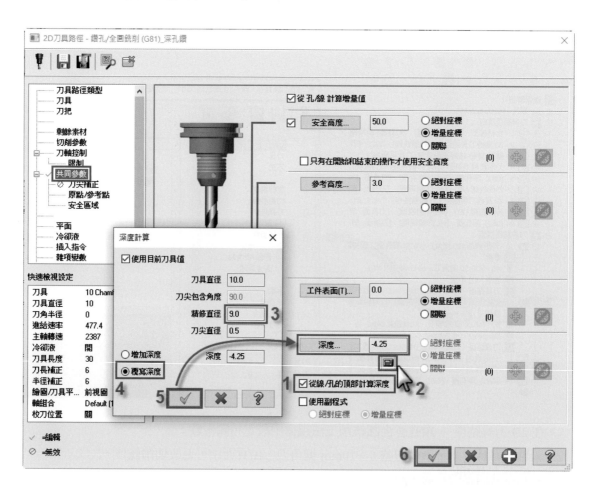

四、螺旋溝槽倒角

此處因為之前銑削的串連圖形不同，所以需要重新定義串連的外形來產生倒角刀具路徑。

- 點選左下角處的**層別**。

- 將層別**僅開啟層別號碼 1、2，關閉其他層別**。

- 切換螢幕視角為**俯視圖**，並將螢幕圖素**適度化**。

- 再點選左下角處的**刀具路徑**。

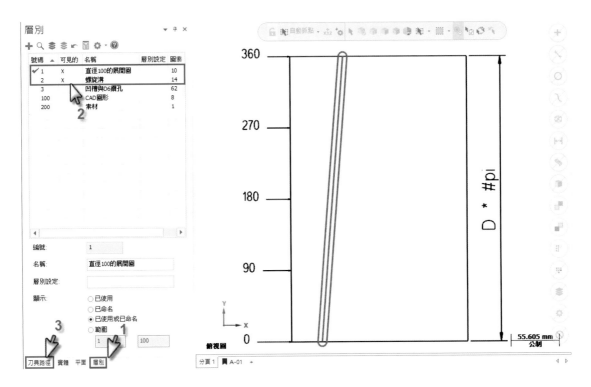

- 點擊**操作 12- 外形銑削**（**2D**）的 $+$ 展開參數。
- 點擊**圖形**一（**1**）**串連**（此時會跳出串連管理對話框）。
- 用**滑鼠右鍵點擊串連**。
- 選擇**單一重新串連**（此時會跳出線架構串連對話框）。
- 將串連切換到**線架構**。
- 點選**串連**。
- 選擇繪圖區內圖素。

  選取位置可以不同，但串連方向請控制為左補正方向。
- 再點擊**確定**結束串連管理對話框。

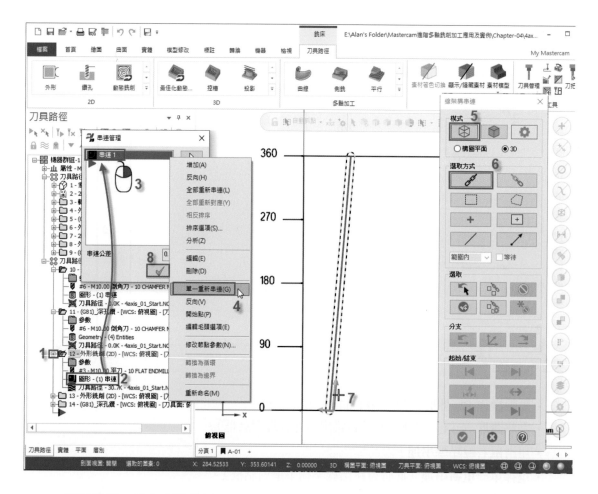

- 點擊**參數**，進入參數畫面。

在 2D 刀具路徑－外形銑削工法視窗中設定相關參數：

- 點選刀具頁面，選擇刀號 6：10mm 倒角刀，由頁面中可更改切削條件。
- 點選**切削參數**頁面，設定下列參數：

　補正方式：電腦

　外形銑削方式：2D 倒角

　倒角寬度：0.5

　底部偏移：1

- 點選 **Z 分層切削**頁面，取消勾選深度分層切削。
- 點選**進 / 退刀設定**頁面，勾選進 / 退刀設定，內容數據可不用修改，因為數值會隨刀具直徑比例調整。

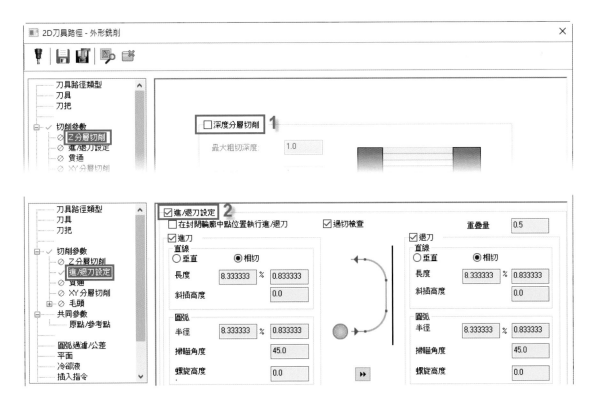

- 點選**共同參數**頁面，設定下列參數：

深度：0（增量座標）

點擊**確定**完成參數設定（此時路徑暫時是有問題操作，後面再重新計算）。

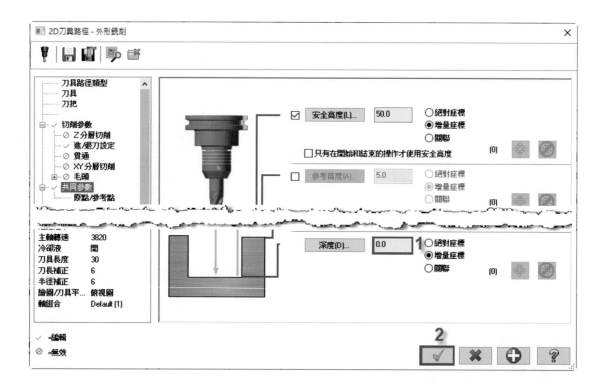

五、凹槽與島嶼倒角

雖然倒角寬度一致，但使用者仍可調整合適的刀具底部偏移值，進而控制刀具的切削位置。

- 點擊操作 **13- 外形銑削（2D）**的 ＋ 展開參數。
- 點擊**參數**，進入參數畫面。

在 2D 刀具路徑 — 外形銑削工法視窗中設定相關參數：

• 點選**刀具**頁面，選擇刀號 6：10mm 倒角刀，由頁面中可更改切削條件。

• 點選**切削參數**頁面，設定下列參數：

外形銑削方式：2D 倒角、倒角寬度：0.5、底部偏移：2

- 點選進／退刀設定頁面，此處可不用修改，因為數值會隨刀具直徑比例調整。
- 點選共同參數頁面，設定下列參數：

深度：0（增量座標）

點擊確定完成參數設定（此時路徑暫時是有問題操作，後面再重新計算）。

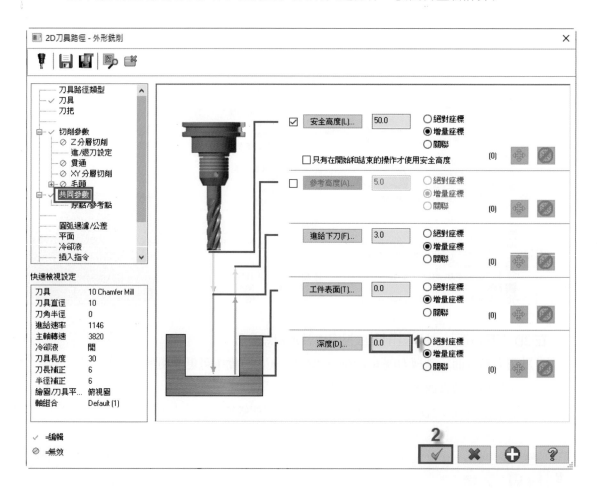

六、凹槽內孔倒角

此處因為倒角的位置在凹槽內，因為共同參數內的計算機功能是以表面為 0 的基礎上計算，所以這裡就需要再加上凹槽深度才能產生正確的倒角深度。

- 點擊操作 14-G81_ 深孔鑽的 ＋ 展開參數。
- 點擊參數，進入參數畫面。

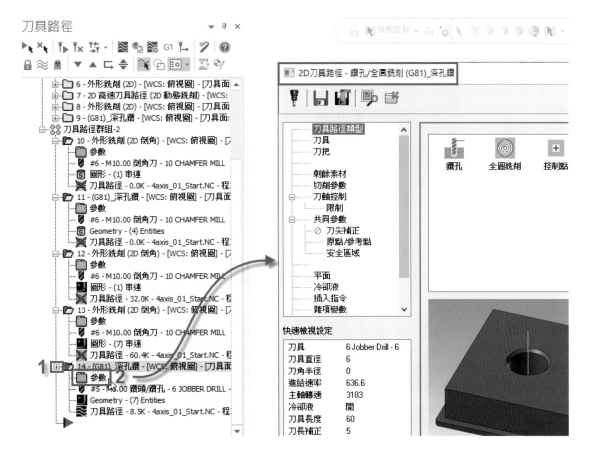

在 2D 刀具路徑－鑽孔／全圓銑削工法視窗中設定相關參數：

- 點選**刀具**頁面，選擇刀號 6：10mm 倒角刀，由頁面中可更改切削條件。

- 點選**共同參數**頁面，設定下列參數：

  點擊**計算機**圖示

  輸入精修直徑：7（此時深度會自動計算爲 -3.25）

  勾選覆寫深度

  點擊**確定**完成深度計算對話框（此時深度會自動修改爲 -3.25）。

  在空格後面再輸入 -4，讓電腦自行運算結果，此時深度會變成：-7.25。

  點擊**確定**完成參數設定（此時路徑暫時是有問題操作，後面再重新計算）。

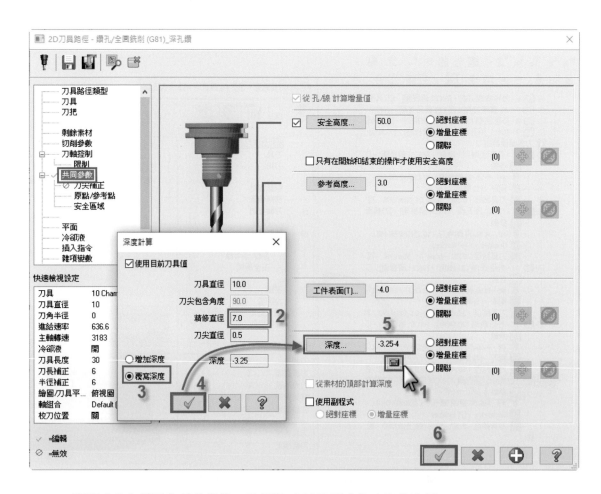

• 點選**重建全部已失效的操作**，路徑將重新計算成修改後的路徑。

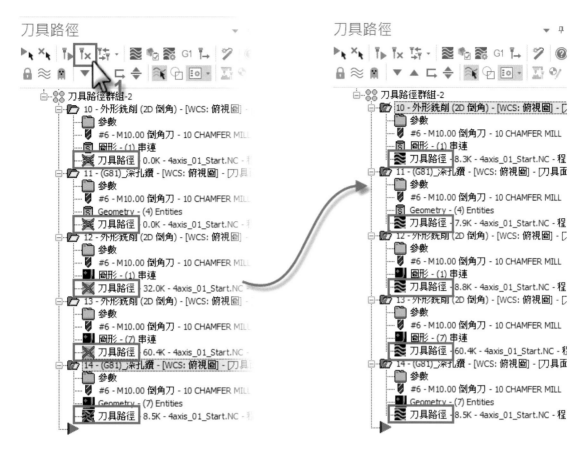

- 執行刀具路徑運算，刀具路徑運算結果如圖。

  關閉其他層別，僅開啟層別號碼 100，並以動態旋轉切換至適當觀看的視角。

- 結束後，請將刀具路徑顯示切換至關閉，並將檔案儲存。

4-5 刀具路徑模擬與驗證

　　當刀具路徑生成之後，我們在實際上機加工之前，建議可以先以路徑模擬與實體驗證來做檢查，避免因爲參數設定不良，導致零件過切或是碰撞。特別是當素材並非爲一般立方體或圓柱體時，我們更可以利用素材模型來做更精確的驗證。

一、素材模型加入刀具路徑

　　選擇操作 1 的素材模型當作實體切削驗證的素材。

- 選擇**模擬選項**。

- 素材選擇素材模型爲 **Stock**（若將來有多個，可於此處選擇其他的）。
  點擊**確定**完成模擬選項對話框。

二、實體切削模擬驗證

此當執行多軸的刀具路徑模擬時，須將模擬的選項做設定，方可模擬旋轉軸旋轉的動作。

- 選擇**選取全部操作**。

- 按下**鍵盤快速鍵 E**（可重複多按幾次，會有不同效果）。

  此時所有操作將會折疊起來，或請自行點選操作前的 ─ 合併操作，此處僅是做整理路徑的顯示，方便爾後選取與檢查使用。

- 用滑鼠**選擇操作 3**，再按住鍵盤上的 **Shift 鍵**，再**選擇操作 14**，此時電腦將會勾選操作 3 到操作 14。

- 再點選**僅顯示已選取的刀具路徑**。

  繪圖區將會顯示操作 3 到操作 14 的刀具路徑，此時可做簡易的檢查，確認是否有刀具路徑的位置不正確。

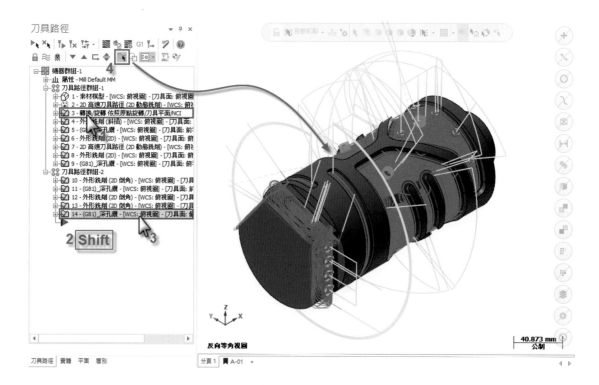

- 選擇**模擬已選取的操作**：

  此時跳出路徑模擬對話框，點選**選項**。

  此時跳出刀具路徑模擬選項對話框，勾選清除螢幕的變更操作時，勾選模擬替換軸、模擬旋轉軸。

  點擊**確定**完成刀具路徑模擬選項對話框。

  將**顯示刀具、顯示刀把、顯示快速位移**，點選成啟用。

  選擇**執行模式**（此為僅顯示模擬當前位置的路徑）

  用**調整指針**設定模擬的速度（慢←→快）

  選擇**單前向前（S）、單節向後（B）**的功能模擬刀具路徑，

  或是直接選擇**開始（R）**或**停止**模擬刀具路徑（自行調整最佳觀看視角）。

  點擊**確定**完成刀具路徑模擬選項對話框。

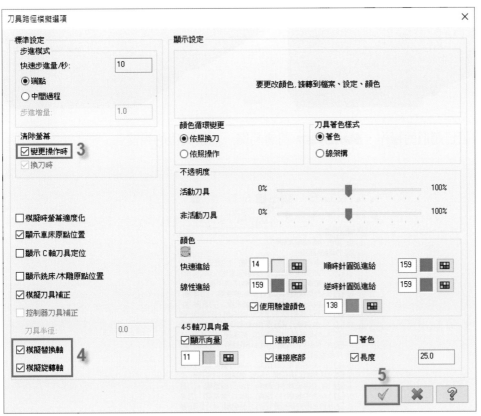

・選擇驗證已選取的操作，*Mastercam*. 將會另開一個模擬器的視窗。

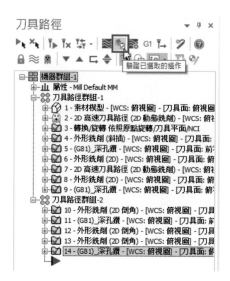

- 選擇 **Mastercam**® 模擬器的實體切削驗證（下列可依需求自行選擇）：

  選擇停止條件選項並勾選**更換操作時**

  選擇刀具組件選項並勾選**刀把、刀桿、肩部、刀刃長度**

  勾選可見的選項內**刀具、素材**

  點擊**實體切削驗證**

  選擇顏色循環選項並勾選**依照刀具**

  選擇顯示**邊界**

  用**調整指針**設定模擬的速度（慢←→快）

  點擊**播放**執行實體切削驗證（自行調整最佳觀看視角）

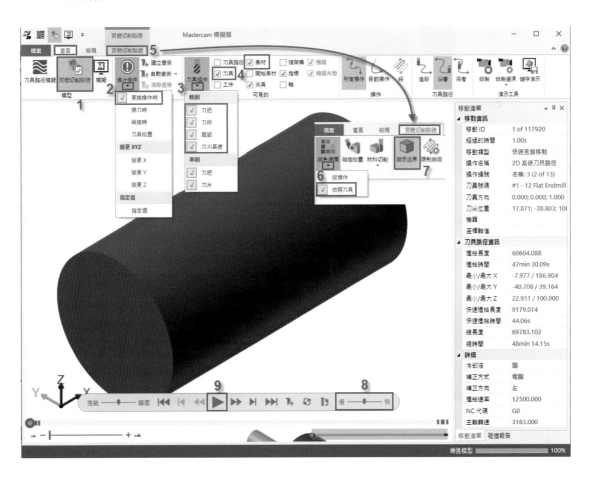

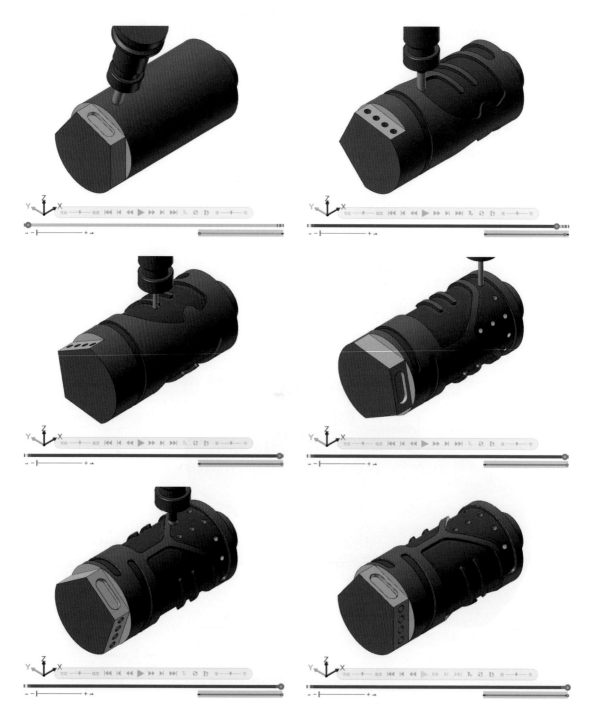

4-6 其他功能補充

　　前面章節所用的圖素係以筆者事先繪製或是客戶原有 CAD 圖檔，但當使用者僅有 3D 模型時，將如何生成這些展開圖素？或者是否能直接透過實體邊界等來製作路徑呢？我們將在這個章節來做部分的補充說明。

　　產生實體邊界，你可利用纏繞指令將其展開成 2D 平面圖素，此處需要注意產生的實體邊界與圓筒直徑的關係，避免產生錯誤尺寸的展開圖。

一、纏繞生成展開圖素

　　因為纏繞與解開，皆須以線架構的圖形方式來執行，所以需要透過產生邊界線功能來生成需要的線架構圖素。這裡僅舉部分圖素來說明，使用者可自行增加選取的相關圖素。

- 請先確認工作視窗僅顯示 3D 實體模型，由左下角處點選**層別**。
- 僅開啟**層別號碼 100**。
- 點選**繪圖**選項卡的**單一邊界**功能。
- 點選螺旋溝槽實體的邊界（可搭配 Shift 鍵選擇相切的實體邊界）。
- 點選**確定**結束單一邊界對話框，工作視窗將會產生所點選的線架構圖素。

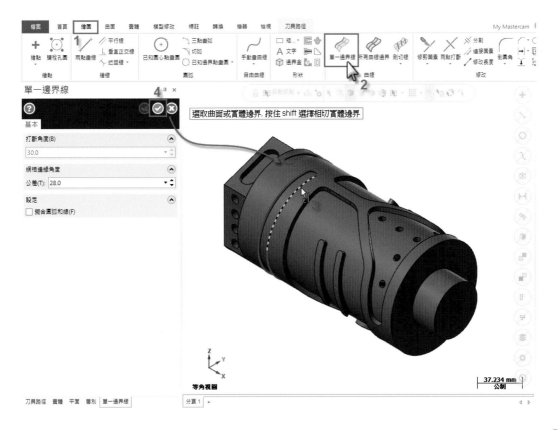

- 再點選**所有曲線邊界**的功能。
- 點選凹槽的實體面（此處僅做一個示範）。
- 點選**確定**結束建立所有曲面邊界對話框，工作視窗將會產生所點選的線架構圖素。

- 點選**轉換**選項卡的**纏繞**功能。
- 將串連切換到**線架構**。
- 點選**串連**。
- 選擇前面所產生的螺旋溝槽線架構圖素。
- 再點擊**確定**結束線架構串連對話框。

- 在**纏繞**功能內設定參數：

  方式：移動

  類型：展開

  旋轉軸：X

  直徑：100

  定位角度：-90

  樣式：曲線

  方向：順時針

- 選擇**透明度**，此時可以較清楚看到展開的圖素。

- 再點擊**確定並建立新操作**繼續執行纏繞的功能。

- 點選**窗選**。

- 利用視窗選取方式選擇前面所產生的凹槽線架構圖素。

- 此時會詢問選取**近似的起始點**。

- 選擇凹槽線架構圖素的上的任一點即可。

- 再點擊**確定**結束線架構串連對話框。

纏繞. 選取串連 1
窗選來選擇圖素。

3 繪圖近似的起始點

- 繼續回到**纏繞**功能內設定參數：

  在直徑處點擊**滑鼠右鍵**

  選擇 **D = 圓弧直徑**

  選擇**實體面**（凹槽底部）

  此時直徑會自動輸入爲：92（此處就是要注意線架構在哪個外徑上，就需要輸入多少的外徑尺寸）

  選擇**透明度**，此時可以較清楚看到展開的圖素。

  再點擊**確定**結束纏繞的對話框。

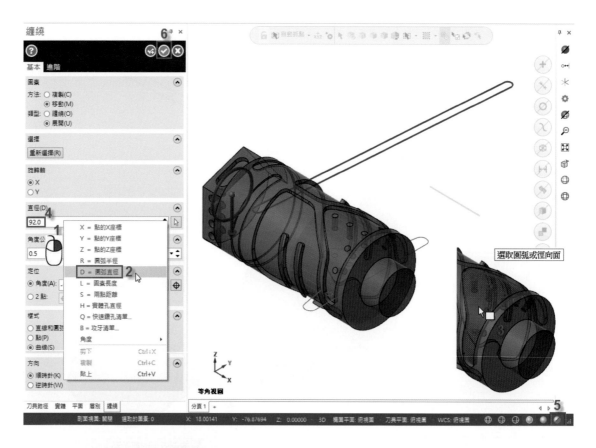

- 點選**選取全部線架構繞**功能：

  點選首頁選項卡的**隱藏 / 恢復隱藏**的功能

  工作視窗將只會顯示纏繞展開後的線架構

  再點選一次**隱藏 / 恢復隱藏**的功能即可顯示原有圖素

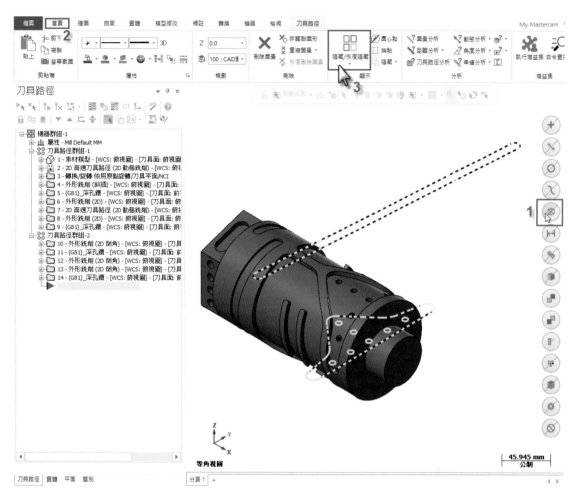

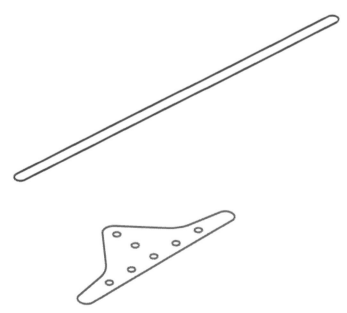

- 點選**選取全部線架構**功能：

  點擊**滑鼠右鍵**

  選擇**變更層別**，此時會出現變更層別對話框

  選項選擇移動

  不勾選使用目前層別

  編號：11

  勾選強制顯示

  選擇關

  再點擊**確定**結束變更層別的對話框。

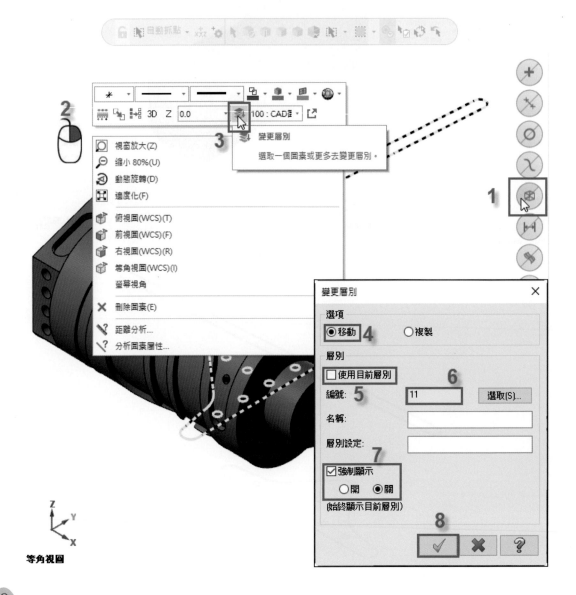

等角視圖

二、3D 實體邊界製作路徑

　　之前的四軸路徑皆以平面展開圖來製作，這裡我們將直接使用實體的邊界來生成刀具路徑。特別要注意的是旋轉軸控制頁面內需要勾選展開的選項與設定展開的公差。這裡僅舉部分圖素來說明，使用者可自行增加選取的相關圖素。

- 請先確認工作視窗僅顯示 3D 實體模型，由左下角處點選**層別**。
- 僅開啟**層別號碼 100**。
- 點選**刀具路徑**選項卡的 **2D**，從銑削工法中選擇外形。

- 確認串連為**實體串連**。
- 點選**串連**。
- 點擊實體邊界（如圖的位置）。
- 此時會詢問是否為此上緣邊界？若不是，請點擊**其他面**做切換，點擊**確定**結束選取參考面對話框。
- 因為會影響補正方向，請確認串連箭頭方向是否正確？若不正確，請利用**反向**功能來調整。
- 再點擊**確定**結束實體串連對話框。

在 2D 刀具路徑 — 外形銑削工法視窗中設定相關參數：

- 點選**刀具**頁面，選擇刀號 6：10mm 倒角刀，由頁面中可更改切削條件。
- 點選**切削參數**頁面，設定下列參數：

  此時外形銑削方式會變成 3D 倒角（因為選取的圖素為 3D 曲線邊界）

  倒角寬度：0.5、底部偏移：1

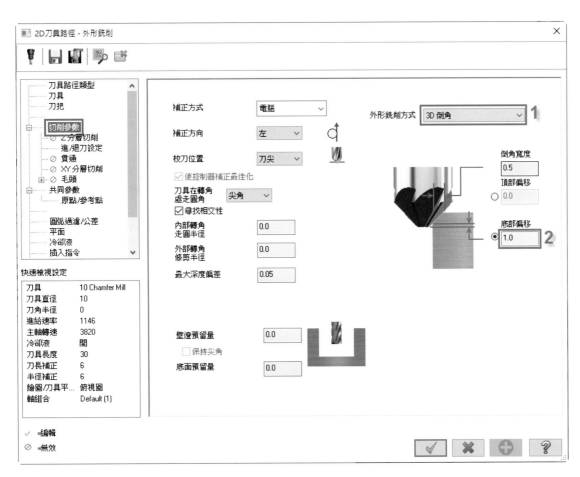

- 點選**進／退刀設定**頁面，內容數據可不用修改，因為數值會隨刀具直徑比例調整。
- 點選**共同參數**頁面，設定下列參數：

　深度：0（此處會設定為增量座標，且無法變更）

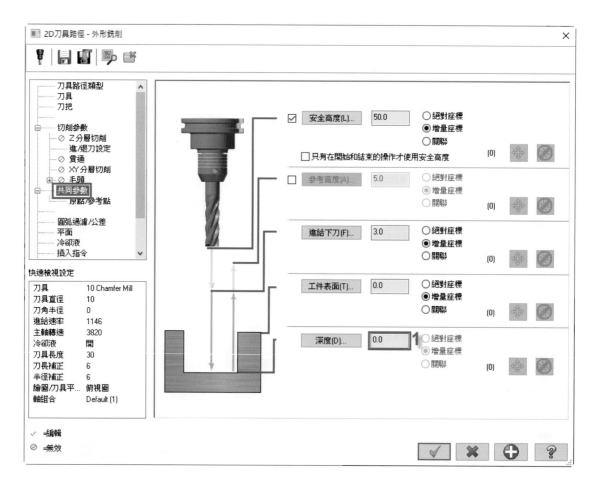

- 點選**旋轉軸控制**頁面，設定下列參數：

  選轉方式：替換軸

  替換軸：替換 Y 軸

  旋轉軸方向：順時針

  旋轉軸直徑：100

  勾選展開（因為圖素已經在圓筒上，所以務必勾選此處）

  展開公差：0.01

  再點擊**確定**完成參數設定。

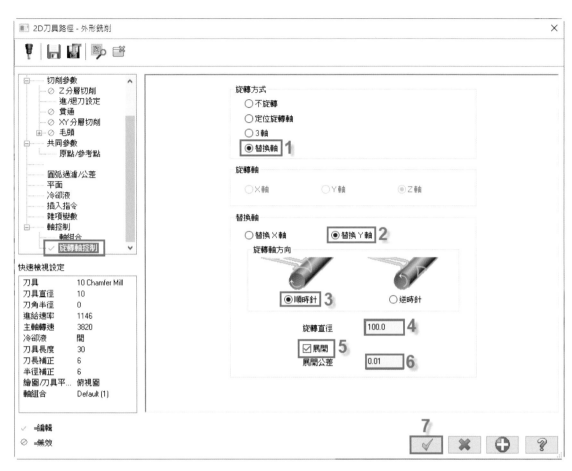

• 執行刀具路徑運算，刀具路徑運算結果與實體驗證如圖。

5

3+2 固定軸銑削與鑽孔加工

學 習 重 點

簡介

3+2 軸的加工應用觀念，簡單的定義就是旋轉 XYZ 工作座標值做 Z 軸軸向投影加工。

　　依照使用者將工作座標旋轉或點選曲面法線方向，然後移動至最佳的刀軸方向來產生投影加工路徑。而切削時旋轉軸是以固定的角度狀態作定點式加工，與一般的三軸高速加工運用是相同的，差別只在於將主軸頭旋轉至不同的角度方向作定軸式的加工。它的主要優點是對於深穴模具或多面的複雜零件做加工應用，您可縮短刀具的挾持長度，不但可以提升切削速率以達到更好的加工品質與精度，也可以縮短加工的時間，能夠有更好的機臺稼動率，而且還可以減少夾製具的製作成本。程式的製作非常的簡單，一般都應用在特徵加工或多軸向的鑽孔加工。我們來看以下的加工範例說明：

5-1 基本設定

一、輸入模型

　　經由光碟 Chapter-05 輸入開啓 "3Plus2axis_Start.emcam" 專案檔，您也可以使用滑鼠的左鍵，點選專案直接拖拉到工作視窗來做開啓。

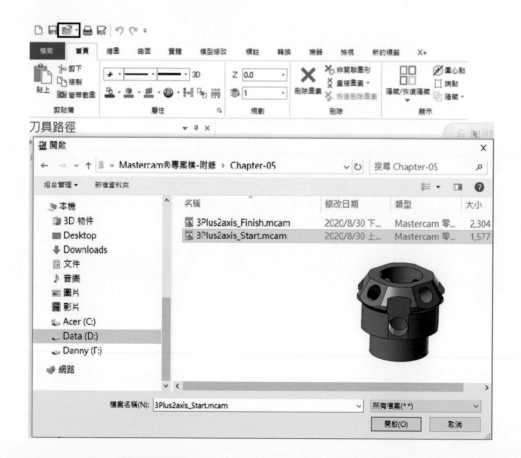

二、素材模型建立

- 由左下角處點選**層別**。
- 開啓圖層號碼 1（工作視窗將顯示素材模型）。
- 點選**素材模型**的功能。

經由刀具路徑選項卡中的素材＿開啓素材模型功能：

- 由視窗中輸入名稱：001。
- 選擇**模型**的功能。
- 點選圖層號碼 1 的素材模型。
- 確定勾選，完成此素材模型的設定。
- 關閉圖層號碼 1 的素材模型。
- 關閉建立的素材模型名稱 001。

Mastercam® 進階多軸銑削加工應用及實例

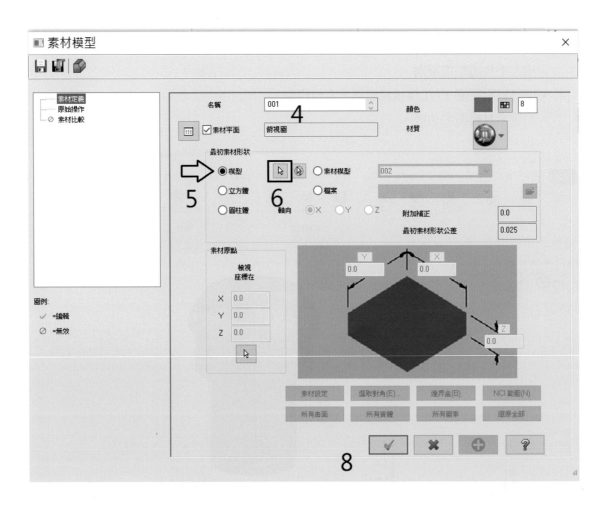

三、工作座標設定

- 經由下拉式選項卡功能中，點選**模型修改**。
- 選擇**孔 - 中心軸**。
- 點選物件上的兩個圓孔。
- 點選確定，完成此兩個孔軸的中心線建立。

觀念：

　　建立這兩個圓孔的中心線，主要是可以用來建立工作座標的軸向位置與鑽**孔**加工時做使用。

* 由左下角處點選**平面**。
* 在左上角處點選倒三角開啟建立平面的功能。
* 選擇**依圖素法向 ...**

- 點選此圓孔的中心曲線。
- 點選切換下一個平面（直到 Z 軸座標朝上）。
- 儲存此平面。

- 名稱輸入為 A-1。
- 點選確定。

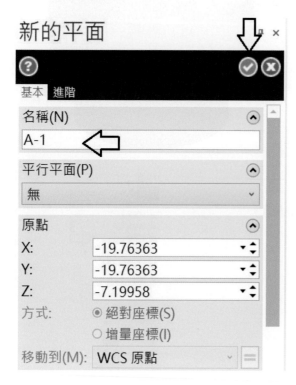

- 點選 A-1 名稱的平面座標。
- 使用滑鼠的右鍵功能，點擊**編輯**功能。

- 使用滑鼠左鍵點擊按住座標環（深藍環）做旋轉，將 Y 軸向旋轉到下圖邊緣線的中心點以做為軸向的對齊。

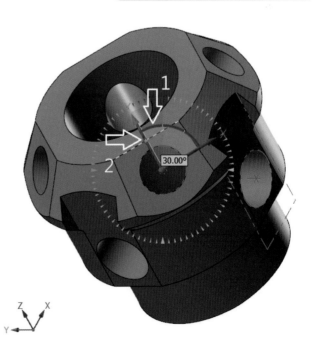

- 滑鼠左鍵點擊兩下，以確定該旋轉的方向。
- 接下來，我們將原點的座標 X/Y/Z 都輸入爲零。它們需要移動到你機臺的旋轉中心位置（如你的機臺有座標轉換的功能，那麼你無須做此座標移動）。

觀念：

> **主要是將此座標移動到旋轉中心爲目的**，如您的機臺沒有 Fanuc（G68.2）/ SIEMENS（CYCLE800）或其他控制器的傾斜面座標轉換功能，那麼就需要如此做移動設定，否則將會造成旋轉的方位和位置錯誤。反之有這些功能則不用，加工程式經過軟體的後處理輸出，至機臺的控制系統之後，它會自行地作轉移換算。

選取指標軸，編輯或按確定/雙擊滑鼠接受結果

- 另一圓孔的平面座標建立，同樣點選平面、選擇依圖素法向、點選此圓孔的中心曲線、切換下一個平面（直到 Z 軸座標朝上），然後儲存此平面。
- 輸入 A-2 名稱、將原點的座標 X/Y/Z 都輸入爲零。

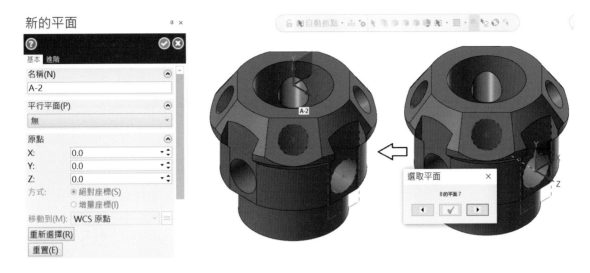

新的平面

基本　進階

名稱(N)
A-2

平行平面(P)
無

原點
X:　0.0
Y:　0.0
Z:　0.0

方式:　⦿ 絕對座標(S)
　　　　○ 增量座標(I)

移動到(M)　WCS 原點

重新選擇(R)
重置(E)

選取平面

8的平面 7

　　　預先完成此兩處特徵的平面座標設定。

四、刀具設定

- 由主功能列中點選**刀具管理**。
- 左下角處的**啟用刀具過濾**點擊勾選。
- 點擊**刀具過濾（F）...** 功能鍵。
  在刀具過濾清單設定視窗中，點擊**全關**功能然後只點選平刀，確定關閉。
- 在刀具管理的下半視窗中，您將發現有平刀（直徑 D10）的刀具，請點選。
- 將點選的刀具經由往上的箭頭，複製到機器群組內，完成刀具的選用。

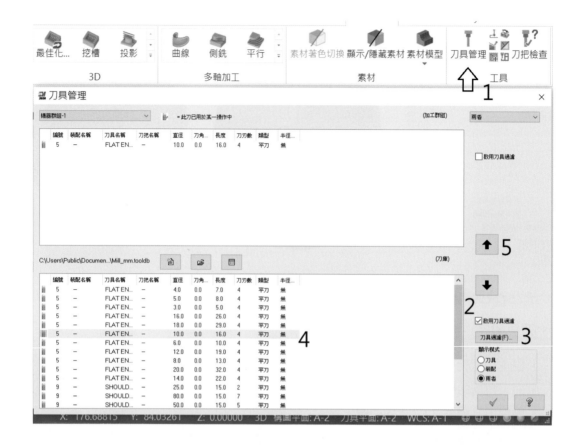

5-2 3+2 固定軸加工路徑

一、傾斜平面加工

在產生傾斜平面加工路徑之前，建議將輸出的工作座標與構圖及刀具平面做定義。

- 由左下角處點選**平面**。
- **WCS** 置放於俯視圖（以此為輸出工作座標零點）。
- 切換構圖及刀具平面置放於 A-1 平面座標。

觀念：

> 刀具路徑的輸出座標零點，必須與您在機臺架設模型或零件時的零點相同，而非使用你做路徑時的旋轉工作座標系作程式的輸出。當您這樣設定後，刀具路徑在後處理時這兩個座標系會因位置與角度之間的差異，系統將自動地做轉換運算，以輸出正確的加工位置與角度。

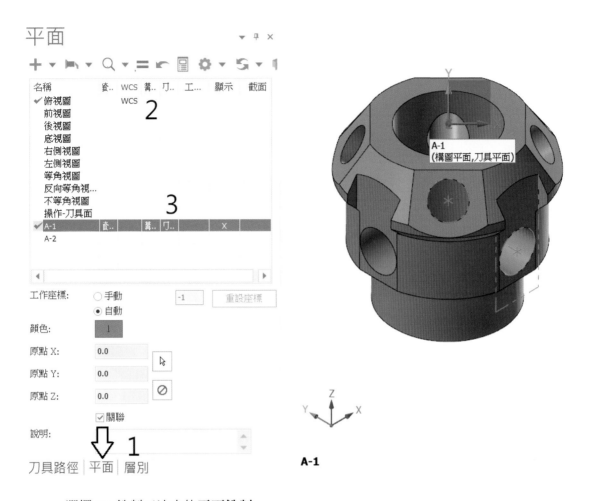

A-1

- 選擇 2D 銑削工法中的**平面銑削**。

- 將串連切換到實體串連，點選外部邊界（G）...，點擊實體面，再點擊確認。

由 2D 刀具路徑 — 平面銑削工法視窗中設定相關參數：

- 點選**刀具**頁面，選擇平刀（直徑 D10）的刀具，由頁面中您可更改切削條件。
- 點選**刀把**頁面，由資料庫中您可自行選擇或建立新刀把，並定義夾持長度。
- 點選**切削參數**，將類型設為雙向，底面預留量設為 0。

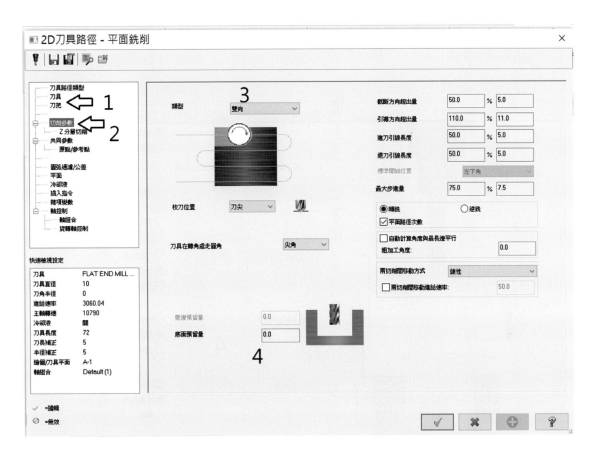

• 點選 **Z 分層切削**，最大粗切深度設為 1.0、精修次數設為 1、精修量設為 0.1，勾選**不提刀**。

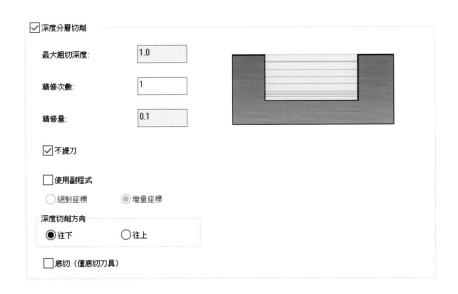

- 點選**共同參數**，勾選使用安全高度並宣告為增量、不勾選參考高度，工件表面設為 3.0 並宣告為增量。

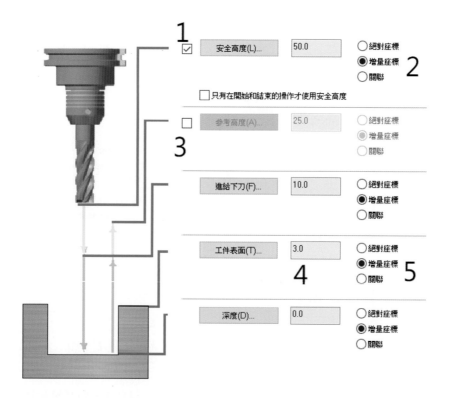

- 點選**圓弧過濾公差**，將總公差設為 0.005。

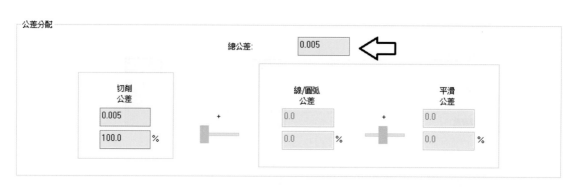

- 點選**確定**，執行刀具路徑運算，刀具路徑的運算結果如圖。

二、傾斜孔加工

- 選擇 2D 銑削工法 — 孔加工中的**螺旋銑孔工法**。

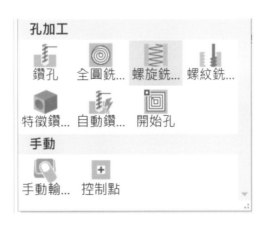

- 點選圖示中的實體特徵孔，然後按確定。

觀念：

> **Mastercam**® 目前可一次性選擇多個實體特徵孔來產生加工路徑，但您需要從共同參數的安全區域選項中來定義提刀的連結方式，以避免偏擺時造成提刀的碰撞問題。

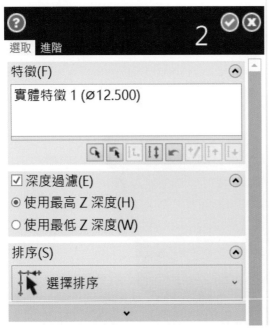

由 2D 刀具路徑 — 螺旋銑孔工法視窗中設定相關參數：

- 點選**刀具**頁面，選擇平刀（直徑 D10）的刀具。
- 點選**切削參數**，壁邊及底面預留量設為 0。

觀念：

　　當您不是選擇實體特徵時，而是選擇點或線，那麼您就需要定義**覆蓋圖形直徑**的設定（於共同參數內的條件設定也會有所不同）。

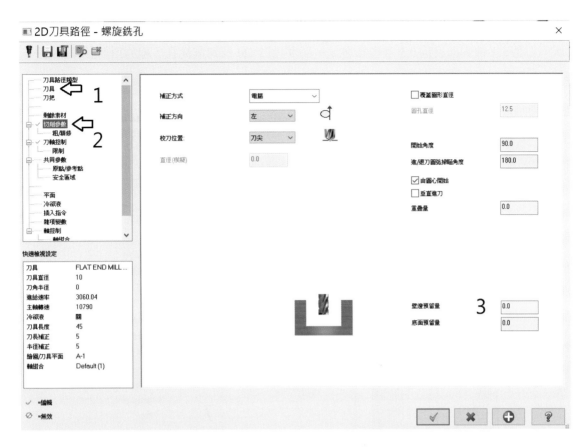

• 點選粗／精修，粗加工間距設為 1.0 及最終深度進給速率設為 100%。

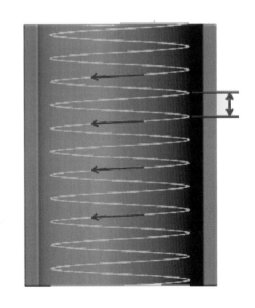

• 點選共同參數，勾選使用**從孔／線計算增量值**及安全高度宣告爲增量、不勾選參考高度，工件表面設爲 0.5 宣告爲增量，深度設爲 -20 及勾選**從孔／線的頂部計算深度**。

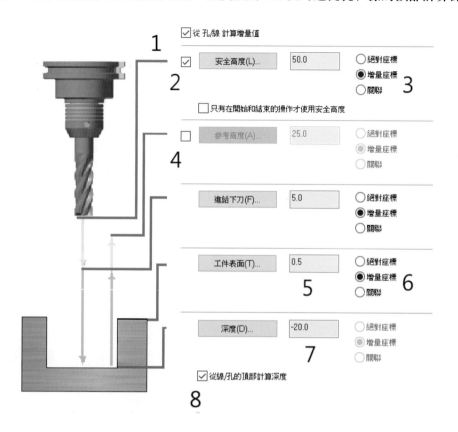

• 點選**確定**，執行刀具路徑運算。刀具路徑的運算結果如圖。

三、側向平面加工

在產生側向平面加工路徑之前，建議將輸出的工作座標與構圖及刀具平面做設定。

- 由左下角處點選**平面**。
- WCS 置放於俯視圖（以此為輸出工作座標零點）。
- 切換構圖及刀具平面置放於 A-2 平面座標。

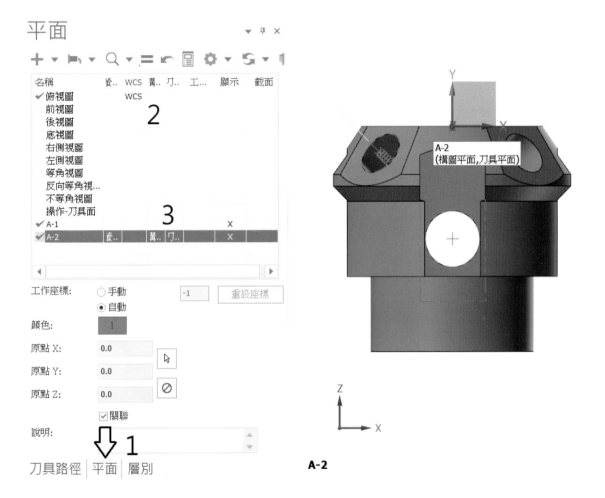

A-2

- 選擇 2D 銑削工法中的**外形銑削**。

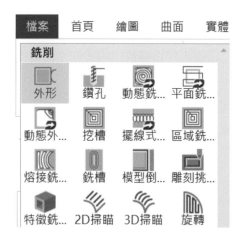

• 以線架構做串連，點選現存的ㄇ形線架構，再點擊確認。

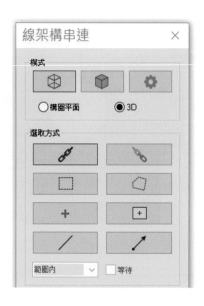

由 2D 刀具路徑 — 平面銑削工法視窗中設定相關參數：

• 點選**刀具**頁面，選擇平刀（直徑 D10）的刀具。

• 點選**切削參數**，補正方式選擇**磨耗**，壁邊及底面預留量設為 0。

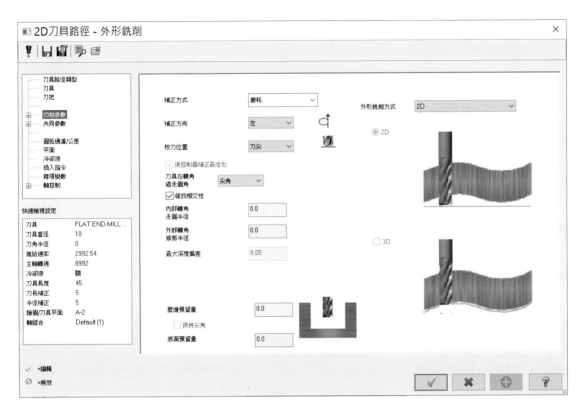

- 點選 **Z 分層切削**，最大粗切深度設為 1.0、精修次數設為 1、精修量設為 0.1，勾選不提刀。

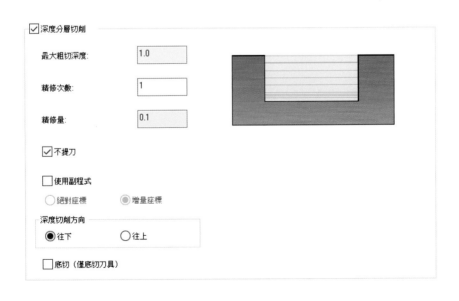

- 點選**進退刀設定**，不勾選進／退刀選項，勾選調整輪廓開始位置，設定長度爲 75%、點擊延伸，並複製到退刀。

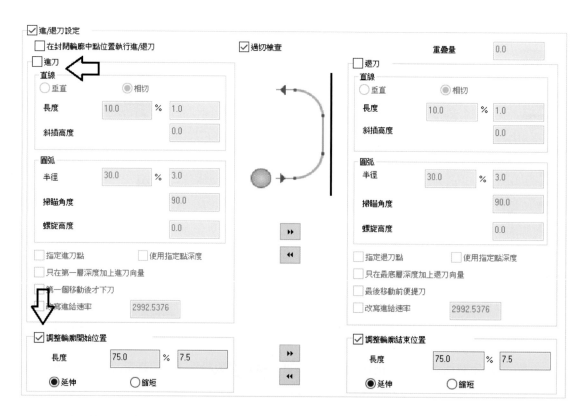

- 點選**共同參數**，勾選使用安全高度並宣告爲增量、不勾選參考高度，點擊**工件表面** icon 並點擊圖形特徵區域的最高點位置。

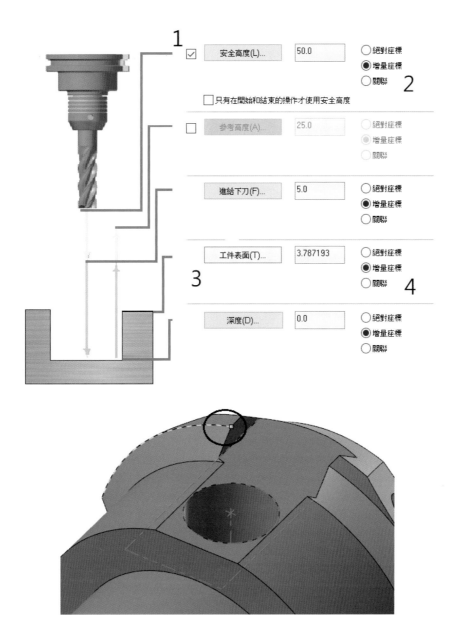

• 點選**圓弧過濾公差**，將總公差設為 0.005。

- 點選**確定**，執行刀具路徑運算。刀具路徑的運算結果如圖。

四、側向孔加工

- 選擇 2D 銑削工法 ― 孔加工中的**螺旋銑孔工法**。

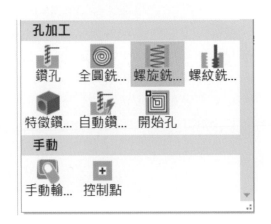

- 點選圖示中的實體特徵孔，然後按確定。

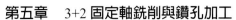

刀具路徑孔定義

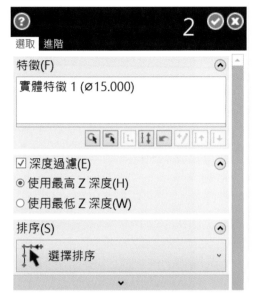

選取　進階

特徵(F)

實體特徵 1 (Ø15.000)

☑ **深度過濾(E)**

◉ 使用最高 Z 深度(H)

○ 使用最低 Z 深度(W)

排序(S)

選擇排序

由 2D 刀具路徑 一螺旋銑孔工法視窗中設定相關參數：

• 點選**刀具**頁面，選擇平刀（直徑 D10）的刀具。

• 點選**切削參數**，補正方式選擇**電腦**，壁邊及底面預留量設為 0。

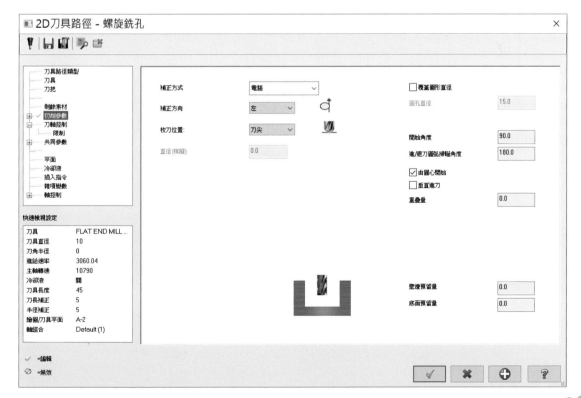

- 點選粗／精修，粗加工間距設為 1.0 及最終深度進給速率設為 100%。

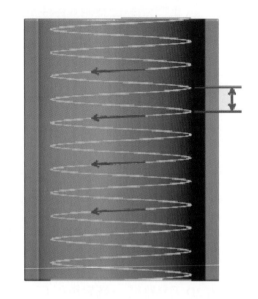

- 點選**共同參數**，勾選使用**從孔／線計算增量值**及安全高度宣告為增量、不勾選參考高度，工件表面設為 0.5 宣告為增量，深度設為 -15 及勾選**從孔／線的頂部計算深度**。

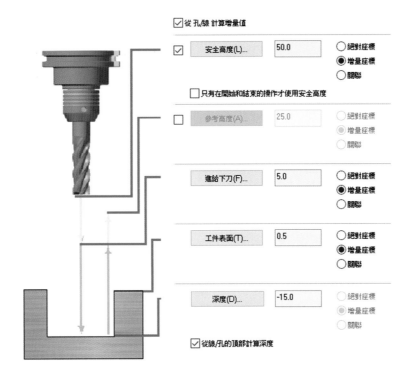

- 點選**確定**，執行刀具路徑運算。刀具路徑的運算結果如圖。

五、旋轉陣列複製

此模型的相同特徵共有四個方位角，透過以上所產生的傾斜與側向的刀具路徑，我們可使用**刀具路徑的轉換**功能來做陣列複製。

- 點選**刀具路徑轉換**功能，開啓轉換操作的設定視窗。

- 類型 - 點選**旋轉**。
- 方式 - 點選**刀具平面**。
- 來源 - 選擇 **NCI**。
- 透過滑鼠和 **Shift 鍵**，勾選要陣列複製的刀具路徑。
- 勾選**複製原始操作**。
- 加工座標系統編號 - 點選**自動**。
- 切換到**旋轉**的操作頁面。
- 陣列次數輸入 **3** 次。
- 旋轉角度輸入 **90** 度。
- 勾選**對平面旋轉**，選擇俯視圖。

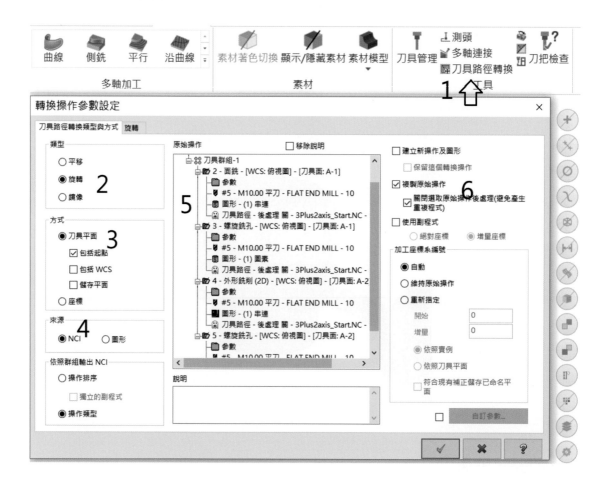

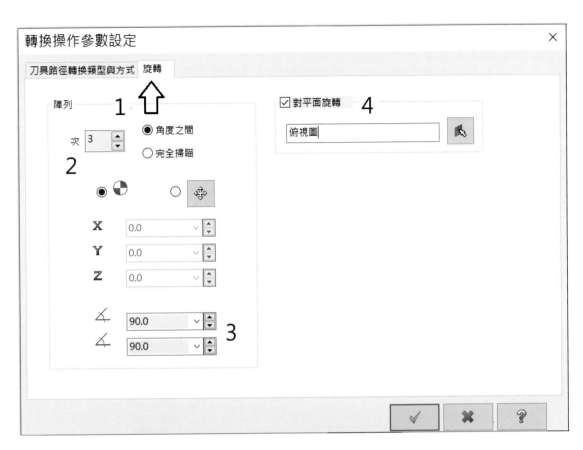

• 點選**確定**，執行刀具路徑運算。刀具路徑的運算結果如圖。

・點選**選取全部失效操作**，將此陣列合併的刀具路徑做隱藏。

5-3 斜面側銑加工

一、傾斜面側銑加工

・由左下角處點選**平面**。

・點擊**螢幕視角**，將 WCS、構圖平面及刀具平面切換到俯視圖。

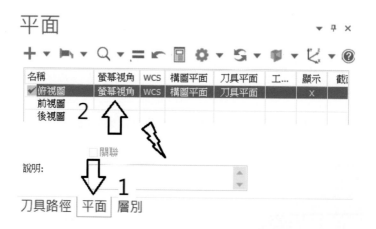

・再由左下角處點選**層別**。

・開啓號碼 **3** 的參考曲面。

層別

▼ 〒 ✕

＋ 🔍 ▧ ▧ ↩ 🖹 ⚙ ▾ ❓

號碼 ▲	可見的	名稱	層別設定	圖素
1		素材		1
✓ 2	X	CAD圖形		12
3	X	參考曲面		3
4		三爪夾具		1

⬆ 2

編號:　　　　2

名稱:　　　　CAD圖形

層別設定:

顯示:　　　　◯ 已使用
　　　　　　　◯ 已命名
　　　　　　　◉ 已使用或已命名
　　　　　　　◯ 範圍
　　　　　　　　1　　　　　100

⬇

刀具路徑　平面　層別　**1**

- 選擇多軸加工工法 ─ **側銑工法**。

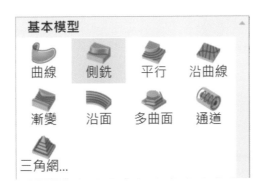

由多軸加工 ─ 側銑工法視窗中設定相關參數:

- 點選**刀具**頁面,選擇平刀(直徑 D10)的刀具。
- 點選**切削參數**,選取圖形的箭頭,點擊此加工傾斜面並結束選取。
- 設定切削公差為 **0.005**。
- 輸入最大距離為 0.3(此設定主要的目的在於增加點數,每 0.3mm 增加一個點,讓刀具路徑的點距可以平均化,以達到五軸加工速率的優化與偏擺平順)。

Mastercam 進階多軸銑削加工應用及實例

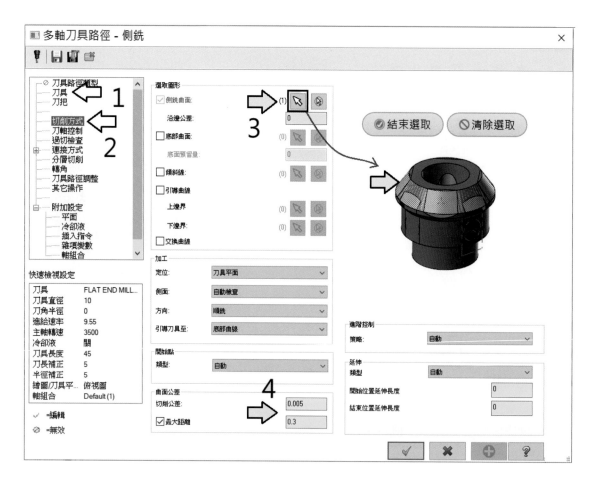

- 點選**刀軸控制**，輸出方式定義為五軸。

- 點選**連結方式**，首次進刀點與最後退刀點都選擇使用進刀／退刀。
- 高度與增量高度都定義為 **100**。
- 其餘的選項參數依據內定即可。

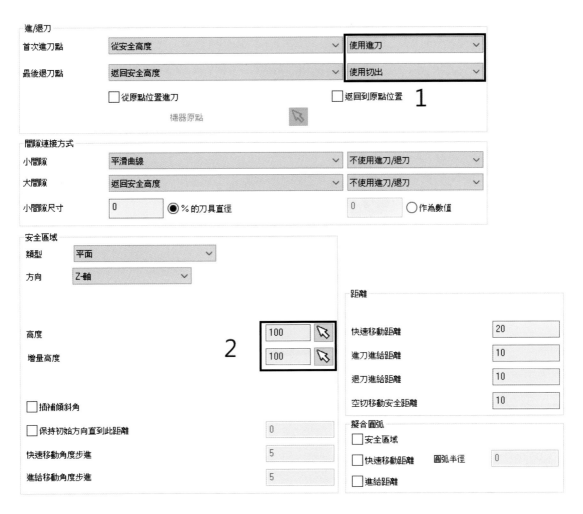

- 點選**分層切削**，經由刀具引導頁面定義刀具偏移往下 -2mm。

  （此可以避免刀具只加工到此曲面的底端邊緣而產生殘留餘料）

- 點選**確定**，執行刀具路徑運算，刀具路徑的運算結果如圖。

二、倒勾斜面側銑加工

- 選擇多軸加工工法 — **側銑工法**。

由多軸加工 — 側銑工法視窗中設定相關參數：

- 點選**刀具**頁面，選擇平刀（直徑 D10）的刀具。
- 點選**切削參數**，選取圖形的箭頭，點擊此加工傾斜面並結束選取。
- 設定切削公差為 **0.005**。
- 輸入最大距離為 0.3（此設定主要的目的在於增加點數，每 0.3mm 增加一個點，讓刀具路徑的點距可以平均化，以達到五軸加工速率的優化與偏擺平順）。

以下的定義與前一條側銑加工路徑相同：

- 點選**刀軸控制**，輸出方式定義爲五軸。
- 點選**連結方式**，首次進刀點與最後退刀點都選擇使用進刀 / 退刀。
- 高度與增量高度都定義爲 **100**。
- 點選**分層切削**，經由刀具引導頁面定義刀具偏移往下 0mm。

（因曲面有相鄰的垂直壁曲面，切勿不可再偏移否則會造成過切的問題除非您有定義垂直壁面作爲保護面。）

- 點選**確定**，執行刀具路徑運算，刀具路徑的運算結果如圖。

5-4 刀具路徑模擬與驗證

一、素材模型加入刀具路徑

- 勾選**素材模型名稱 1**，滑鼠點擊**參數**以開啓素材模型。
- 點擊**原始操作**頁面，使用 Shift 鍵並勾選 6-7-8 三條刀具路徑。

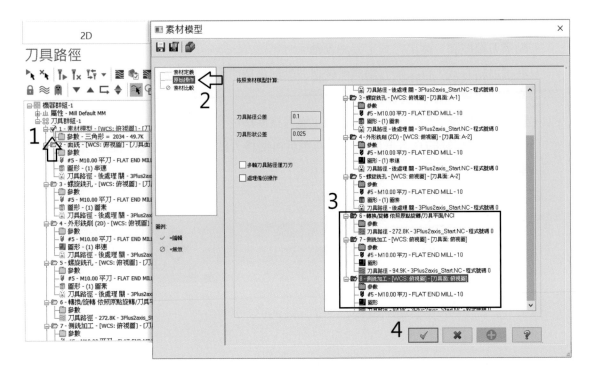

• 點選**確定**，點擊**重建全部已選取的操作**，執行素材模型的運算。

建議可以關閉層別 2（CAD 圖形）/
3（參考曲面）及開啟 4（三爪夾具），
結果如圖：

二、實體切削模擬

• 點擊**素材設定**，開啟素材設定頁面。

• 點選**實體 / 網格**選項，點擊箭頭 icon，然後點選**層別**，開啟號碼 1 的素材圖素和直接
使用滑鼠做點選此圖素，接下來點擊**確定**以完成素材的設定。

• 使用 Shift 鍵並勾選 6-7-8 三條刀具路徑。

• 點擊**驗證已選取的操作**，開啟實體模擬的操作視窗。

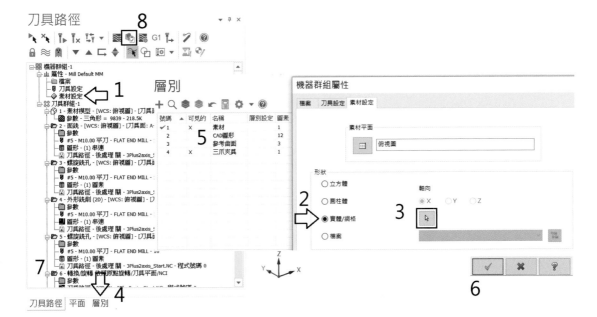

- 點選**實體切削驗證**的選項。

- 點選**顏色循環**的選項。

- 可以調整模擬的速度。

- 點擊**播放**的按鈕，以開始動態的實體模擬。結果如圖：

6

多軸刀具軸向設定

學 習 重 點

刀具軸向控制

簡介

三軸的刀具路徑運算是以 Z 軸垂直軸向作投影，3+2 軸的路徑作法是翻轉到固定的角度作定點投影來產生刀具路徑，它與三軸的垂直方向作投影是相同的投影應用。

而五軸刀具路徑的運算，在應用觀念上也需要選擇一個軸向作投影來產生加工路徑，**Mastercam®** 提供了齊全的刀具軸向定義方式與優化路徑的方法，讓您能產生最佳化的五軸刀具路徑。

補充一點的是，學習五軸加工路徑的編程，首要必須先了解各種刀軸控制的投影觀念，才能產生最理想的加工路徑。當您進行五軸加工編程時，在任何的情況下都必須對產生的刀具路徑，進行十分仔細的檢查與干涉驗證。

刀具軸向控制

刀軸控制選單可以經由多軸的加工工法選單中來選用，在每個工法中，刀軸控制的選項也會有所差異，您可以針對模型的造型運算需求，選擇最適合的刀軸來做投影。如下圖示，是多軸選項卡中的多曲面工法 _ 刀軸控制選項：

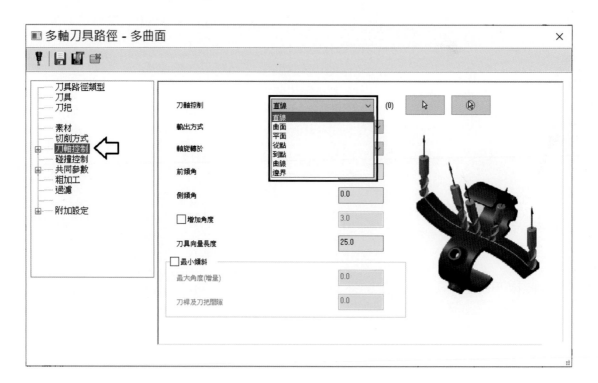

接下來，我們將透過幾個範例，來說明各項刀軸控制的應用。

此章節我們只說明刀軸控制的應用觀念與注意，對於工法內的細節功能選項，會在後續的章節再做詳細的介紹。

一、曲面與刀軸傾斜控制（Surface & lead/lag angle control）

經由光碟 Chapter-06 輸入開啓 "Surface control.mcam" 專案檔，您也可以使用滑鼠的左鍵，點選專案直接拖拉到工作視窗來做開啓。

- 選擇多軸加工工法中的**沿面**

由多軸刀具路徑 — 沿面銑削工法視窗中設定相關參數：

- 點選**刀具**頁面，選擇球刀（直徑 6）的刀具，由頁面中您可更改切削條件。
- 點選**刀把**頁面，由資料庫中您可選擇 B2C3-0016 或自行建立新刀把，並定義夾持長度 35。
- 點選**切削方式**，選取曲面（點選步驟 4 凹的曲面），切換**切削方向**。
- 點選**確定**。

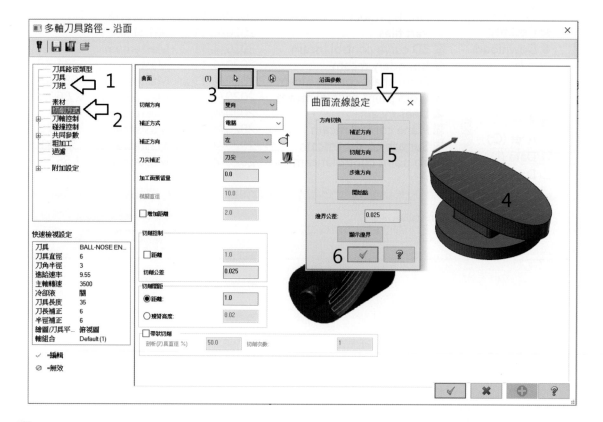

• 點選**刀軸控制**，刀軸控制選擇**曲面**，其餘依照內定值。

刀軸控制	曲面 ∨	(1)
輸出方式	5軸 ∨	
軸旋轉於	X軸 ∨	
前傾角	0.0	
側傾角	0.0	
☑ 增加角度	3.0	
刀具向量長度	25.0	
☐ 最小傾斜		
最大角度(增量)	0.0	
刀桿及刀把間隙	0.0	

左側選單：
- 刀具路徑類型
- 刀具
- 刀把
- 素材
- 切削方式
- **刀軸控制**
- 碰撞控制
- 共同參數
- 粗加工
- 過濾
- 附加設定

• 點選**確定**，執行刀具路徑運算，刀具路徑的運算結果如圖。

觀念：

> 刀軸控制選擇依**曲面**的法向垂直 Normal 做投影。刀具路徑的刀軸投影方向，將依據所選的曲面法向做垂直投影，若你前／側傾角都定義為 0，那麼刀具路徑各點的刀軸方向將垂直於此曲面。透過此曲面的選擇，您可以控制此曲面的 UV 切削加工方向和補正方向、步進方向及開始點的控制。

此刀軸曲面的應用有幾點注意和建議：

* 若沒有定義前傾角和側傾角，會衍生刀具靜點的加工問題。

  （建議：刀具可傾斜 **15 度**切削效果較佳，但非絕對您必須視刀具的特性而定。）

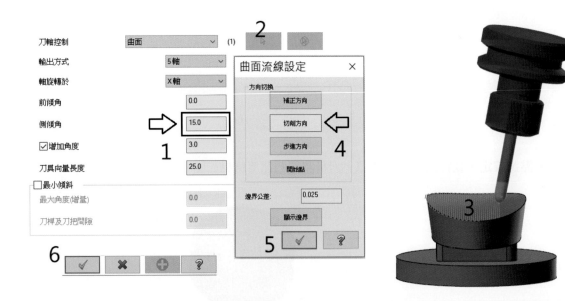

* 對於原曲面 UV 方向不佳或多的曲面 UV 方向無法連續性時。

  （建議：建立單一的參考曲面，儘可能的簡化曲面 UV 線和造型。）

* 針對造型複雜的曲面，或路徑的刀軸偏擺過度劇烈時。

  （同樣建議：建立單一的參考曲面來做控制。）

觀念：

> 建立參考曲面的規則建議：
>
> * 保持曲面簡單。
> * 不要太靠近模型。
> * 避免不連續。

- 儘可能使經緯線均勻。
- 避免重合的經緯線，因爲它們可能導致刀具路徑重複。
- 參考曲面必須在模型的內部，大小須在投影的範圍內。
- 設定最小的刀具向量長度投影距離，可產生理想的運算速度。

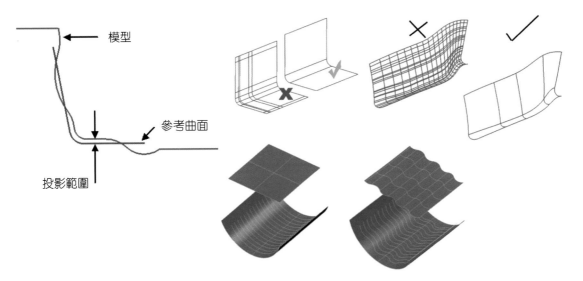

- 透過前傾角和側傾角可以控制刀軸的偏擺角度。

以參考曲面的 UV 線投影到加工物件上，來產生理想的刀具路徑，你可以再定義前傾角或側傾角的控制，將偏擺大或過行程的刀具路徑，透過此軸向的控制來轉換角度。

前傾角 0 和側傾角 0　　　　　　　前傾角 0 和側傾角 45

註：您可開啟 Surface control_Finish.mcam 專案了解這兩條路徑的差異設定。

二、曲線控制（3D curve control）

經由光碟 Chapter-06 輸入開啟 "3D curve control.mcam" 專案檔，您也可以使用滑鼠的左鍵，點選專案直接拖拉到工作視窗來做開啟。

- 選擇多軸加工工法中的**投影曲線**

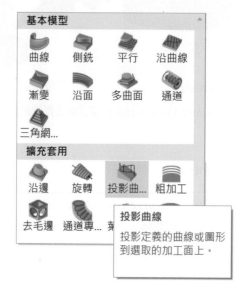

由多軸刀具路徑 — **投影曲線**工法視窗中設定相關參數：

- 點選**刀具**頁面，選擇球刀（直徑 5）的刀具，由頁面中您可更改切削條件。

- 點選**刀把**頁面，由資料庫中您可選擇 B2C3-0016 或自行建立新刀把，並定義夾持長度 35。

- 點選**切削方式**，選取**投影曲線**（點選步驟 4 凹處的中心曲線），點選**確定**。

- 選取**加工面**（點選步驟 7 凹處的曲面），點選**結束選取**。

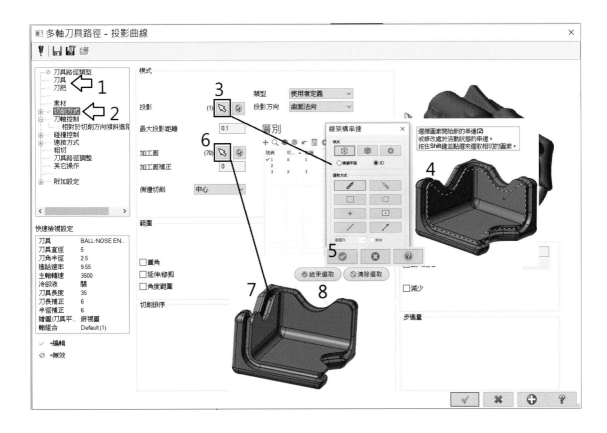

- 點選**刀軸控制**，刀軸控制選擇**曲面傾斜**，其餘依照內定值。

  我們將使用**曲面傾斜**和**從串連**，來比較路徑的偏擺狀況。

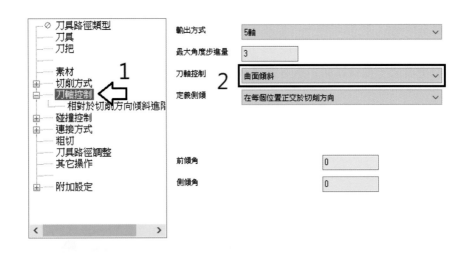

- 點選**確定**，執行刀具路徑運算。刀具路徑的運算結果如圖。

透過線性刀具路徑的模擬，您會發現此刀軸選擇**曲面傾斜**的投影方式，會造成偏擺太過於劇烈，有可能會造成機臺 Alarm 引起當機，因有保護機制。也會衍生出加工表面品質不佳與刀具的磨耗，進而造成成本的增加。

- 對於這個問題的處理，我們可將刀軸的控制改為**曲線**或**從串連**的方式。
  使用**曲線**或**從串連**的方式基本上是相同，依工法上的不同會有名稱上的差異。

- 複製路徑或重新點選工法，請將**刀軸控制**的選項選擇**從串連**，點選進入串連的 icon 選項。

- 開啟**層別 2** 的圖素，點選此 3D 曲線然後點選**確定**。

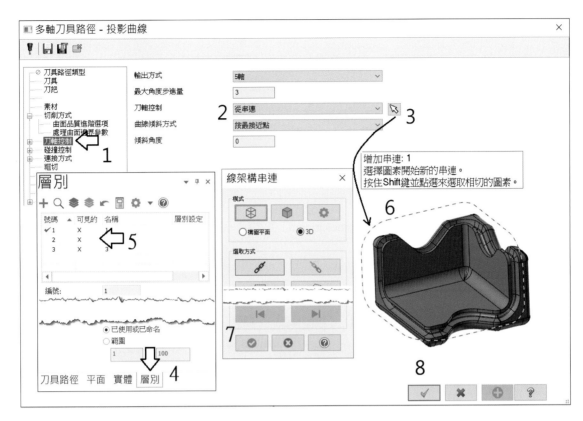

• 點選**確定**，執行刀具路徑運算。刀具路徑的運算結果如圖。

觀念：

> 透過線性刀具路徑的模擬，您會發現此刀軸控制選擇**從串連**的投影方式，刀具路徑的偏擺劇烈問題已大幅度的減少。當使用 **3D 曲線**或**從串連**，刀具路徑的刀軸偏擺大致上都會維持在此串連曲線上，除非你再另外定義刀軸的轉換限制功能。所以使用這兩者的刀軸投影方式，可以讓您解決很多偏擺角度不佳與干涉碰撞的問題發生。

三、直線控制（Lines control）

經由光碟 Chapter-06 輸入開啟 "Lines.mcam" 專案檔，您也可以使用滑鼠的左鍵，點選專案直接拖拉到工作視窗來做開啟。

• 選擇多軸加工工法中的平行工法。

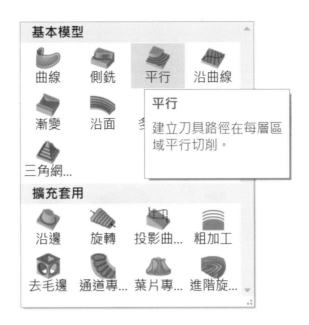

由多軸刀具路徑 — 平行工法視窗中設定相關參數：

• 點選**刀具**頁面，選擇球刀（直徑 16）的刀具，由頁面中您可更改切削條件。

• 點選**刀把**頁面，由資料庫中您可選擇 B2C3-0032 或自行建立新刀把，並定義夾持長度 75。

• 點選**切削方式**，點擊平行（X/Y/Z 加工角度設定 90）。

• 選取**加工面**（點選步驟 5 的三個曲面），點選**結束選取**。

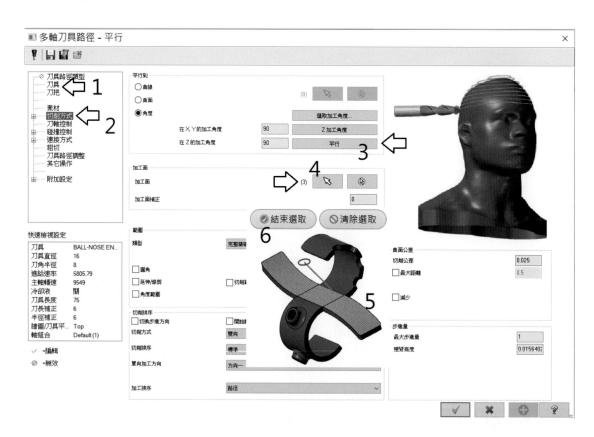

- 點選**刀軸控制**，刀軸控制選擇**直線**，其餘依照內定值。
- 點選進入直線的 icon 選項。
- 選取此單一的斜直線。

  此斜直線的產生畫法，您可透過模型會發生干涉碰撞的位置，畫一個您將使用刀具直徑的圓與考量安全的間隙去移動它，再於要加工的內區最終位置處畫一直線，以此線的中心位置處和圓中心畫一斜直線。從專案中您可以發現有三條紅色的直線與圓（在層別 2）。

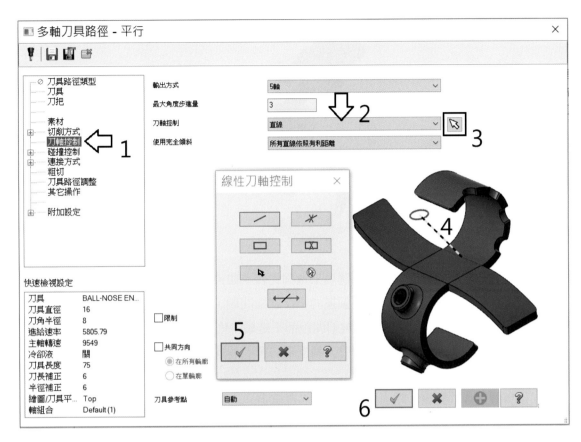

• 點選**確定**，執行刀具路徑運算。刀具路徑的運算結果如圖。

觀念：

　　透過線性刀具路徑的模擬，您會發現此刀具軸向選擇**直線**的投影方式，其刀具路徑的偏擺角度完全是依據所定義的斜直線做角度偏擺且也可避開夾頭會干涉碰撞的問題。

註：刀軸控制使用直線，非僅可選擇單一的直線作控制，你可以選擇使用多條的直線，在不同的位置處去定義刀軸方向，來產生不同的刀軸偏擺控制。

接下來我們改變其他的刀軸控制選項來做個比較。如果您將刀軸的控制改為**從串連**的方式，當然可以運算出刀具路徑與避開偏擺的干涉碰撞問題，但是您會發現其刀軸的偏擺會產生五軸同動且刀具的接觸點加工位置與刀間距都不是最佳化。

- 複製路徑或重新點選工法，請將**刀軸控制**的選項選擇**從串連**，點選進入串連的 icon 選項。

- 開啟**層別 3** 的圖素，點選此曲線然後點選**確定**。

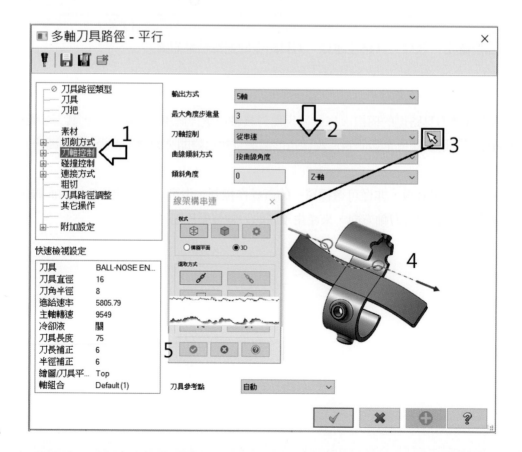

• 點選**確定**，執行刀具路徑運算。刀具路徑的運算結果如圖。

觀念：

　　透過線性刀具路徑的模擬，您會發現此刀軸控制選擇**從串連**的投影方式，路徑在中段處會有偏擺角度的轉換與刀具加工接觸點和刀間距不佳的問題發生，當然這跟您選取的曲線平順度有所關係。建立一條最佳化的曲線多少會有所改善，但是原則上五軸的路徑編程，儘可能的減少同動加工，除非必要性須五軸同動，不然五軸同動加工的效率與品質絕不會比四軸或 3+2 軸來的優。

四、平面控制（Plane control）

　　經由光碟 Chapter-06 輸入開啟 "Plane control.mcam" 專案檔，您也可以使用滑鼠的左鍵，點選專案直接拖拉到工作視窗來做開啟。

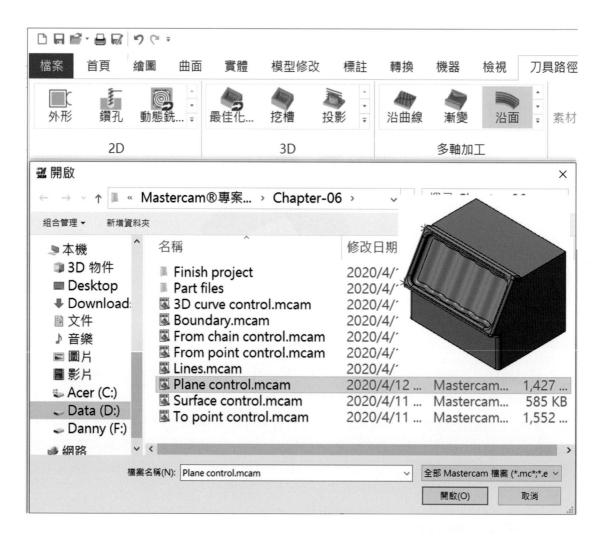

- 選擇多軸加工工法中的**沿面工法**

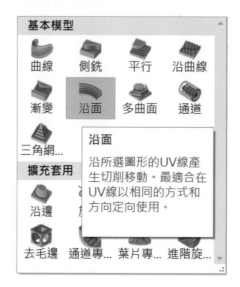

由多軸刀具路徑－**沿面**工法視窗中設定相關參數：

- 點選**刀具**頁面，選擇球刀（直徑 10）的刀具，由頁面中您可更改切削條件。
- 點選**刀把**頁面，由資料庫中您可選擇 B2C3-0016 或自行建立新刀把，並定義夾持長度 35。
- 點選**切削方式**，點擊**曲面**（點選步驟 4 凹處的曲面），點選**結束選取**。
- 經由曲面流線設定頁面，點擊切換**切削方向**，點選**確定**。

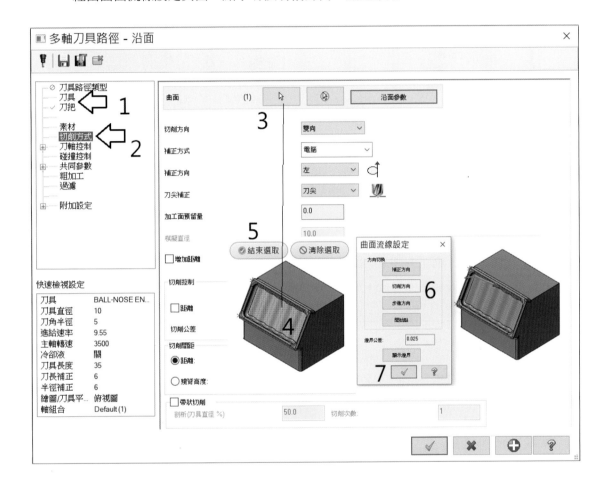

- 點選**刀軸控制**，刀軸控制選擇**平面**，其餘依照內定值。
- 點選進入平面的 icon 選項。
- 點選三個游標點來定義平面的角度（當然您可以使用其他多的選項來定義）。
- 選擇您所需要定義平面的三個點（順序不影響）。
- 點選**確定**。

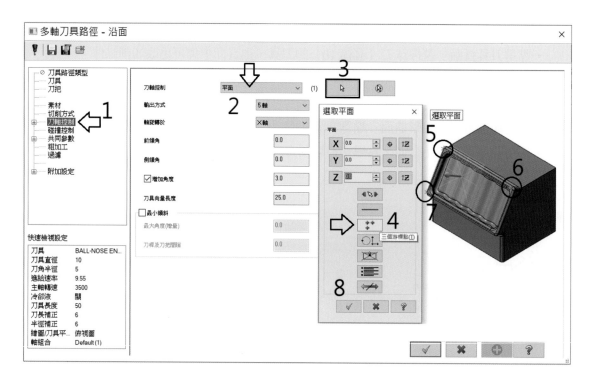

- 點選**碰撞控制**,點擊補正曲面的 icon 選項。

- 直接使用滑鼠作框選要加工的區域曲面。

- 框選要加工的區域曲面之後,點選**結束選取**。

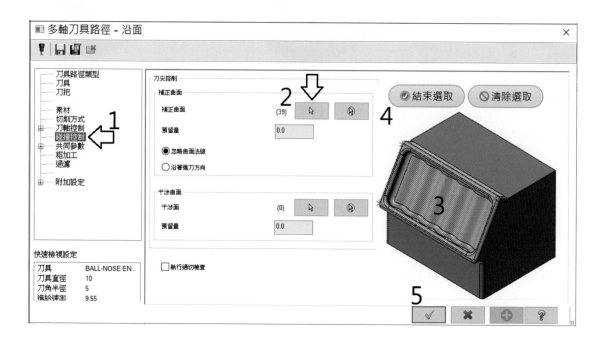

觀念：

> 　　若您沒有選擇補助曲面，當產生加工路徑後，周圍的曲面將沒有作過切**保護**，有可能造成加工過切的問題發生。此補助曲面的選取，實際上，是要加工的投影曲面，而切削方式頁面中所定義的曲面是參考曲面，它是用來控制 UV 方向、刀間距及刀軸投影的控制。當您沒有選擇補助曲面時，那它就可以當作實際要加工的曲面，但是須注意周圍沒有保護，建議您可以使用干涉曲面的定義來做保護。

- 點選**確定**，執行刀具路徑運算。刀具路徑的運算結果如圖。

觀念：

> 　　刀軸控制選項選用**平面**的方式，刀具路徑的刀軸是垂直於選定的平面，通常使用在定軸向的加工物件上。與前章節 3+2 軸的應用操作和觀念都亦同，您可視物件的曲面造型來選擇您所需的工法策略與操作方式來產生刀具路徑。

五、邊界控制（Boundary control）

　　經由光碟 Chapter-06 輸入開啓 "Boundary.mcam" 專案檔，您也可以使用滑鼠的左鍵，點選專案直接拖拉到工作視窗來做開啓。

- 選擇多軸加工工法中的**多曲面工法**。

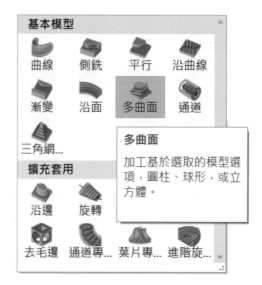

由多軸刀具路徑 － **多曲面**工法視窗中設定相關參數：

• 點選**刀具**頁面，選擇球刀（直徑 6）的刀具，由頁面中您可更改切削條件。

• 點選**刀把**頁面，由資料庫中您可選擇 B2C3-0016 或自行建立新刀把，並定義夾持長度 35。

• 點選**切削方式**，點擊**曲面 icon**（點選步驟 5 的參考曲面），點選**結束選取**。

• 經由曲面流線設定頁面，確認切削方向與其他，點選**確定**。

• 定義截斷及引導方向步進量的參數都為 1.0。

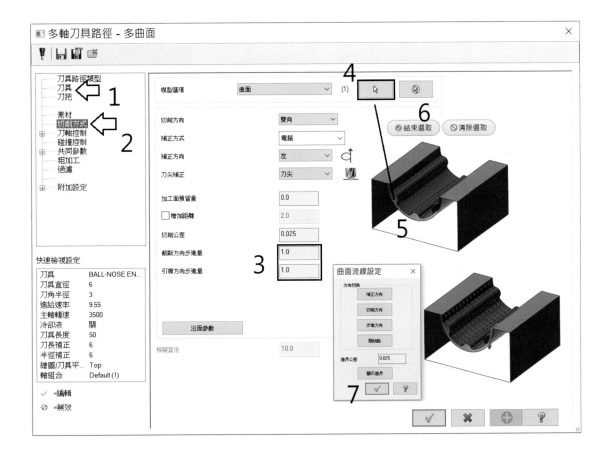

• 點選**刀軸控制**，刀軸控制選擇**邊界**，其餘依照內定值。

• 點選進入邊界的 icon 選項。

• 點選層別 2 的曲線邊界。

• 點選**確定**。

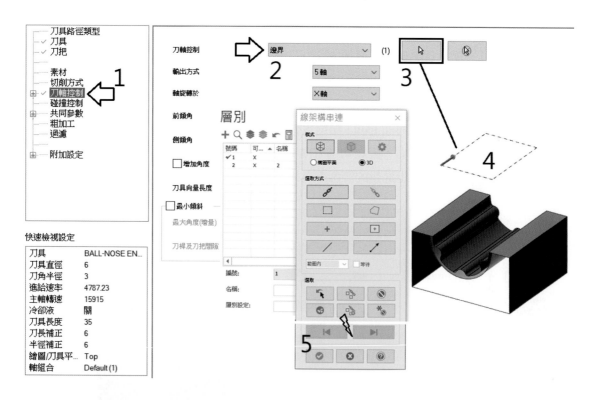

- 點選**碰撞控制**，點擊補正曲面的 icon 選項。
- 直接使用滑鼠作框選要加工的區域曲面或單一個面單一個面地做點選，框選要加工的區域曲面之後，點選**結束選取**。

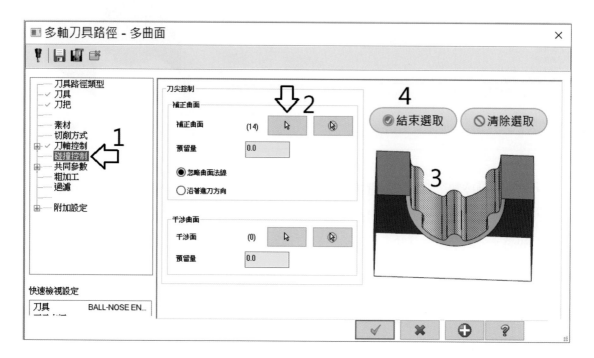

• 點選**確定**，執行刀具路徑運算。刀具路徑的運算結果如圖。

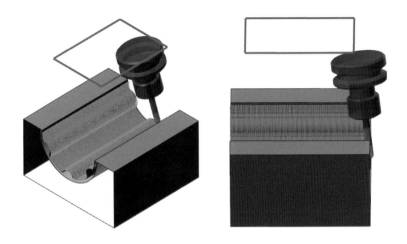

觀念：

　　刀軸控制選項選用**邊界**的方式，可以控制整個刀軸的偏擺範圍都侷限在此封閉的邊界內。其運算邏輯是刀具軸向與切削的圖素位置點以法線保持對齊且限制在此封閉的邊界內。

六、從點與到點控制（From point/To point control）

　　經由光碟 Chapter-06 輸入開啟 "From point control.mcam" 專案檔，您也可以使用滑鼠的左鍵，點選專案直接拖拉到工作視窗來做開啟。

• 選擇多軸加工工法中的**通道工法**。

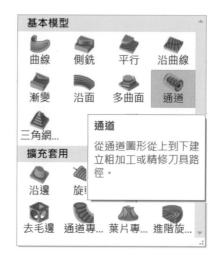

由多軸刀具路徑 — **通道**工法視窗中設定相關參數：

- 點選**刀具**頁面，選擇圓鼻刀（直徑 12）的刀具，由頁面中您可更改切削條件。
- 點選**刀把**頁面，由資料庫中您可選擇 B2C3-0032 或自行建立新刀把，並定義夾持長度 75。
- 點選**切削方式**，點擊曲面 **icon**（點選步驟 4 的倒勾曲面），點選**結束選取**。
- 經由曲面流線設定頁面，確認切削方向與其他，點選**確定**。

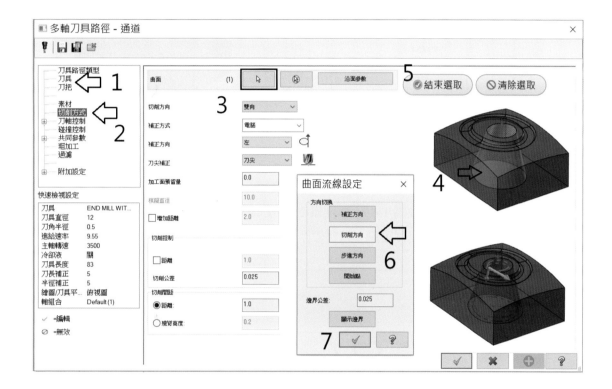

- 點選**刀軸控制**，刀軸控制選擇**從點**，其餘依照內定值。
- 點選進入從點的 icon 選項。
- 點選層別 1 的點（Z=10）。
- 點選**確定**。

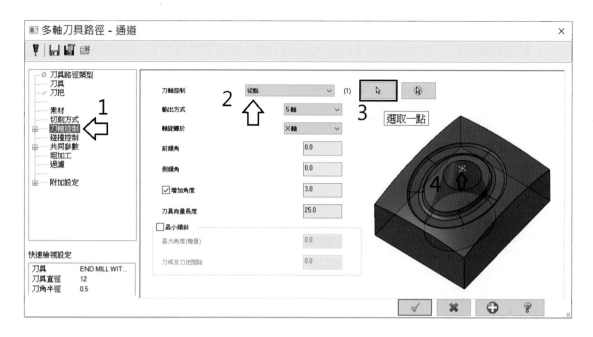

- 點選**共同參數**內的**進／退刀**，勾選進／退刀選項。
- 經由進刀曲線定義長度為 15%、厚度為 25% 及高度為 1，然後點擊複製到退刀。
  此進退刀的設定值可自行定義，只要確保不會發生進退刀的干涉碰撞。

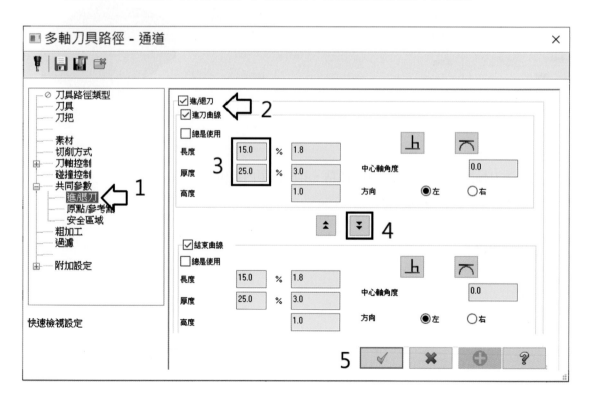

• 點選**確定**，執行刀具路徑運算。刀具路徑的運算結果如圖。

觀念：

　　一般**從點**選項適合於加工內部形狀（如口袋），**到點**選項適合於加工外部形狀（如凸出物）。而此點的位置與高度也會影響到刀具路徑的運算完整性與刀軸的偏擺角度，您必須自行測試此位置點來做投影，以產生最佳化的五軸刀具路徑。

　　接下來，我們將介紹說明朝向點的應用案例：

　　經由光碟 Chapter-06 輸入開啟 "To point control.mcam" 專案檔，您也可以使用滑鼠的左鍵，點選專案直接拖拉到工作視窗來做開啟。

- 選擇多軸加工工法中的平行工法。

由多軸刀具路徑 — **平行**工法視窗中設定相關參數：

- 點選**刀具**頁面，選擇球刀（直徑 10）的刀具，由頁面中您可更改切削條件。
- 點選**刀把**頁面，由資料庫中您可選擇 HSK63ATT025472 或自行建立新刀把，並定義夾持長度 45。
- 點選**切削方式**，點擊平行到 _ 角度，點選 **Z 加工角度**為 0。
- 點擊**加工面選項 icon**（點選步驟 6 的多曲面），點選**結束選取**。
- 切削方式從下拉選單中，選擇**螺旋**。

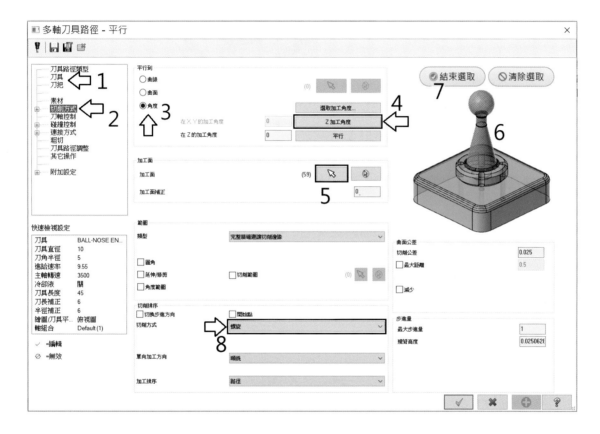

- 點選**刀軸控制**，刀軸控制選擇**到點**，其餘依照內定值。
- 點選進入從點的 icon 選項。
- 點選層別 1 的**點位置**。

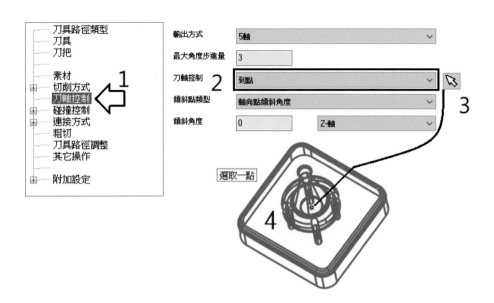

- 點選**碰撞控制**，勾選**刀把**選項。
- 策略與參數選取為**傾斜刀具**與**自動**。

  當刀具路徑發生干涉碰撞時，會依據所定義的**刀把**、**刀桿**及**刀肩**的安全間隙做自動的傾斜偏擺。

- 安全高度的**刀把**、**刀桿**及**刀肩**的安全間隙值，你可視所需的安全碰撞間隙值，自行設定或依照內定值。

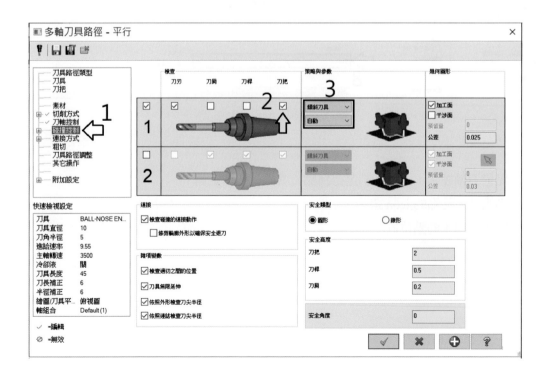

- 點選**連結方式**，首次進刀點＿**使用進刀**及最後退刀點＿**使用切出**。

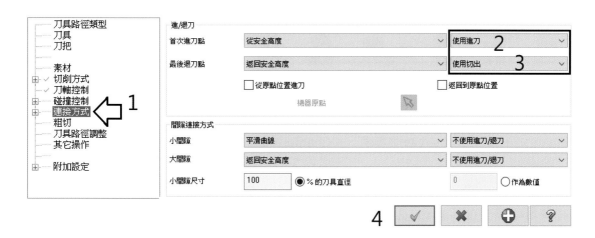

- 點選**確定**，執行刀具路徑運算。刀具路徑的運算結果如圖。

七、從串連與到串連控制（From chain/To chain control）

　　這個章節我們將介紹刀軸控制使用**曲面傾斜**、**到串連**及**從串連**的差異比較與觀念。經由光碟 Chapter-06 輸入開啟 "From chain control.mcam" 專案檔，您也可以使用滑鼠的左鍵，點選專案直接拖拉到工作視窗來做開啟。

- 選擇多軸加工工法中的**漸變**工法。

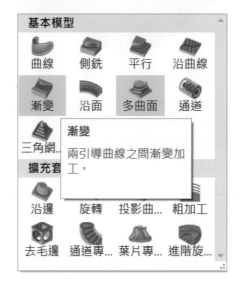

由多軸刀具路徑 — **漸變**工法視窗中設定相關參數：

- 點選**刀具**頁面，選擇球刀（直徑 8）的刀具，由頁面中您可更改切削條件。
- 點選**刀把**頁面，由資料庫中您可選擇 B2C3-0016，並定義夾持長度 45。
- 點選**切削方式**，點擊**從模型 _ 曲線**（開啓層別 2_ 點選步驟 6 的上端曲線），點選**確定**。
- 點擊**到模型 _ 曲線**（點選步驟 9 的下端曲線，兩條需同方向），點選**確定**。
- 點擊**加工面 icon**（點選步驟 12 的上下圓角與中間曲面），點選**結束選取**。
- 切削方式，定義爲**螺旋**。

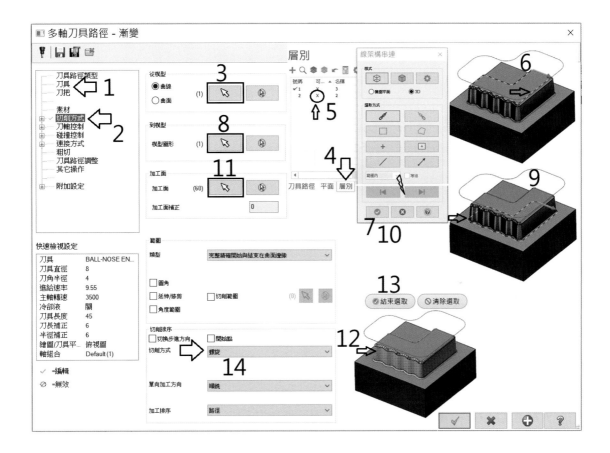

- 點選**刀軸控制**，刀軸控制選擇**曲面傾斜**。
- 側傾角設定爲 **45 度**。

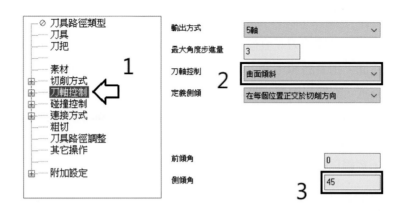

- 點選**碰撞控制**，勾選干涉面選項。
- 點擊干涉面 icon，選取上下端兩平面作爲干涉面，點選**結束選取**。

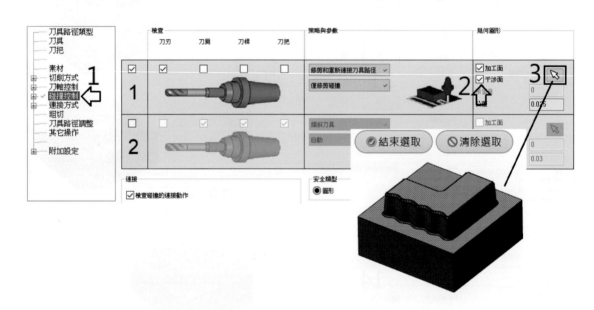

- 點選**連結方式**，首次進刀點 _ **使用進刀**及最後退刀點 _ **使用切出**。

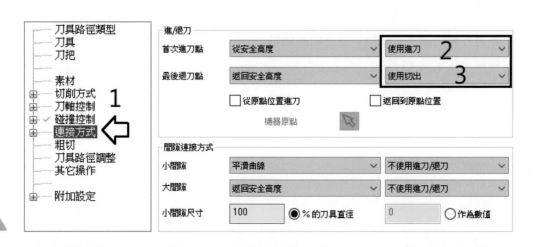

- 點選**確定**，執行刀具路徑運算。刀具路徑的運算結果如圖。

由刀軸控制選用**曲面傾斜**選項，定義側傾角為 45 度，所產生的加工路徑很常在轉角的區域或造型複雜的地方，造成不必要的偏擺或干涉碰撞的問題發生。

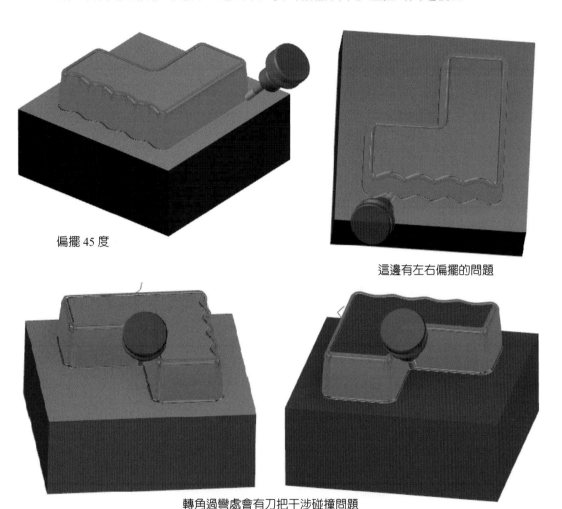

偏擺 45 度

這邊有左右偏擺的問題

轉角過彎處會有刀把干涉碰撞問題

接下來，我們將介紹說明如何透過刀軸使用**到串連**及**從串連**來解決這個問題。

- 複製路徑或重新點選工法，請將**刀軸控制**的選項選擇**到串連**，點選進入串連的 icon 選項。
- 開啟**層別 2** 的圖素，請點選下端的曲線然後點選**確定**。

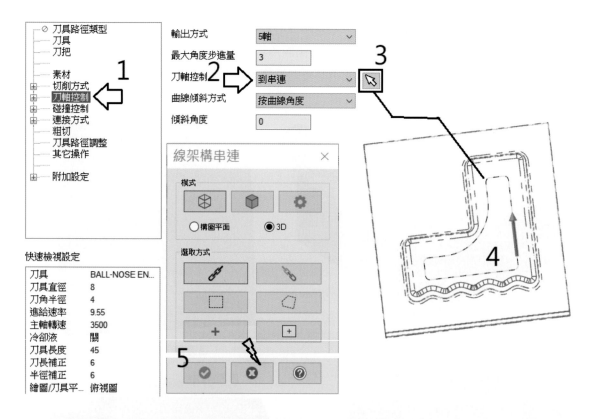

• 點選**確定**，執行刀具路徑運算。刀具路徑的運算結果如圖。

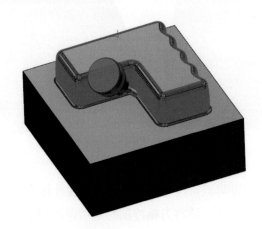

觀念：

　　刀軸控制選用**到曲線**的選項，您必須控制此曲線的高度和轉角處的平順化，它會影響到刀具路徑做投影時的完整性與偏擺的角度變化。雖然解決了在轉角區域的偏擺干涉碰撞問題和複雜造型的左右晃動偏擺，但五軸刀具路徑非必要，儘可能不要五軸同動或上下端偏擺差異過大。我們將透過下一條刀具路徑，來說明如何產生最佳化的刀具路徑。

- 複製路徑或重新點選工法，請將**刀軸控制**的選項選擇**從串連**，點選進入串連的 icon 選項。
- 開啟**層別 2** 的圖素，請點選上端的曲線然後點選**確定**。

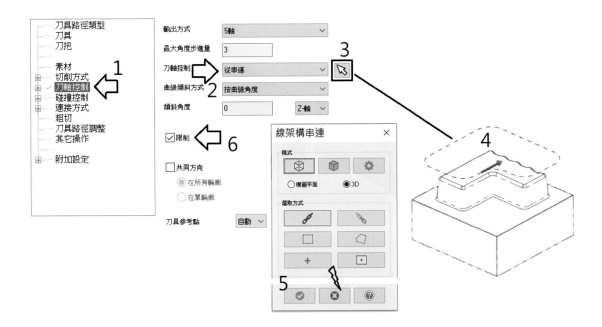

- 勾選**限制**的選項。

  勾選錐形限制，定義 W1 = W2 = 30（限制固定偏擺 30 度）

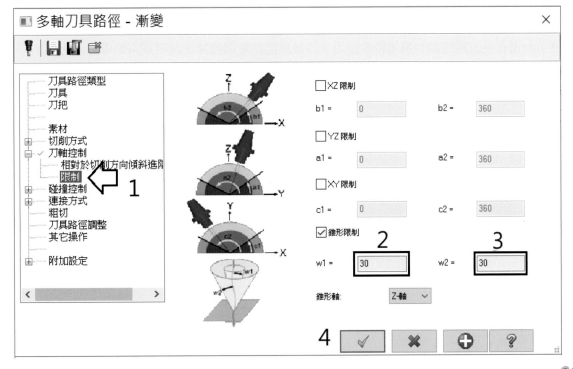

• 點選**確定**，執行刀具路徑運算。刀具路徑的運算結果如圖。

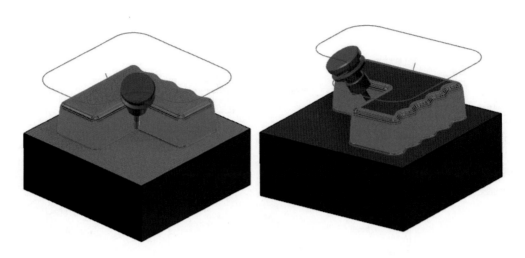

觀念：

　　刀軸控制選用**從曲線**的選項，您也可以控制此曲線的高度和轉角處的平順化，它同樣會影響到刀具路徑做投影時的完整性與偏擺的角度變化，它也可以解決在轉角區域的偏擺干涉碰撞問題和複雜造型的左右晃動偏擺。加上定義角度限制在 30 度，此條刀具路徑就維持以四軸做同動加工，不但可提高表面加工的精度品質且對刀具的磨耗和機臺都可受到保護。此限制角度您也可以自行依照選項，定義一個角度範圍做路徑的偏擺。

註：尚還有些刀軸控制的選項較少使用，於後章節的範例再補充說明或詢問專業人士。

7

多軸銑削工法應用

簡介

建議學習五軸加工路徑的編程，除了必須先了解各種刀軸控制的投影觀念外，選對工法的應用也非常的重要，才能夠產生最理想最佳化的五軸加工路徑。

- 在多軸的加工應用觀念上，首先以三軸和 3+2 固定軸加工應用為主，主要是粗加工或再粗加工都採用此種加工方式，在殘料移除效率上絕對比五軸同動來的快。

- 再來是多軸同動加工的考量，儘可能的使用四軸同動加工的方式，其加工表面精度和品質絕對比使用五軸同動加工來的好，主要是因為少了一個軸向的運算與偏擺誤差，無論是在軟體或硬體上。

- 當物件上必須使用到五軸同動加工的情況下，也要儘可能的平順化刀軸，以減少轉折及角度的劇烈偏擺。而五軸刀具路徑最重點的是路徑上的點分布與角度分布點的應用，因為這會影響到五軸同動加工的效率與表面的加工精度與品質。

再次強調的是，當您進行五軸加工編程時，任何情況下都必須對產生的刀具路徑進行十分仔細的檢查與干涉驗證，特別是提刀的安全高度與刀具路徑使用串刀時，每一條路徑的提刀移動連結必須要確保安全，因為大多數會發生撞機的原因此提刀占了大部分。

本章節將針對 *Mastercam*® 多軸的各個銑削工法應用與設定選項作說明。

7-1 平行工法（Parallel）

經由光碟 Chapter-07 輸入開啟 "Multiaxis toolpath - case1.mcam" 專案檔，您也可以使用滑鼠的左鍵，點選專案直接拖拉到工作視窗來做開啟。

- 選擇多軸加工工法中的**平行**。

由多軸刀具路徑－平行銑削工法視窗中設定相關參數：

• 點選刀具頁面，選擇球刀（直徑 10）的刀具，由頁面中您可更改切削條件。

• 點選刀把頁面，由資料庫中您可選擇 B2C3-0016 或自行建立新刀把，並定義夾持長度 35。

• 點選切削方式，平行到_點選角度，點擊平行（定義 XY 的加工角度為 0）。

• 點選加工面，選擇上頂端的曲面，點選結束選取，加工面補正設定為 0.2。

• 定義切削公差為 0.01，勾選使用最大距離為 0.5。

點的分布對五軸同動必須被定義，如何使用可洽詢專業人士。

• 定義步進量為 0.5。

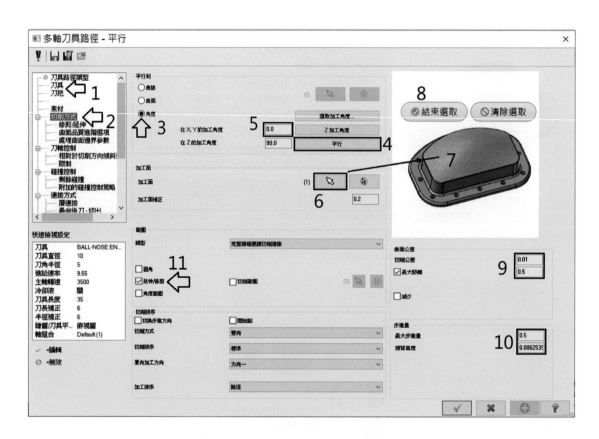

• 勾選延伸 / 修剪選項，輸入延伸切線 / 側邊_開始與結束都為 15% 或依值定義。

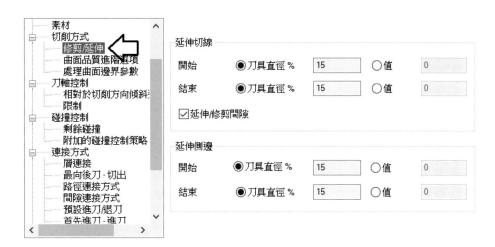

• 點選**刀軸控制**，刀軸控制選擇**曲面傾斜**，**側傾角**建議定義為 5~15 度。
　此側傾角的定義可避免或減少刀具靜點的加工問題。

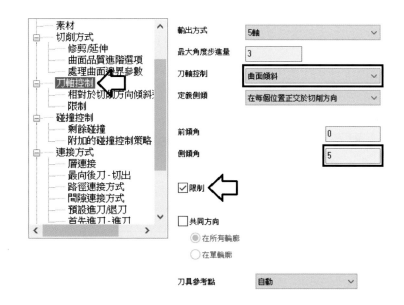

• 勾選**限制**的選項，勾選**錐形限制**，定義 w1=0 度，w2=65 度。

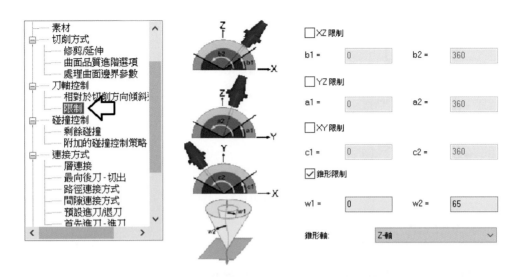

此限制功能最主要在於限制五軸的偏擺範圍，可避免機臺過行程、角度的劇烈偏擺及干涉碰撞的問題發生。

- 點選**碰撞控制**的選項，勾選**刀肩**或**刀桿、刀把**。
- 勾選**干涉面**，點選干涉面（上端的 R 角 + 壁面），點選**結束選取**。
- 其餘的選項依據內定值即可。

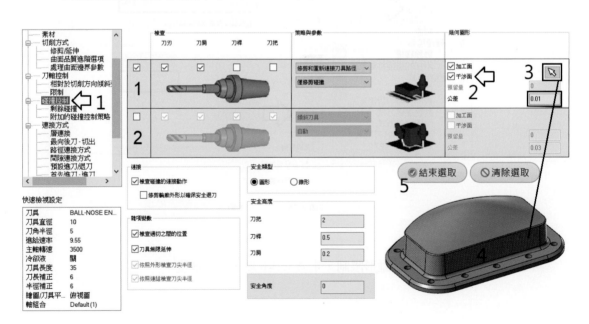

此碰撞控制功能，最主要在於做刀具路徑的干涉碰撞檢查。

＊檢查的項目中，您可勾選需要檢查刀具的刀刃、刀肩、刀桿及刀把。

* **策略與參數**頁面中，您可選擇路徑干涉碰撞時，路徑該做什麼動作，策略中包括有提刀、傾斜（自動避讓）、修剪連接、停止運算及碰撞報告，再依據參數中的項目來進行運算。

* **幾何圖形**頁面，最主要在於保護加工面與定義要干涉的曲面以預防過切的問題發生。

* 其餘的**連接**與**安全類型**的選項，您可依據需求自行定義與勾選。

- 點選**連接方式**的選項，首次進刀點 _ **使用進刀**及最後退刀點 _ **使用切出**。

- 間隙連接方式，定義大間隙爲**返回提刀高度**。

- 小間隙尺寸 100%，此爲路徑與路徑連接之間的距離定義，超過此設定值將以大間隙的選項做連接運算。

- 其餘的**安全區域**與**距離**選項功能，可使用內定值或依據物件的複雜度做提刀安全移動設定。

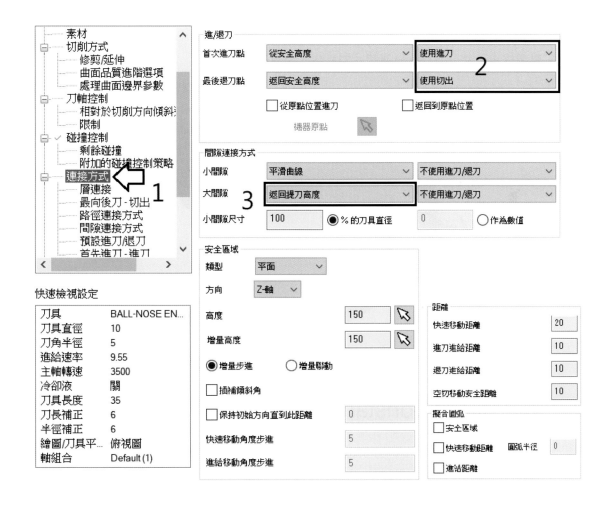

- 點選**預設進刀 / 退刀**的選項，類型選擇**垂直切弧**，其餘參數使用內定值。

- 點擊**複製**到退刀的箭頭 icon。

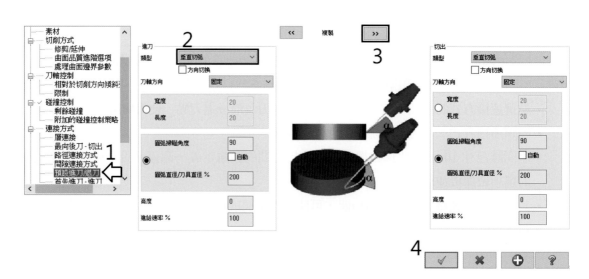

- 點選**確定**，執行刀具路徑運算。刀具路徑的運算結果如圖。

7-2 等高加工（Constant Z）

延續使用光碟 Chapter-07 的 "Multiaxis toolpath - case1.mcam" 專案檔。

- 選擇多軸加工工法中的平行。

由多軸刀具路徑 — **平行銑削工法**視窗中設定相關參數：

- 點選**刀具**頁面，選擇**球刀**（**直徑 6**）的刀具，由頁面中您可更改切削條件。
- 點選**刀把**頁面，由資料庫中您可選擇 **B2C3-0016** 或自行建立新刀把，並定義夾持長度 35。
- 點選**切削方式**，平行到 _ 點選**角度**，點擊 **Z 加工角度**（定義在 Z 的加工角度為 0）。
- 點選**加工面**，選擇周圍壁面與下端 R 角，點選**結束選取**。
- 定義**加工面補正**設定為 0.2。
- 定義**切削公差**為 0.01，勾選使用**最大距離**為 0.5。
- 定義**最大步進量**為 0.5。
- 範圍類型選擇為**完整精確開始與結束在曲面邊緣**。

Mastercam 進階多軸銑削加工應用及實例

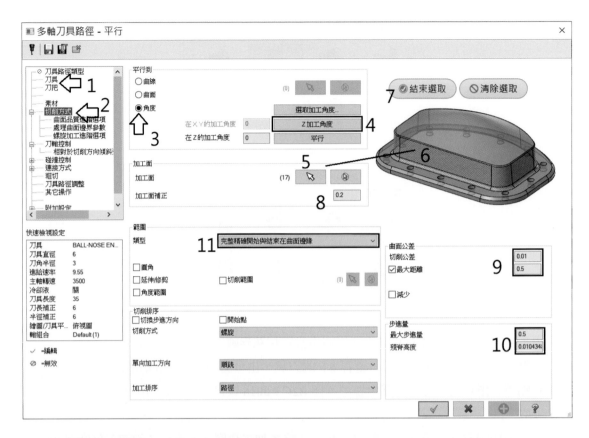

- 點選**刀軸控制**，刀軸控制選擇**曲面傾斜**。
- **側傾角**設定為 45 度。
- 不勾選**限制**。

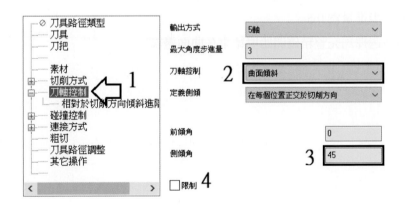

- 點選**碰撞控制**的選項，勾選**刀肩**或**刀桿、刀把**。
- 勾選**干涉面**，點選干涉面（選擇上頂端的曲面和下端處的平面），點選**結束選取**。

244

- 其餘的選項依據內定值即可。

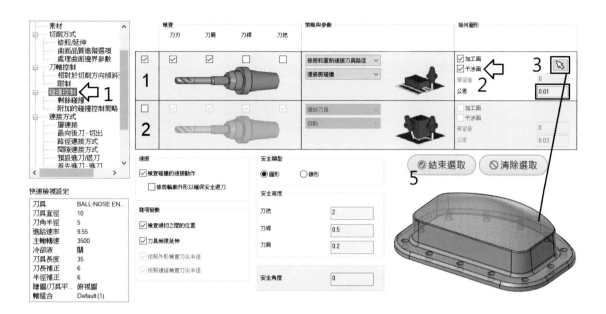

- **連接方式**延續使用上一條的五軸平行刀具路徑。
- 點選**確定**，執行刀具路徑運算。刀具路徑的運算結果如圖。

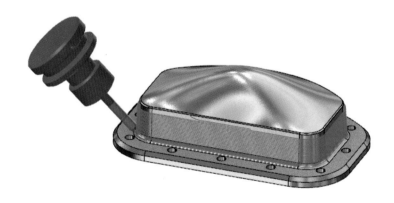

7-3 側銑工法（Swarf Milling）

經由光碟 Chapter-07 輸入開啟 "Multiaxis toolpath - case2.mcam" 專案檔，您也可以使用滑鼠的左鍵，點選專案直接拖拉到工作視窗來做開啟。

- 選擇多軸加工工法中的**側銑工法**。

由多軸刀具路徑 — **側銑**工法視窗中設定相關參數：

- 點選**刀具**頁面，選擇平刀（**直徑 20**）的刀具，由頁面中您可更改切削條件。

- 點選**刀把**頁面，由資料庫中您可選擇 **B2C3-0032** 或自行建立新刀把，並定義夾持長度 65。

- 點選**切削方式**，選取圖形_勾選側銑曲面，選取**加工面**（點選步驟4的兩個側邊曲面），點選**結束選取**。

- 定義沿面公差（預留量）為 0。

- 勾選引導曲線_選取上**邊界**（點選步驟 7 的上端引導線），點選**確定**。

- 勾選引導曲線_選取下**邊界**（點選步驟 10 的下端引導線），點選**確定**。

- 進階控制_策略選擇**同步（頂／底）部曲線**。

- 曲面公差_**切削公差**設定為 0.01，勾選使用**最大距離**設定為 0.5。

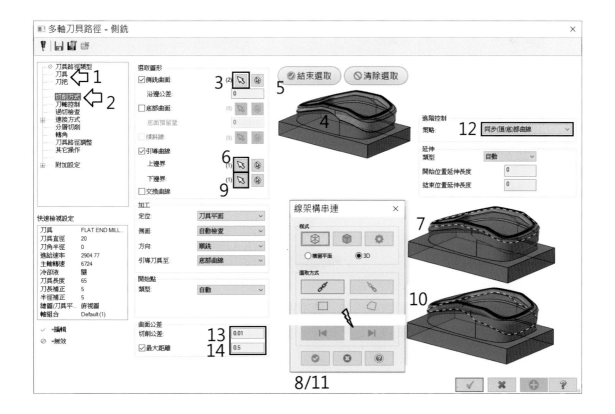

觀念：

當您選擇使用側銑加工工法時，有幾點注意提出供您參考：
- 曲面或實體面須為拉伸直的曲面，當使用刀具的側刀刃做加工時，才能達到高效率。若非拉伸直的曲面，建議使用傾斜分層的加工方式，才能夠完全加工到位。

- 選擇多的曲面或實體面必須注意面的法線方向要一致,若方向性不同通常無法運算出完整的路徑。
- 曲面與曲面相鄰之間的間隙精度也須注意,若間隙太大很容易造成刀具路徑彎折不平順的問題。
- 注意曲面的 UV 方向,尤其在相鄰的曲面之間,若 UV 的方向性不同很容易造成傾斜偏擺過大或不平順的問題發生。(此問題建議你可使用引導曲線的上下邊界與進階控制策略內的選項來控制改善。)

- 點選**刀軸控制**,輸出方式選擇 **5 軸**。
- 勾選**盡量減少旋轉軸的變化**(視刀具路徑的平順度做選擇來使用)

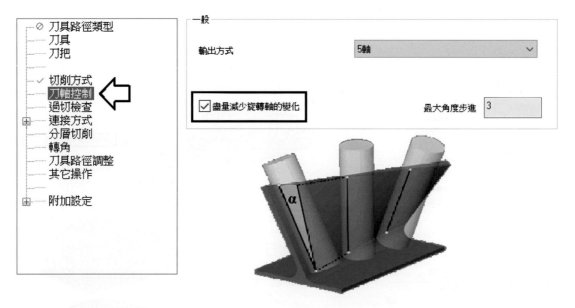

- 點選**連接方式**的選項,首次進刀點 _ **使用進刀**及最後退刀點 _ **使用切出**。
- 間隙連接方式,定義大間隙為**返回提刀高度**。
- 小間隙尺寸定義為 100

- 點選**分層切削**的選項，定義刀具引導項目內的**刀具偏移 _ 固定每層**到 -5。
  此定義的用意在於將刀具的刀底再往下 -5mm，可避免只加工到邊緣處，而造成殘留餘料的問題發生。

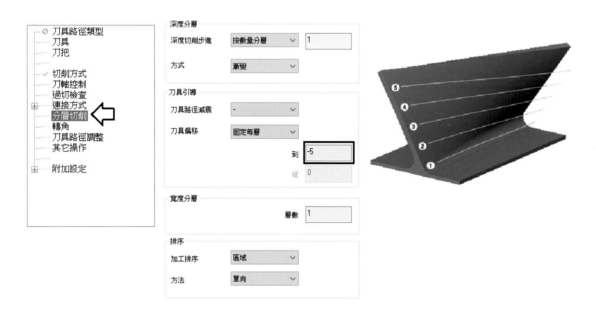

- 其餘的選項參數依照內定即可，通常都是視加工的需要去調整分層加工。
- 點選**確定**，執行刀具路徑運算。刀具路徑運算的結果如圖。

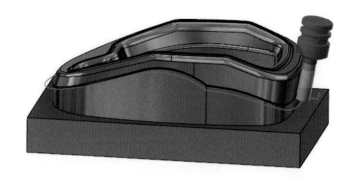

- 若需要做分層的多刀切削加工，請複製上一條的側銑加工路徑，並定義**深度切削步進**方式與每層的補正方式。
- 點選**確定**，執行刀具路徑運算。刀具路徑運算結果如圖。

7-4 曲線工法（Curve）

延續使用光碟 Chapter-07 的 "Multiaxis toolpath – case2.mcam" 專案檔。

- 選擇多軸加工工法中的**曲線**。

由多軸刀具路徑 — **曲線**銑削工法視窗中設定相關參數：

- 點選刀具頁面，選擇**端刀**（**直徑 2.5**）的刀具，由頁面中您可更改切削條件。
- 點選**刀把**頁面，由資料庫中您可選擇 **HSK63ATT025630** 或自行建立新刀把，並定義夾持長度 20。
- 點選**切削方式**，曲線類型**選擇所有曲面邊界**，選取**加工面**（點擊層別開啓層別 7，點選步驟 7 溝槽內的單一曲面），系統會詢問**開始的加工邊界**與方向，確認後請點選**結束選取**。
- 定義**徑向補正**爲 1.3（刀具半徑 1.25+ 預留 0.05），您可自行增加此預留量。
- 定義勾選**增加距離**爲 1.0。
- 定義勾選點的分布**最大距離**爲 0.5。
- 定義**切削**公差爲 0.01。

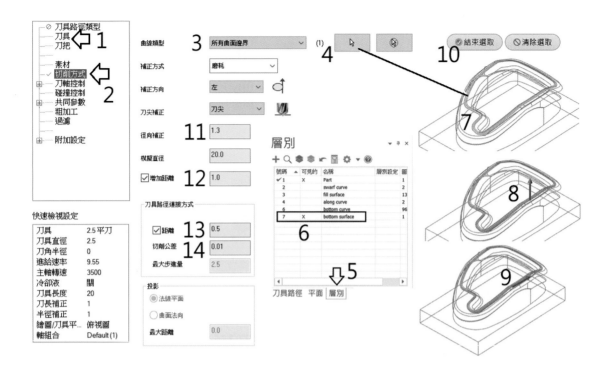

• 點選**刀軸控制**，選擇**曲面**。

• 定義勾選**增加角度**為 0.5。

• 其餘的選項依據內定值即可。

• 點選**碰撞控制**，刀尖控制選擇**在投影曲線上**。

• 定義**向量深度**為 0.05（底面的預留量）。

- 點選**共同參數**，選項依據內定值即可或自行定義安全提刀高度與下刀。
- 點選**粗加工**，勾選**深度分層切削**，定義**粗加工次數**為 8，每層**粗加工量**為 0.25（因溝槽深度為 2mm）。

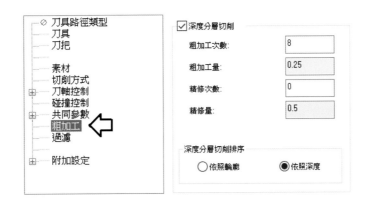

- 點選**確定**，執行刀具路徑運算。刀具路徑運算結果如圖。

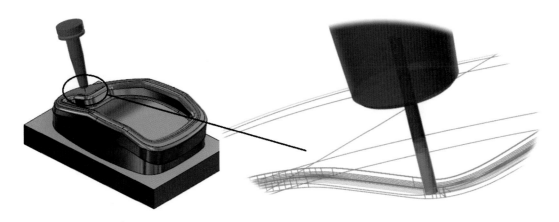

接下來說明，溝槽的單一切層精加工路徑，請複製上一條的曲線加工路徑，只修改如下的選項參數。

- 點選**切削方式**，定義徑向補正為 1.25。
- 點選**碰撞控制**，定義向量深度為 0。

- 點選**確定**，執行刀具路徑運算。單一層的精加工刀具路徑運算結果如圖。

補充說明：

　　另外此溝槽的切削方式，你也可以使用曲線類型 **_3D 曲線**的方式來完成刀具路徑的運算，詳細的設定方式你可參考光碟內完成的專案。

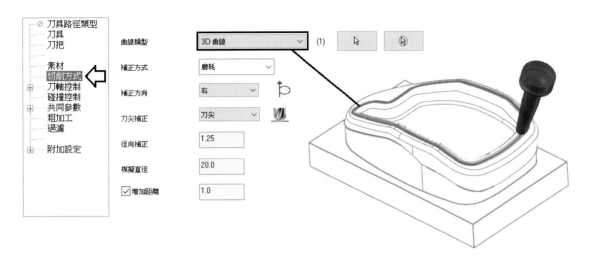

7-5 沿曲線工法（Along Curve）

延續使用光碟 Chapter-07 的 "Multiaxis toolpath – case2.mcam" 專案檔。

* 選擇多軸加工工法中的**沿曲線**。

由多軸刀具路徑 — **沿曲線**銑削工法視窗中設定相關參數：

* 點選刀具頁面，選擇**球刀（直徑 10）**的刀具，由頁面中您可更改切削條件。
* 點選刀把頁面，由資料庫中您可選擇 **B2C3-0016** 或自行建立新刀把，並定義夾持長度 35。
* 點選**切削方式**，模式 _ 點選**引線 icon**，選取**此曲線**（點擊層別開啟層別 4，點選步驟 6 的單一曲線），確認後請點選**確定**。

- 點選加工面 **icon**，選取要加工的**曲面**（點擊層別開啓層別 3，點選步驟 10 的頂面區域與內外 R 角的曲面），確認後請點選**結束選取**。
- 定義加工面**補正**爲 0.2。
- 定義**切削公差**爲 0.01。
- 定義勾選點的分布**最大距離**爲 0.5。
- 定義**最大步進量**爲 1。
- 範圍類型選擇爲**完整精確開始與結束在曲面邊緣**。
- 其餘的選項依據內定值即可。

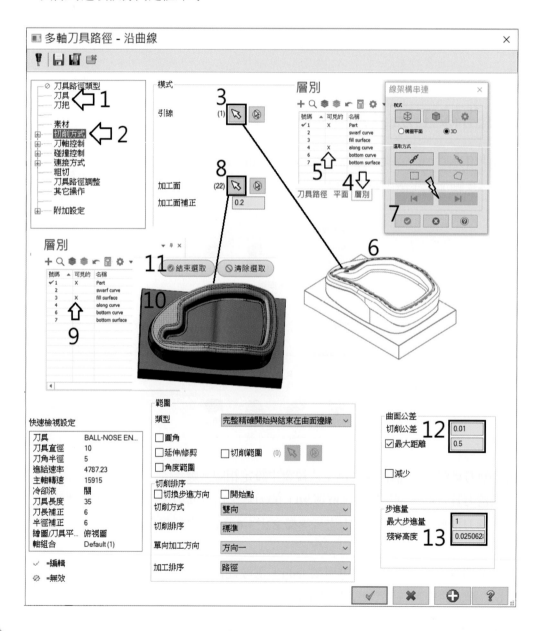

- 點選**刀軸控制**，輸出方式選擇 **5 軸**。
- 刀軸控制選擇**到串連**，**按曲線角度**，點選選擇曲線的 icon（點擊層別開啓層別 4，點選步驟 6 的單一曲線），確認後請點選確定。
- 勾選**限制**的功能選項。

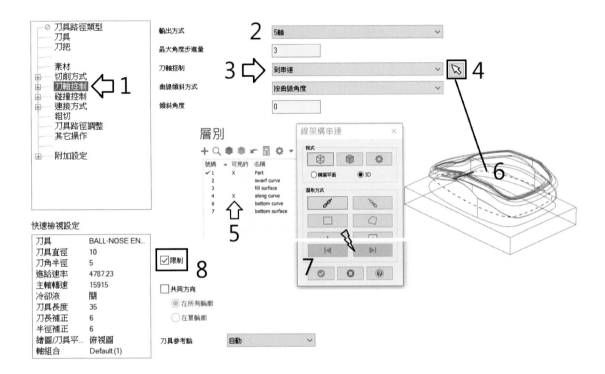

經由刀軸控制的 + 字鍵開啓**限制**的功能選項，勾選錐形限制（偏擺範圍限制）。

- 定義依平面仰角爲 **w1=0** 度，**w2=75** 度。

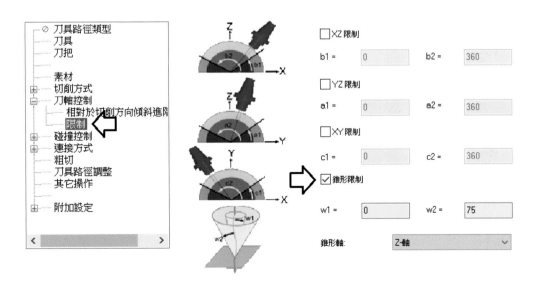

- 點選**碰撞控制**，勾選幾何圖形的干涉面。
- 點選選擇干涉曲面的 icon（點選步驟 4 的內外曲面），確認後請點選**結束選取**。

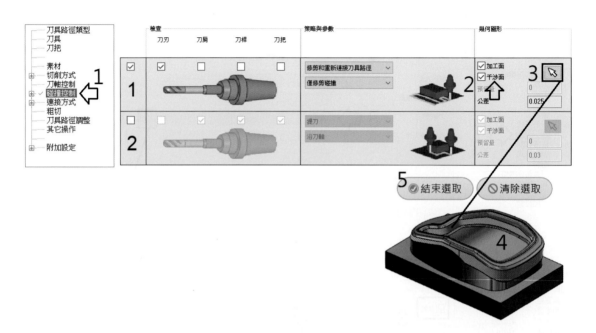

- 點選**連接方式**的選項，首次進刀點 _ **使用進刀**及最後退刀點 _ **使用切出**。
- 間隙連接方式，定義大間隙為**返回提刀高度**。
- 小間隙尺寸定義為 100。
- 其餘的選項依據內定值即可。

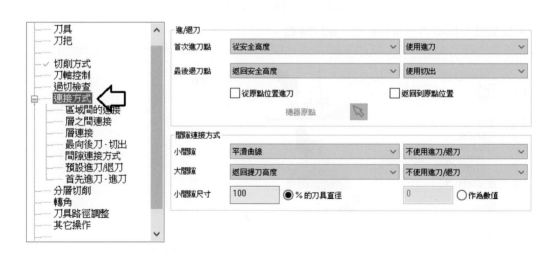

- 點選**確定**，執行刀具路徑運算。刀具路徑的運算結果如圖

補充說明：

此區域造型的切削方式，你也可以使用三**軸**的加工方式來進行加工，詳細的設定方式你可參考光碟內完成的專案。

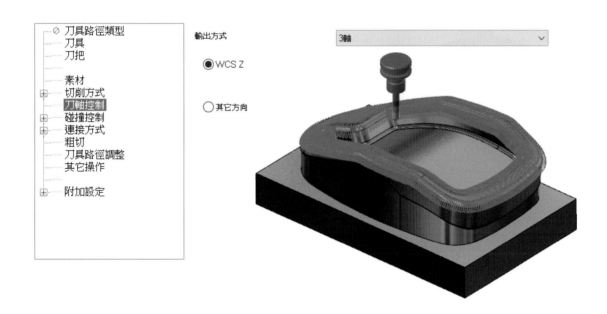

7-6 漸變工法（Morph）

經由光碟 Chapter-07 輸入開啓 "Multiaxis toolpath – case3.mcam" 專案檔，您也可以使用滑鼠的左鍵，點選專案直接拖拉到工作視窗來做開啓。

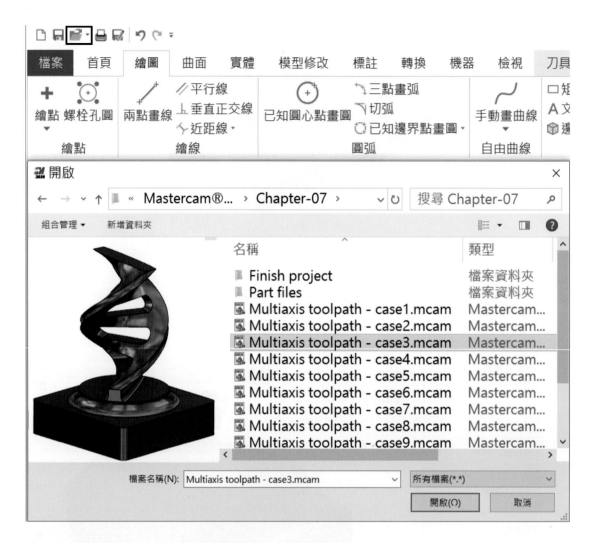

- 選擇多軸加工工法中的**漸變**。

由多軸刀具路徑－**漸變**銑削工法視窗中設定相關參數：

- 點選刀具頁面，選擇球刀（直徑 **5**）的刀具，由頁面中您可更改切削條件。
- 點選刀把頁面，由資料庫中您可選擇 **B2C3-0016** 或自行建立新刀把，並定義夾持長度 45。
- 點選**切削方式**，**從模型**_曲線點選曲線 icon，選取**此曲線**（點擊層別開啓層別 2，點選步驟 4 的單一曲線），確認後請點選**確定**。
- **到模型**_模型圖形點選圖形 icon，選取**此曲線**（點選步驟 7 的單一曲線），確認後請點選**確定**。

補充說明：

　　從模型與**到模型**的曲線方向須一致，若方向不一致將導致刀具路徑依對角做交叉錯亂運算。

- **加工面**_點選加工面 icon，選取要加工的**曲面**（點選步驟 10 的單邊區域與內外 R 角的曲面），確認後請點選**結束選取**。
- 定義**加工面補正**爲 0.0。
- 定義**切削公差**爲 0.01。
- 定義勾選點的分布**最大距離**爲 0.5。
- 定義**最大步進量**爲 0.6。
- 其餘的選項依據內定值即可。

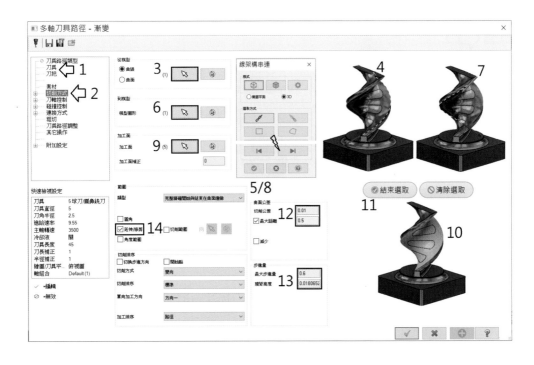

- 勾選**延伸／修剪**選項，輸入**延伸切線／側邊**_開始與結束都爲 15% 或依值定義。

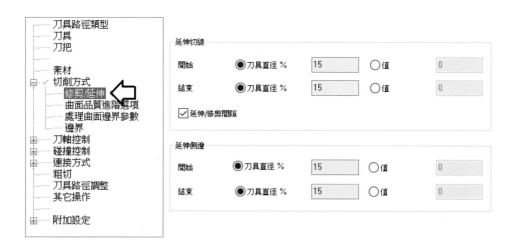

- 點選**刀軸控制**，輸出方式選擇 **5 軸**。
- **最大角度步進量**依內定值 3。
- **刀軸控制**的功能選擇曲面。
- 勾選**限制**的功能選項。

經由刀軸控制的＋字鍵開啓**限制**的功能選項，勾選**錐形限制**（偏擺範圍限制）。

- 定義依平面仰角爲 **W1=75**、**W2=75**（此限制將以四軸的方式做同動加工）。

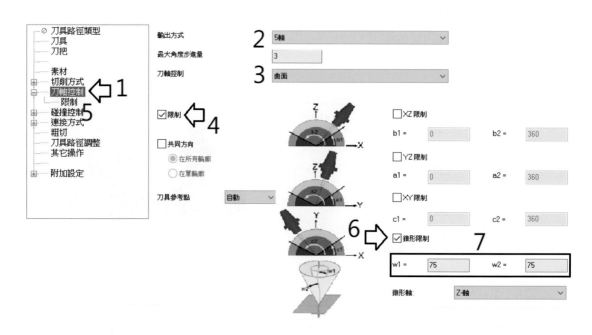

- 點選**碰撞控制**，勾選檢查②的刀刃、刀肩、刀桿及刀把。

- 勾選幾何圖形的**干涉面**，點選選擇干涉曲面的 icon（點選步驟 5 的下端周圍曲面），確認後請點選**結束選取**。
- 其餘的選項依據內定值即可。

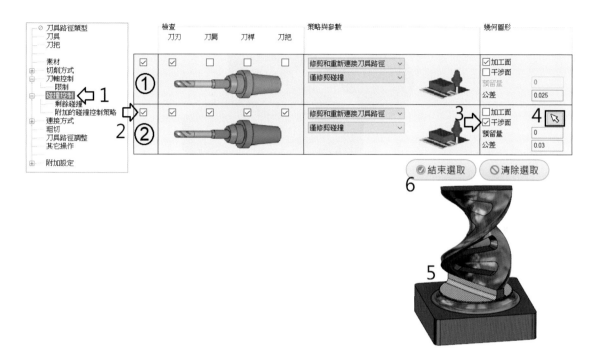

- 點選**連接方式**的選項，首次進刀點 _ **使用進刀**及最後退刀點 _ **使用切出**。
- 間隙連接方式，定義大間隙為**返回提刀高度**。
- 小間隙尺寸定義為 100。
- 其餘的選項依據內定值即可。

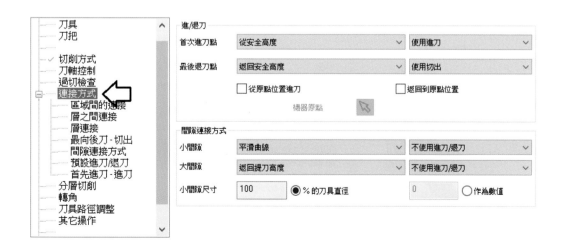

• 點選**確定**，執行刀具路徑運算。刀具路徑的運算結果如圖。

7-7 沿面工法（Flow）

經由光碟 Chapter-07 輸入開啟 "Multiaxis toolpath – case4.mcam" 專案檔，您也可以使用滑鼠的左鍵，點選專案直接拖拉到工作視窗來做開啟。

- 選擇多軸加工工法中的**沿面**。

由多軸刀具路徑 — **沿面**銑削工法視窗中設定相關參數：

- 點選**刀具**頁面，選擇**球刀**（**直徑 4**）的刀具，由頁面中您可更改切削條件。
- 點選**刀把**頁面，由資料庫中您可選擇 **BT0-ID0** 或自行建立新刀把，並定義夾持長度 20。
- 點選**切削方式**，**曲面** _ 點選曲面 icon，選取**此曲面**（點擊步驟 4 的單一曲面），確認後請點選**結束選取**。
- 將開啟**曲面流線**設定，確認所需切削的方向，確認後請點選**確定**。
- 定義**加工預留量**為 0.0。
- 定義勾選**增加距離**為 2.0。
- 定義勾選點的分布**距離**為 0.5。
- 定義**切削公差**為 0.01。
- 定義**切削間距**距離為 0.5。
- 其餘的選項依據內定值即可。

補充說明：

　　使用**沿面投影工法**，你需要確認曲面的 UV 方向性。若此加工的曲面切削方向不適合時，建議您可建立一個參考曲面來控制此加工的方向，以利投影到所需的加工區域上。此加工區域的所有曲面，您可經由**碰撞控制**選項內的**補正曲面**功能來做選擇定義。

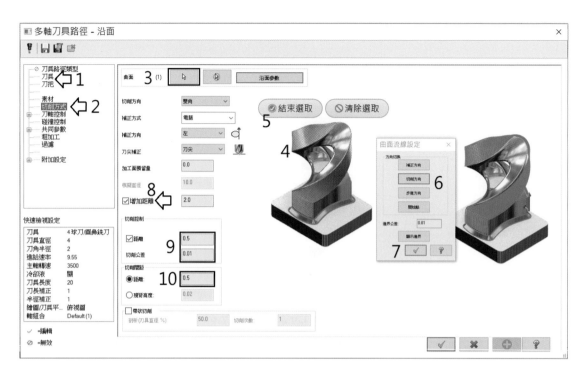

- 點選**刀軸控制**的功能，依曲面、輸出方式選擇 **5 軸**。

- 定義**側傾角**為 5.0（以避開靜點加工）。

- 勾選**增加角度**依內定值 3.0。

- 刀具向量長度依內定值 25.0。

- 點選**限制**的功能頁面，勾選 Z 軸，定義**最大距離**為 60.0。

  五軸同動加工的偏擺角度範圍，限制在 0~60 度之間。

- 極限動作_點選**修改超過極限的運動**

  刀具路徑點只要超過 0~60 度時，將自動地轉換偏擺到 0~60 度之間。

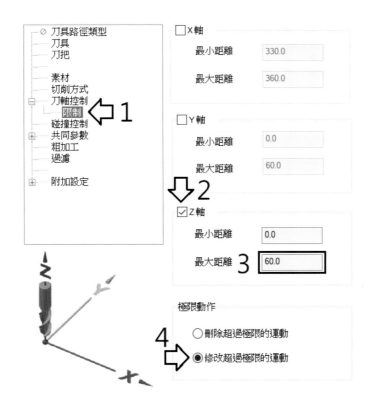

- 點選**碰撞控制**，點選干涉曲面的 icon（選取下端周圍的斜度面），確認後請點選**結束選取**。
- **預留量**定義為 1.0。

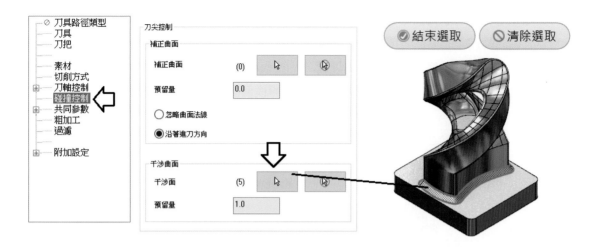

- 點選**共同參數**，選項視窗內的參數依據內定值即可或自行修改所需。

經由共同參數的 + 字鍵開啓**進 / 退刀**的功能選項，勾選進退刀的相關選項。

- 定義**厚度**爲 50.0%、**高度**爲 5.0，然後複製到退刀。

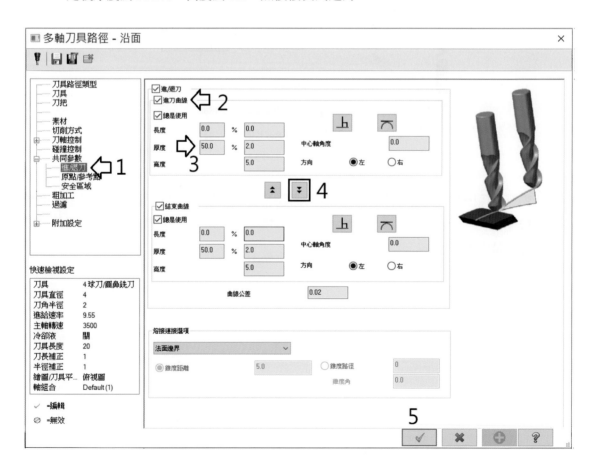

• 點選**確定**，執行刀具路徑運算。刀具路徑的運算結果如圖。

7-8 多曲面工法（Multi Surface）

經由光碟 Chapter-07 輸入開啟 "Multiaxis toolpath – case5.mcam" 專案檔，您也可以使用滑鼠的左鍵，點選專案直接拖拉到工作視窗來做開啟。

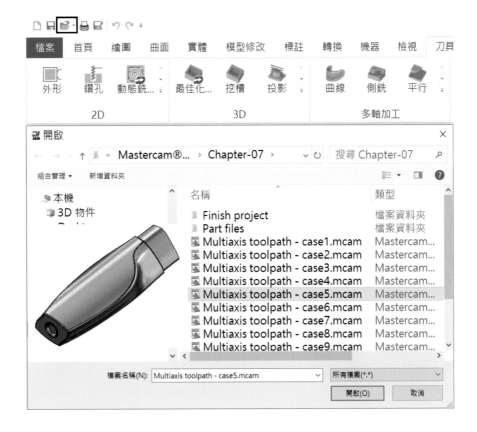

- 選擇多軸加工工法中的**多曲面**。

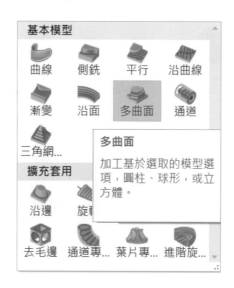

由多軸刀具路徑 — **多曲面**銑削工法視窗中設定相關參數：

- 點選刀具頁面，選擇**球刀**（**直徑 6**）的刀具，由頁面中您可更改切削條件。

- 點選刀把頁面，由資料庫中您可選擇 **B2C3-0016** 或自行建立新刀把，並定義夾持長度 25。

- 點選**切削方式**，**模型選項**選擇曲面＿點選曲面 icon，選取**此曲面**（點擊步驟 5 的單一參考曲面），確認後請點選**結束選取**。

  （模型選項中另有圓柱、球體及立方體提供做設定，你無須再建立參考曲面。）

- 將開啟**曲面流線設定**，確認所需切削的方向，確認後請點選**確定**。

- 定義**切削方向**為螺旋。

- 定義**加工面預留量**為 0.0。

- 定義勾選**增加距離**為 2.0。

- 定義**切削公差**為 0.01。

- 定義**截斷或引導方向步進量**為 0.5。

- 其餘的選項依據內定值即可。

補充說明：

　　使用**多曲面投影工法**，主要是針對加工區域包含了多的曲面，且這些曲面的 UV 方向都需一致。當這些曲面的 UV 方向不一致時，建議您可建立一個參考曲面來控制此加工的方向，以利投影到所需要的加工區域上。而此加工區域的所有曲面，您可以經由**碰撞控制**選項內的**補正曲面**功能做選擇定義。

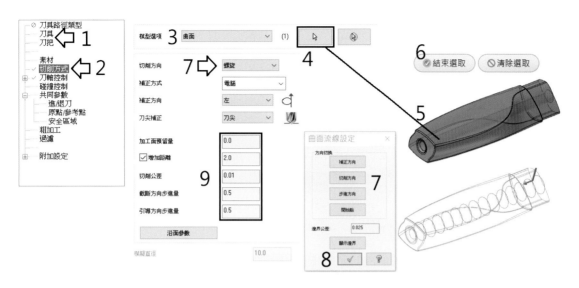

- 點選**刀軸控制**的功能，依曲面、輸出方式選擇 **4 軸**。
- 旋轉軸依 X 軸。
- 定義**前傾角**為 5.0（以避開靜點加工）。
- 勾選**增加角度**依內定值 3.0。
- **刀具向量長度**依內定值 25.0。

- 點選**碰撞控制**，點選補正曲面的 icon（框選此瓶身的外部所有實體面），確認後請點選**結束選取**。
- **預留量**定義為 0.0。

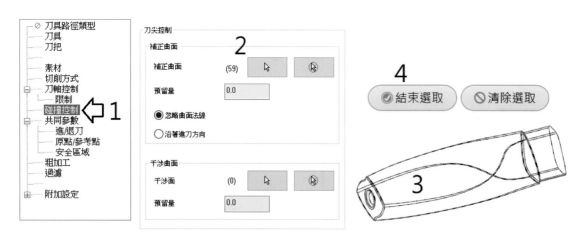

- 點選**共同參數**，選項視窗內的參數依據內定值即可或自行修改所需。

經由共同參數的 + 字鍵開啟**進／退刀**的功能選項，勾選進退刀的相關選項。

- 定義**長度**為 10.0% 及**厚度**為 50.0%，然後複製到退刀。

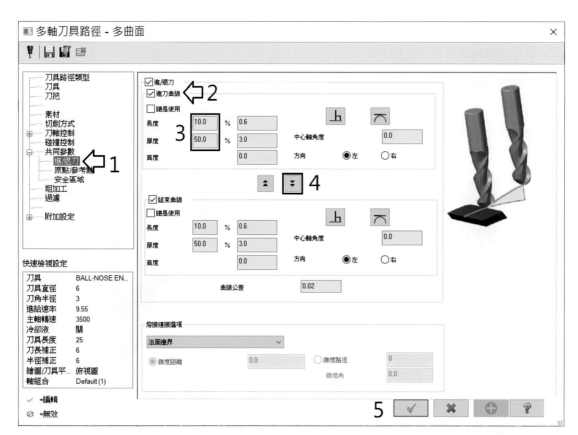

- 點選**確定**，執行刀具路徑運算。刀具路徑的運算結果如圖。

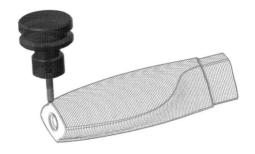

7-9 通道工法（Port）

經由光碟 Chapter-07 輸入開啓 "Multiaxis toolpath – case6.mcam" 專案檔，您也可以使用滑鼠的左鍵，點選專案直接拖拉到工作視窗來做開啓。

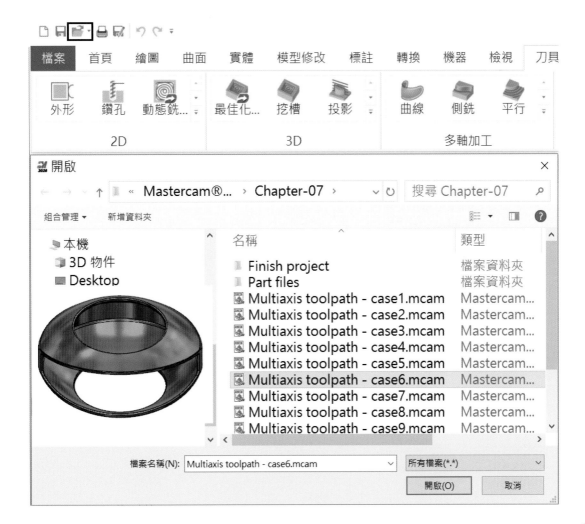

- 選擇多軸加工工法中的**通道**

由多軸刀具路徑 — **通道**銑削工法視窗中設定相關參數：

- 點選刀具頁面，選擇槽銑刀（**直徑 135/ 厚度 10/ 圓鼻角為 5**）的刀具，由頁面中您可更改切削條件。

- 點選**刀把**頁面，由資料庫中您可選擇 **B4C4-150** 或自行建立新刀把，並定義夾持長度 150。

- 點選**切削方式**，曲面 _ 點選曲面 icon，選取**曲面**（點擊步驟 4 的內部曲面），確認後請點選**結束選取**。

- 將開啟**曲面流線設定**，確認所需切削的方向，確認後請點選**確定**。

- 定義**加工面預留量**為 0.0。

- 定義勾選**距離**為 0.5。

- 定義**切削公差**為 0.01。

- 定義**切削間距 _ 距離**為 1.0。

- 其餘的選項依據內定值即可。

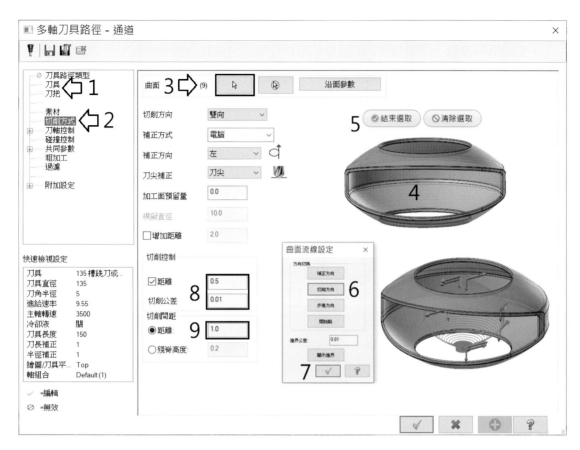

- 點選**刀軸控制**的功能，選擇直線＿點擊選擇 icon（點擊層別開啟層別 21，點選步驟 6 的中心曲線），確認後請點選**確定**。
- 輸出方式選擇 **5 軸**。
- 軸旋轉軸依 **Z 軸**。
- 其餘的選項依據內定值即可。

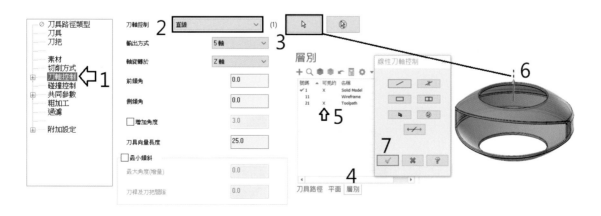

- **碰撞控制**的選項依據內定值即可。
- 點選**共同參數**，選項視窗內的參數依據內定值即可或自行修改所需。

經由共同參數的+字鍵開啟**進／退刀**的功能選項，勾選進退刀的相關選項。

- 定義**長度**為 5.0%、**厚度**為 10.0% 及高度 5.0，然後複製到退刀。

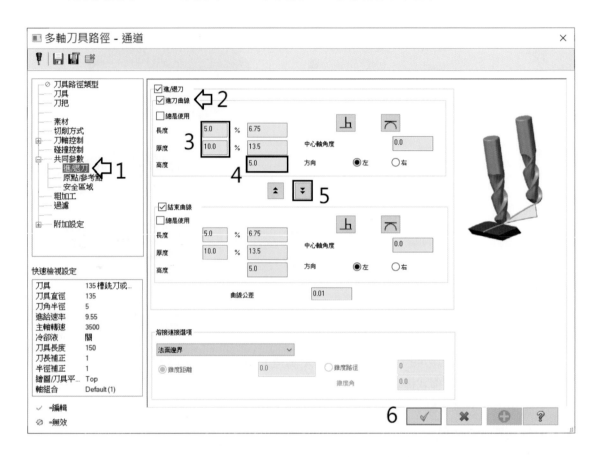

- 點選**確定**，執行刀具路徑運算。刀具路徑的運算結果如圖。

7-10 沿邊工法（Swarf）

經由光碟 Chapter-07 輸入開啟 "Multiaxis toolpath – case7.mcam" 專案檔，您也可以使用滑鼠的左鍵，點選專案直接拖拉到工作視窗來做開啟。

• 選擇多軸加工工法中的**沿邊**。

由多軸刀具路徑 — **沿邊**銑削工法視窗中設定相關參數：

- 點選**刀具**頁面，選擇平刀（**直徑 12**）的刀具，由頁面中您可更改切削條件。
- 點選**刀把**頁面，由資料庫中您可選擇 **B2C3-0016** 或自行建立新刀把，並定義夾持長度 45。
- 點選**切削方式**，**壁邊**_點選串連，選擇串連 icon 選取**曲線**（點擊層別開啓層別 5，連續點選步驟 6 的串連曲線及點選步驟 7 的串連曲線），確認後請點選確定（兩條串連曲線，點選時須爲同一方向，否則無法運算出刀具路徑）。
- 定義**切削方向**爲單向。
- 定義**補正方式**爲磨耗、**補正方向**爲右。
- 定義**壁邊預留量**爲 0.0。
- 定義勾選**增加距離**爲 1.0。
- **刀具路徑連接方式**定義距離爲 0.2。
- 定義**切削公差**爲 0.001。
- 其餘的選項依據內定值即可。

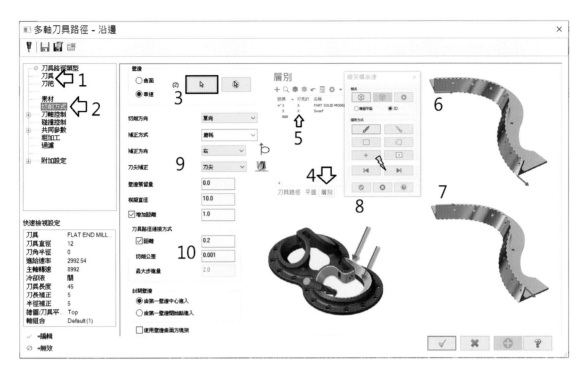

- 點選**刀軸控制**的功能，輸出方式定義為 **5 軸**。
- 勾選**扇形切削方式**、定義**扇形距離**（**D**）為 5.0。
- 勾選**增加角度**，定義此角度為 0.5。
- 其餘的選項依據內定值即可。

Mastercam® 進階多軸銑削加工應用及實例

- 點選**碰撞控制**的選項，定義底部軌跡（**L**）為 -3mm。
- 其餘的選項依據內定值即可。

- 點選**共同參數**，選項視窗內的參數依據內定值即可或自行修改所需。

經由共同參數的 + 字鍵開啓**進／退刀**的功能選項，勾選進退刀的相關選項。

- 定義**長度**為 75.0% 及**厚度**為 0.0%，然後複製到退刀。

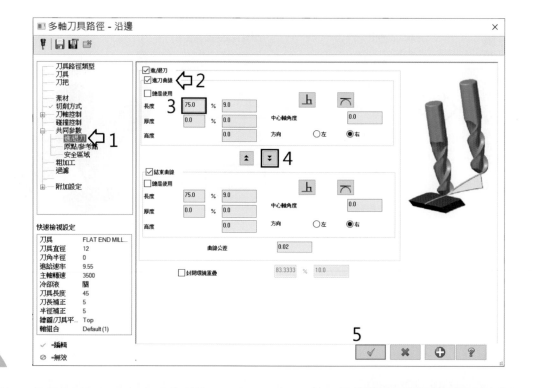

• 點選**確定**，執行刀具路徑運算。刀具路徑的運算結果如圖。

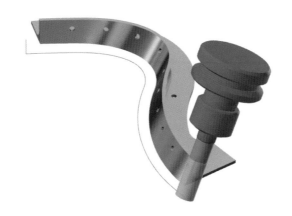

觀念：

　　當您選擇使用沿邊工法時，此工法同樣與側銑加工工法的注意事項亦同。曲面或實體
面須為拉伸直的曲面、注意曲面的 UV 方向、兩條曲線在點選時方向要一致及曲面相鄰之
間的間隙精度也須注意，另外點的分布與扇形距離也要特別注意。

7-11 去毛邊工法（Deburr）

　　經由光碟 Chapter-07 輸入開啓 "Multiaxis toolpath – case8.mcam" 專案檔，您也可以使用
滑鼠的左鍵，點選專案直接拖拉到工作視窗來做開啓。

Mastercam® 進階多軸銑削加工應用及實例

- 選擇多軸加工工法中的**去毛邊**。

由多軸刀具路徑 — **去毛邊**銑削工法視窗中設定相關參數：

- 點選**刀具**頁面，選擇**塘球型銑刀**（**直徑 12**）的刀具。

- 點選**刀把**頁面，由資料庫中您可選擇 **C4Y5-M008** 或自行建立新刀把，並定義夾持長度 65。

- 點選**切削方式**，幾何輸入 _ 點選**零件曲面**，選擇曲面 icon 選取**曲面**（點選步驟 4 的多曲面物件，確認後請點選**結束選取**。

- 幾何輸入 _ 點選**使用者自訂邊界**，選擇曲線 icon 選取**曲線**（點擊層別開啟層別 2、點選步驟 9 的四條邊緣曲線（線的方向性可自訂選擇順逆銑），建議串連選項使用**單體**做選擇較易點選曲線，確認後請點選**確定**。

- 路徑參數 _ 定義邊緣形狀選擇**固定寬度**為 0.1（去毛邊的倒角值）。

- 定義**延伸 / 重疊長度為 0**（依據刀具的類型可自行設定重疊量）。

- 定義**切削**公差為 0.01。

- 其餘的選項依據內定值即可。

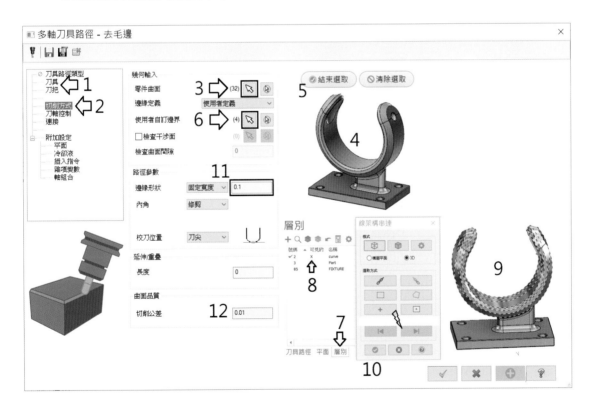

- 點選**刀軸控制**的功能，加工類型定義為 **5 軸**（**同動**）。
- 策略選擇**正交到輪廓**。
- 勾選**傾斜範圍**，定義最小 0、最大 75 度。

- 其餘的選項依據內定值即可

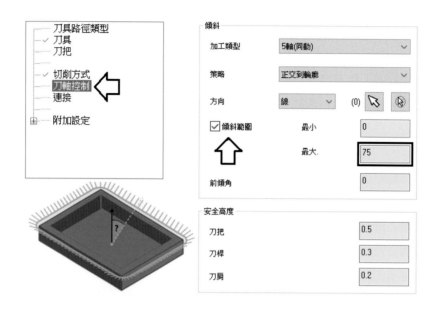

- 點選**連接**，定義安全高度相關的參數值。
- 類型選擇**圓柱**。
- 方向選擇 **Z 軸**。
- 半徑選用使用者定義為 80。
- 定義**快速距離**為 10。
- 定義**進給距離**為 5。
- 定義**空跑移動距離**為 5。
- 進／退刀設定，定義半徑為 3、最小半徑為 1。
- 其餘的選項依據內定值即可。

• 點選**確定**，執行刀具路徑運算。刀具路徑的運算結果如圖。

7-12 投影曲線工法（Provect Curve）

　　經由光碟 Chapter-07 輸入開啟 "Multiaxis toolpath – case9.mcam" 專案檔，您也可以使用滑鼠的左鍵，點選專案直接拖拉到工作視窗來做開啟。

- 選擇多軸加工工法中的**投影曲線**。

由多軸刀具路徑 — **投影曲線**銑削工法視窗中設定相關參數：

- 點選刀具頁面，選擇**雕刻銑刀**（**直徑 6**）的刀具，由頁面中您可更改切削條件。
- 點選**刀把**頁面，由資料庫中您可選擇 **B2C3-0016** 或自行建立新刀把，並定義夾持長度 35。
- **模式 _ 投影**，選擇投影 icon 選取**曲線**（點擊層別開啟層別 2，串連使用**框選**方式，框選步驟 7 的 **Mastercam** 字體，接著點選起始線如步驟 8），確認後請點選**確定**。
- **加工面 _** 點選曲面 icon，選取**曲面**（點擊步驟 11 的曲面），確認後請點選**結束選取**。
- 定義**加工面補正**（預留量）為 -0.15。
- 定義**切削**公差為 0.01。
- 定義勾選**最大距離**為 0.2。
- 其餘的選項依據內定值即可。

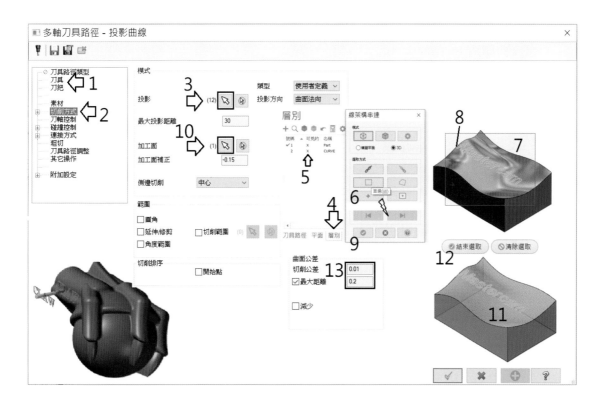

- 點選**刀軸控制**的功能，輸出方式定義為 **5 軸**。
- **最大角度步進量**依據內定值為 3。
- **刀軸控制**，選擇曲面。

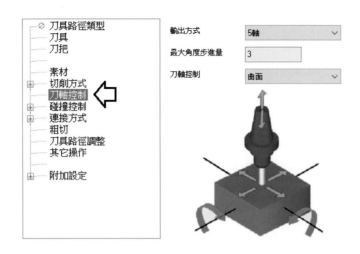

- 點選**碰撞控制**的選項，依據內定值即可。
- 點選**連接方式**，距離＿定義**快速移動距離**為 10、**進刀／退刀進給距離**為 1 及**空切移動安全距離**為 10。
- 其餘的選項依據內定值即可（刻字勿再使用進退刀的設定，建議垂直下刀即可）。

- 點選**確定**，執行刀具路徑運算。刀具路徑的運算結果如圖。

7-13 旋轉工法（Rotary）

經由光碟 Chapter-07 輸入開啟 "Multiaxis toolpath – case10.mcam" 專案檔，您也可以使用滑鼠的左鍵，點選專案直接拖拉到工作視窗來做開啟。

• 選擇多軸加工工法中的**旋轉**。

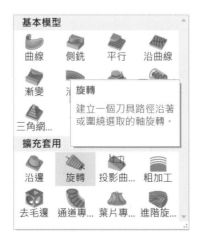

由多軸刀具路徑 — **旋轉**銑削工法視窗中設定相關參數：

- 點選刀具頁面，選擇**球銑刀**（**直徑 10**）的刀具，由頁面中您可更改切削條件。
- 點選**刀把**頁面，由資料庫中您可選擇 **B2C3-0016** 或自行建立新刀把，並定義夾持長度 35。
- 點選**切削方式，曲面** _ 點選曲面 icon，選取**曲面**（點擊步驟 4 的曲面），確認後請點選**結束選取**。（建議兩邊可以建立延伸曲面，讓加工路徑可以完全加工到位。
- 定義**切削方向**為繞著旋轉軸切削。
- 定義**補正方式**為關、**補正方向**為左。
- 定義**加工面預留量**為 0.0。
- 定義**切削公差**為 0.01。
- 其餘的選項依據內定值即可。

- 點選**刀軸控制**的功能，輸出方式定義為**四軸**，定義旋轉軸為 **X 軸**。
- 定義此四軸點，點擊 icon 選取點（點選步驟 4 的單點），點選後即會跳回主視窗。
- 勾選使用圓心點。
- 定義**軸隱藏長度**為 2.5、**前傾角**為 5.0 及**最大步進量**為 0.5。

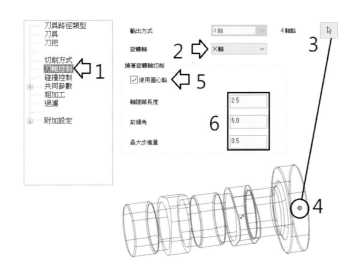

- 點選**碰撞控制**的選項依據內定值即可。
- 點選**共同參數**，選項視窗內的參數依據內定值即可或自行修改所需。
- 點選**確定**，執行刀具路徑運算。刀具路徑的運算結果如圖。

註：另一區域的凸輪軸刀具路徑生成，操作方式亦同（如圖）。

7-14 進階旋轉工法（Rotary Advanced）

　　經由光碟 Chapter-07 輸入開啟 "Multiaxis toolpath – case11.mcam" 專案檔，您也可以使用滑鼠的左鍵，點選專案直接拖拉到工作視窗來做開啟。

• 選擇多軸加工工法中的**進階旋轉**。

由多軸刀具路徑 — **進階旋轉**銑削工法視窗中設定相關參數：

- 點選刀具頁面，選擇**圓鼻刀**（直徑 **12** 刀角半徑 **1**）的刀具。
- 點選刀把頁面，由資料庫中您可選擇 **B2C3-0016** 或自行建立新刀把，並定義夾持長度 45。
- 點選素材，點擊**依照選取圖形** _ 點選圖形 icon，選取**素材**（點擊層別開啟層別 3，點選步驟 7 的素材實體），確認後請點選**結束選取**。
- 其餘的選項依據內定值即可。

- 點選**切削方式**，加工方式選擇**粗切**、分層模式選擇**固定半徑**、類型選擇**偏移**。
- 切削方向選擇單向及接觸選擇方向 1。
- 定義**深度切削步進**為 2（此 ap 值須視刀具 / 加工材質，你可以自行定義）。
- 定義**切削間距（直徑）最大步進量**為 7.0

- 點選**自訂組件**，定義壁邊曲面 _ 點選曲面 icon，選取曲面（關閉層別 3，點擊步驟 3

的曲面（這些曲面包含兩端側邊與中間段的刀模曲面），確認後請點選**結束選取**。

- 定義**預留量**為 0.5、**切削公差**為 0.1 及**最大點距離**為 0.5。

- 定義旋轉軸，方向_點選方向 icon，選取此中心曲線（點擊步驟 7 的曲線），確認後請點選**確定**。

- 定義基準點_點選點的 icon，選取此基準點（點擊步驟 10 的點），點選後即會跳回主視窗。

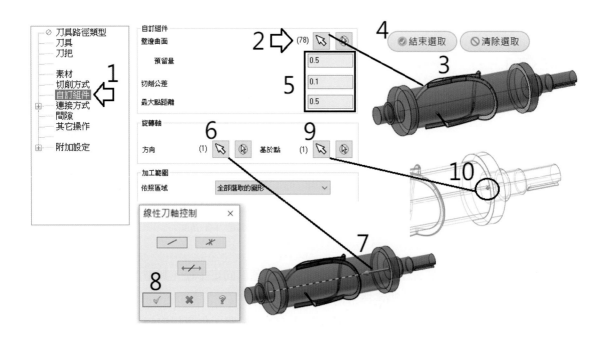

- 點選**連接方式**，第一進刀點定義使用斜插。
- **距離**_定義**快速移動距離**為 50、**進刀/退刀進給距離**為 1 及**空切移動安全距離**為 5。

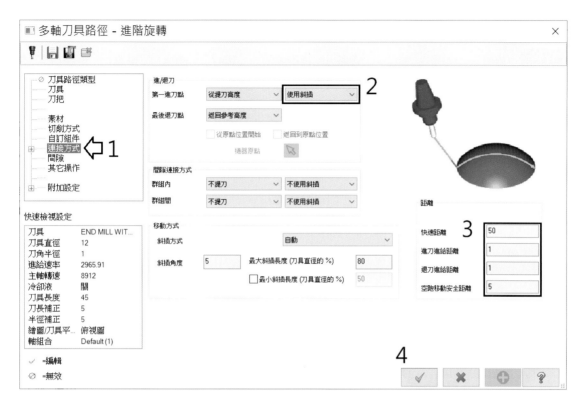

- 點選**確定**，執行刀具路徑運算。刀具路徑的運算結果如圖。

7-15 五軸粗加工（Pocketing）

經由光碟 Chapter-07 輸入開啟 "Multiaxis toolpath – case12.mcam" 專案檔，您也可以使用滑鼠的左鍵，點選專案直接拖拉到工作視窗來做開啟。

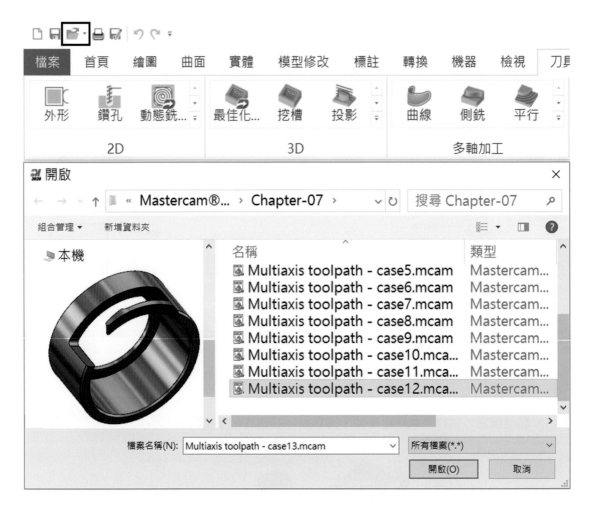

- 選擇多軸加工工法中的**粗加工**。

由多軸刀具路徑 — **粗加工銑削工法**視窗中設定相關參數：

- 點選**刀具**頁面，選擇**平刀**（**直徑 8**）的刀具。
- 點選**刀把**頁面，由資料庫中您可選擇 **B2C3-0016** 或自行建立新刀把，並定義夾持長度 30。
- 點選**素材**，點擊依照選取圖形 _ 點選圖形 icon，選取**素材**（點擊層別開啓層別 3，點選步驟 7 的素材實體），確認後請點選**結束選取**。
- 其餘的選項依據內定值即可。

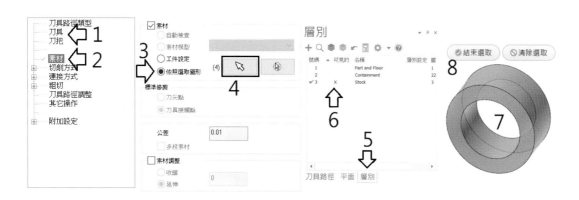

- 點選**切削方式**，自訂組件 _ 定義**底部曲面** _ 點選曲面 icon，選取曲面，關閉層別 3、開啓層別 2，點擊步驟 3 的底部曲面，確認後請點選**結束選取**。
- 自訂組件 _ 定義**壁邊 & 干涉面** _ 點選曲面 icon，選取曲面，點擊步驟 6 的全部曲面，確認後請點選**結束選取**。
- 定義預留量爲 0.2。
- 模式 _ 加工策略選擇**與底部平行**，類型選擇**動態加工**。
- 加工方式內定爲**粗切**。
- 切削方向選擇**單向**。
- 定義**深度步進量** _ 層數爲 3。
- 定義**切削公差**爲 0.025。
- 定義**步進量** _ 最大步進量爲 3，期望的步進量爲 2.4。
- 勾選**切削範圍** _ 點選功能 icon，選取邊界曲線，點擊層別 2 步驟 15 的邊界曲線，確認後請點選**確定**。
- 其餘的選項依據內定值即可。

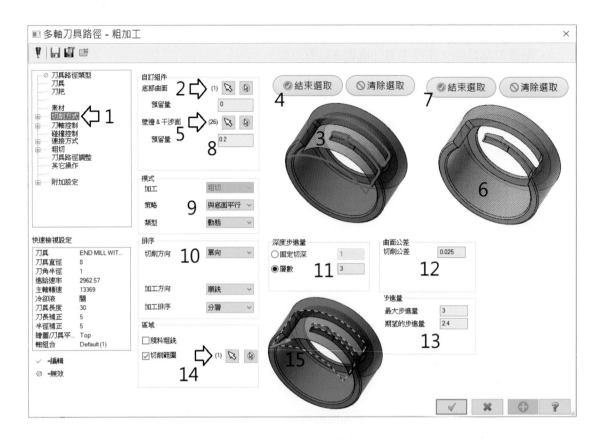

- 點選**連接方式**，首次進刀點定義_從提刀高度，**使用斜插**。
- 距離_定義**快速移動距離**為 10、**進刀 / 退刀進給距離**為 1 及**空切移動安全距離**為 5。
- 其餘的選項依據內定值即可。

• 點選**粗切**，您可自行定義斜插的方式和進給率及主軸轉速。

• 點選**確定**，執行刀具路徑運算。刀具路徑的運算結果如圖。

8

進階多軸工法選項應用

學習重點

簡介

五軸加工路徑的編程,如何產生最佳化的五軸加工路徑?有幾個要點提出建議:

- 平順的刀軸偏擺 _ 影響:解決劇烈偏擺與產生刀痕的問題,提高表面加工品質。
- 高精度點的控制 _ 影響:解決區域瞬間偏擺問題與顯著地提升加工速率與品質。
- 成型刀具的應用 _ 影響:縮短編程的時間與提升加工效率,提高表面加工品質。
- 縮短刀具的夾持 _ 影響:解決偏擺震刀問題與加工效率,建議使用燒結的刀桿。
- 避開靜點的加工 _ 影響:提高表面加工品質,建議選擇較優的刀具與刀軸控制。
- 避開行程的極限 _ 影響:解決不必要迴轉或提刀問題,造成無效工時成本增加。
- 安全的碰撞驗證 _ 影響:提高無人值守的信心、機臺的安全及停機時間與廢品。

本章節將針對 *Mastercam*® 多軸銑削工法內的進階選項應用作說明。

8-1 提高多軸的高精度加工

在表面品質與幾何公差要求高的產業,合理的使用「點分布」,不僅可以提高工件的表面品質,還可以顯著的提升加工效率。「點分布」的功能不僅僅適用於三軸高速機臺,同時也適用於多軸的加工機臺。它的應用層面非常廣泛,例如光學鏡面、車燈模具的反射面、電鍍件、航太結構件或葉輪葉片加工,可以得到近乎於免拋光的表面品質。接下來,我們來說明相關的應用。

一、切削方式「增加距離」點分布的應用

下面左圖是沒有使用「點分布」的刀具路徑，右圖是使用「點分布」的刀具路徑：

 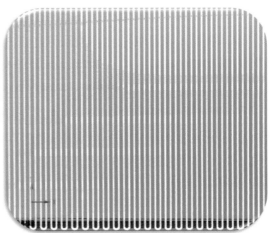

從上面兩張圖片的對比，很明顯看出使用「點分布」的路徑上，關鍵點明顯增多並且更加的均勻。而上圖中白色的關鍵點，即是加工程式 NC 檔內的每一行 X/Y/Z 值。

在左圖的多軸刀具路徑，加工過程中可能會出現加工進給忽快忽慢的速度變化與加工頓點的狀況發生，尤其是在拐角處或造型面變化落差大的區域，通常也會造成機臺的加減速過於頻繁，而影響加工的效率與較差的表面加工品質。

在右圖的多軸刀具路徑，路徑有了更均勻的分布點，可以讓機臺的控制器讀點運算時間縮短，也可以實現免拋光和解決拐角區域的刀軸偏擺問題。此高精度的點分布路徑能夠以平順化的加速速率做多軸同動加工，不但縮短了加工時間（可達到整體 39% 的加工效率），也讓表面的加工品質更高。

點的分布應用您可經由工法的選項中，透過**切削公差、切削控制距離（重新分布點）、增加距離（向量）、增加角度及刀具向量長度**等等 …… 來產生高精度的加工路徑。

下圖是 **Mastercam**® 對於點分布控制的相關參數解釋：

- **切削公差**：刀具路徑的運算精度公差，可定義公差值至小數點第五位，較小的切削公差值可以運算出更精確的刀具路徑，再根據曲面的曲率，路徑點也會相對地增多。公差值設小你需要更長的時間來運算刀具路徑與 NC 程式的輸出。

- **切削控制 _ 距離**：定義距離值來控制刀具路徑向量之間點的分布距離（預設單位 mm），較小的值將運算出更精確的刀具路徑。但須注意，不合理的點分布距離，會造成刀具路徑的計算時間過長或加工時機臺發生抖動頓點的狀況發生。

檢查方法：

降低加工的進給率，如果機臺不抖動，則和參數設置無關。如果還是會抖動，則可能和點分布的距離設定不合理有關係。

以下爲點分布距離的應用建議，提供參考：

1. 定義距離值爲 0.2~0.5 之間（此爲 DMG 五軸機臺 _ 海德漢控制器）。

2. 透過點分布距離的計算公式，所得到的值須大於機臺的回應時間。

（機臺回應時間可透過機臺說明書或由機臺製造商獲得）

公式爲：60 × Z / F = 機臺最小回應時間

Z = 點分布 _ 最大距離（mm）

F = 進給速度（m/min）

→舉例：Mazak 機臺的馬達最小反應時間是 2msec，如重新分布點定義最大點距離爲 0.2mm，進給速度設定 1671（mm/min）。

運算結果：60*0.2/1.671 = 7.1 msec.（保持在最小值 2msec 以上）

結論：

只要運算值保持在機臺反應時間最小值以上即可，即可避免機臺在加工偏擺時，有不平順的停頓現象發生。

- **增加距離**：勾選並輸入距離值，此值是依據刀具所行進路徑的線性距離。當切削公差的運算向量距離大於此距離的增量值時，刀具路徑將添加一個額外的向量到刀具路徑做運算以增加點的高精度分布。

透過以下的刀具路徑圖示，您可很清楚的了解到**切削距離**與**增加距離**的差異性。

— 當你定義**切削距離**時，刀具路徑的點分布將依所定義的距離值均勻的分布點。

— 當你定義**增加距離**時，刀具路徑的點分布將依所定義的向量距離值插入分布點。

切削公差 0.01

切削公差 0.01 & 切削距離 0.5

切削公差 0.01 & 增加距離 0.5

補充說明：

　　針對**切削距離**與**增加距離**的選項功能，建議您兩項功能可同時做使用，所創建的刀具路徑點分布將會比使用單一項功能來得更優化，更有利於加工效率與表面品質的提升。

二、刀軸控制 ―"增加角度"點分布的應用

- **增加角度**：定義角度值來控制刀具路徑向量之間點的分布距離，較小的值將創建更精確的刀具路徑。此功能主要是控制兩點間的最大軸向運動角度。當勾選此選項時，即可輸入「最大角度」數值。主要用於多軸的加工，可以讓刀軸於轉角變化比較劇烈的區域，更趨於平穩的速率做加工，改善因刀軸劇烈變動所造成的加工品質不佳問題及可以提高加工的效率。

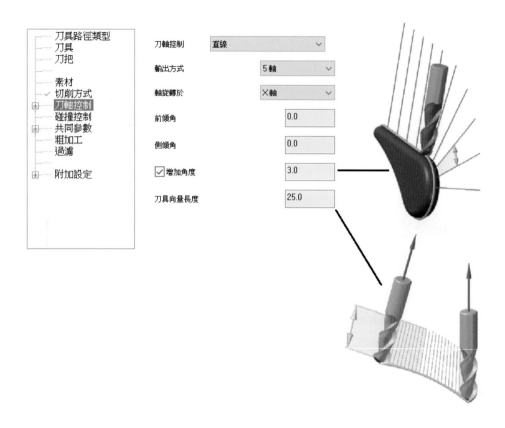

當您使用點的高精度來**增加角度**運算，有以下的解決與優點：

- 解決轉角區域與機臺極限旋轉的問題。
- 平順的刀軸偏擺控制，可達到最好的表面加工品質。

不勾選增加角度　　　　　　　　　　　勾選增加角度 0.5

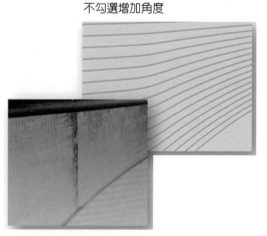

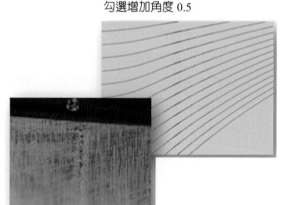

左圖是遇到機臺旋轉極限時，刀軸
瞬間旋轉停留所造成的刀痕問題。

右圖是遇到機臺旋轉極限時，刀軸增加角度
分布點_解決瞬間旋轉造成的刀痕問題。

透過以下的刀具路徑圖示，您可很清楚的了解到**增加角度**、**切削距離**與**增加距離**的差異性。

* 當你定義**增加角度**時，刀具路徑的點分布將依所定義的向量角度值插入分布點。

（刀軸的偏擺角度為分布點之處）

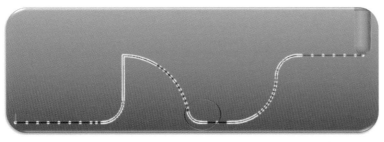

切削公差 0.01 / 增加角度 0.5

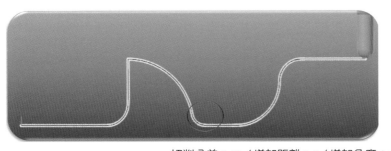

切削公差 0.01 / 增加距離 0.5 / 增加角度 0.5

切削公差 0.01 / 切削距離 0.5 / 增加距離 0.5 / 增加角度 0.5

補充說明：

　　針對**增加角度**的選項功能，建議您做多軸加工時，可同時與**切削距離**和**增加距離**做使用，所創建的刀具路徑點分布將會更加得優化，更有利於加工效率與表面品質的提升。

- **刀具向量長度**：確定刀具位置點的刀軸長度顯示，也可用作 NCI 檔中的向量長度。對於大多數的刀具都使用內定值 25 mm 作為刀具的向量長度，以藉此來了解刀軸偏擺時的變化，讓您運算刀具路徑時能更準確地做參考。

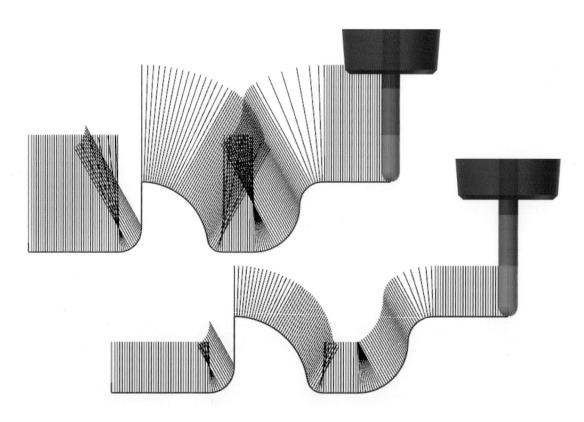

8-2 多軸偏擺範圍限制

Mastercam. 提供機臺刀軸偏擺範圍限制的設定。這個設定允許我們去定義機臺的旋轉極限和運算多軸路徑時，可以定義安全的加工偏擺範圍。由於不同型式的機臺結構，而有不同的旋轉行程極限限制，所以在 **Mastercam.** 可設定方位角（Azimuth）和仰角（Elevation）來定義軸向的加工範圍。

方位角和仰角：

方位角的定義是以 XY 平面爲基準面，繞著平面 X 0° 的逆時針方向旋轉角度；仰角的定義是以 XY 平面爲基準往上（+90°）和往下（-90°）的夾角度。

刀軸範圍限制頁面位於各個多軸工法內的刀軸控制選單中，有些工法你需要勾選**限制**的功能選項，才可以進行刀軸範圍的設定。

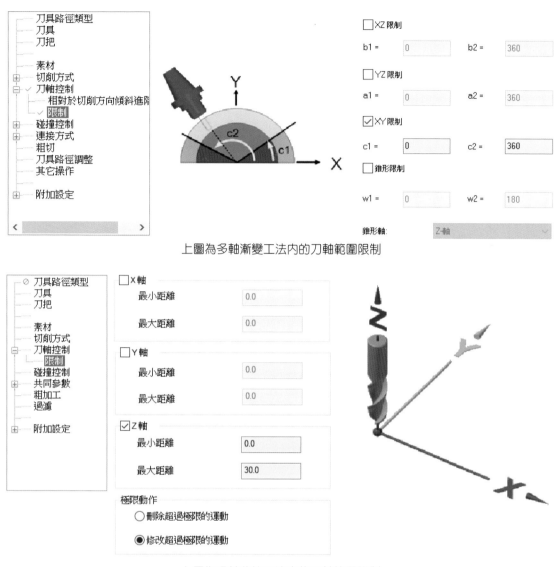

上圖為多軸漸變工法內的刀軸範圍限制

上圖為多軸曲線工法內的刀軸範圍限制

　　刀軸**限制**功能最主要是用於限制五軸的偏擺角度範圍，可以避免機臺過行程、角度的劇烈偏擺及干涉碰撞的問題發生。我們將透過範例應用來跟各位說明此限制的功能。

　　經由光碟 Chapter-08 輸入開啓 "Toolaxis limit control.mcam" 專案檔，您也可以使用滑鼠的左鍵，點選專案直接拖拉到工作視窗來做開啓。

專案檔中包含了三條已經計算完成的多軸刀具路徑。

- 點選 **1- 沿面**刀具路徑，點擊**參數**開啟此工法的設定視窗，點選**刀軸控制**。

- 點擊**限制**的頁面（你會發現此條刀具路徑，並無設定限制的功能）。

透過線性的模擬，你會發現底端的刀軸偏擺角度過大和刀把會發生碰撞的問題。

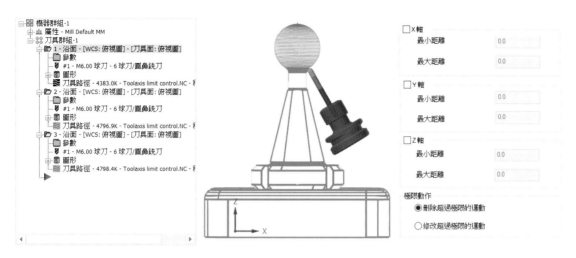

- 點選 **2- 沿面**刀具路徑，點擊**參數**開啓此工法的設定視窗，點選**刀軸控制**。
- 點擊**限制**的頁面（你會發現此條刀具路徑，勾選使用 Z 軸限制的功能）。
  ― 定義最小距離爲 0.0，最大距離爲 90.0。
  ― 勾選使用修改超過極限的運動。

透過線性的模擬，你會發現此條刀具路徑的刀軸偏擺角度被限制在 0~90 度之間。雖然此條刀具路徑已經提升了加工的安全性，但是您可試想，編程五軸刀具路徑，此加工區域是否有更好的加工軸向定義。

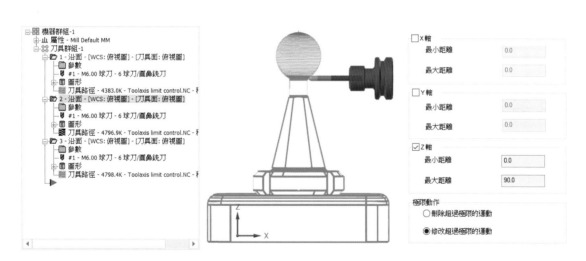

有的，你可減少刀具路徑的靜點加工問題及不必要將刀軸偏擺至 90 度，才能加工到底端的區域。

- 點選 **3- 沿面**刀具路徑，點擊**參數**開啓此工法的設定視窗，點選**刀軸控制**。
- 點擊**限制**的頁面（你會發現此條刀具路徑，勾選使用 Z 軸限制的功能）。

— 定義最小距離為 15.0，最大距離為 75.0。

— 勾選使用修改超過極限的運動。

透過線性的模擬，你會發現此條刀具路徑的刀軸偏擺角度被限制在 15~75 度之間。

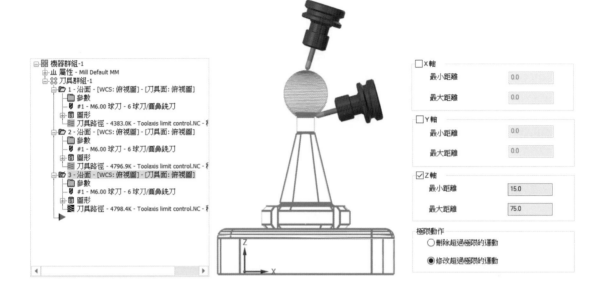

結論：

> 使用刀軸控制的**限制**功能，無須繁雜的操作設定和建立 CAD 曲面來補助，即可確保刀具路徑加工時，刀軸偏擺的安全範圍與避免過行程的問題發生。

8-3 多軸軸向碰撞控制

碰撞控制可用於刀具路徑的過切驗證檢查，你可針對刀刃、刀肩、刀桿及刀把來進行干涉的碰撞檢查。**Mastercam**® 提供四組的檢查設定，可以分別針對不同的曲面與刀具組件，定義選擇不同的策略與參數來進行干涉碰撞檢查。策略中提供了自動干涉傾斜的功能，你可設定刀桿或夾頭的安全間隙，你不需要自行定義刀軸的偏擺角度，完全可讓系統自動地進行干涉偏擺／偏斜運算，以解決複雜區域的多角度變化。

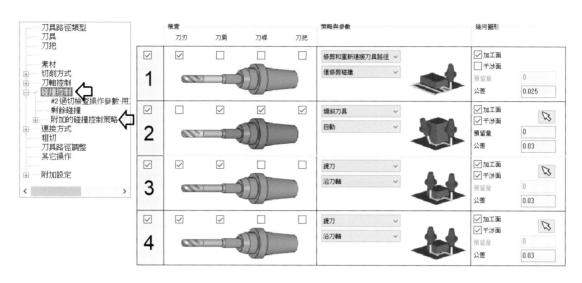

碰撞控制的選項中，連接及雜項變數都使用內定的勾選即可，安全類型的分類為圓形和錐形，以錐形會較接近刀具的尖端，你可依據刀具組件的安全間隙與角度值自行做定義。

當你選擇使用自動干涉傾斜時，進階選項中提供了傾斜的策略應用，你可依據刀具路徑

的軌跡方向,來選擇哪一個方向的優先傾斜偏擺和角度範圍的限制,這有用於優化你的刀具路徑軌跡平順化。

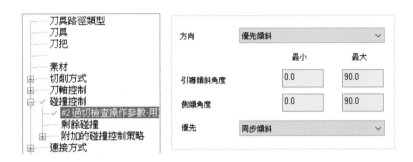

自動傾斜刀具的應用範例說明如下:

經由光碟 Chapter-08 輸入開啟 "5axis collision control.mcam" 專案檔,您也可以使用滑鼠的左鍵,點選專案直接拖拉到工作視窗來做開啟。

專案檔中包含了二條已經計算完成的多軸刀具路徑。

- 點選 **1- 曲線投影**刀具路徑，點擊**參數**開啓此工法的設定視窗，點選**碰撞控制**（你會發現此條刀具路徑，只定義刀刃的過切驗證檢查）。

透過線性的模擬，你會發現此條刀具路徑是垂直的刀軸角度，刀肩和刀桿發生了碰撞的問題。

- 點選 **2- 曲線投影**刀具路徑，點擊**參數**開啓此工法的設定視窗，點選**碰撞控制**（你會發現此條刀具路徑，定義了第二組的過切驗證檢查）。

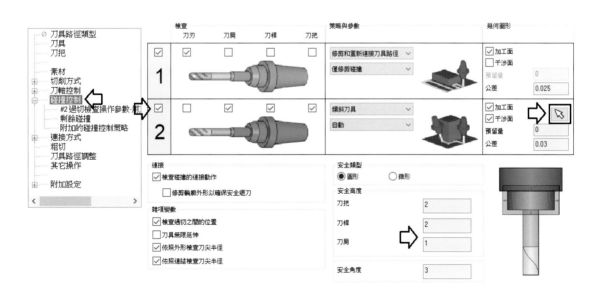

- 檢查只勾選刀肩、刀桿和刀把。
- 策略與參數選擇傾斜刀具和自動。

- 幾何圖形勾選干涉面，點選選擇 icon，選擇如下圖的實體曲面。
- 定義安全類型為圓形，刀把設定為 2、刀桿 2、刀肩 1 及安全角度為 3。

　　執行刀具路徑運算。透過線性的模擬，你會發現此條刀具路徑的刀軸角度已經自動偏斜，刀肩和刀桿已無發生碰撞的問題。

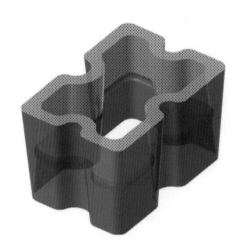

補充說明：

　　　　使用不同的工法策略，在**碰撞控制**的選項內，設定上會有稍不同。例如：曲線工法的碰撞控制。

　　干涉曲面：主要在於定義所選擇的曲面不要再加工到，預留量若設定為負值那麼刀具路徑將會往內縮減。

　　過切處理：所有的刀具路徑以此內定值「**尋找相交性**」作選擇，此功能如 2.5D 外形工法選項內的「尋找相交性」用法相同，主要在預防封閉的口袋區域或多曲面加工時，在過彎或銜接處作保護，以避免產生過切的問題。而**過濾點數**需自行評估選擇做輸入，要如何過濾多少點（移除位置點的最大值為 32000）。

　　擺動：曲線投影之後，如刀具路徑軌跡有發生上下振盪方向的變化，可由參數調整，讓其平順化。

刀具路徑類型
刀具
刀把
素材
切削方式
刀軸控制
碰撞控制
共同參數
粗加工
過濾
附加設定

干涉曲面

干涉面　　　　(0)

預留量　　　0.0

過切處理
　◉ 尋找相交性
　◯ 過濾點數　　　0

☑ 擺動
　◉ 線性　　　　◯ 高速
　刀刃長度　　0.0
　最大深度　　0.0
　起伏間距　　0.0

8-4 多軸進退刀連結

　　連接方式主要在於定義五軸刀具路徑的進／退刀與安全提刀的移動方式。五軸最常發生的碰撞問題，普遍都發生在提刀的刀軸偏擺與不同刀具路徑的串刀。主要是因為機臺有行程的極限，刀具路徑提刀時很容易造成刀具軸向的偏轉與刀桿刀把的碰撞問題發生，另還有一個主因是，可能軟體的五軸後處理沒考量到機臺的行程極限，進而發生了轉換角度的問題，造成輸出程式有錯誤而衍生了機臺碰撞。五軸編程除了驗證刀具路徑的提刀安全之外，提刀方式的最佳化選擇設定，也能夠為你節省很多的加工時間。我們將透過一個範例的應用來跟各位做介紹：

　　經由光碟 Chapter-08 輸入開啟 "5axis linking control.mcam" 專案檔，您也可以使用滑鼠的左鍵，點選專案直接拖拉到工作視窗來做開啟。

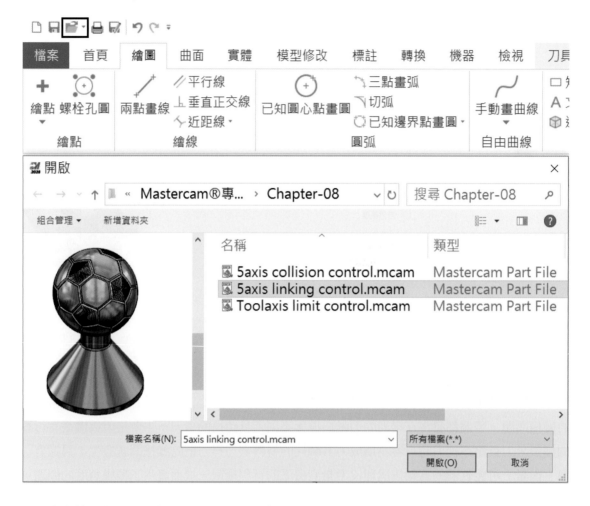

專案檔中包含了二條已經計算完成的多軸刀具路徑。

- 點選 **1- 曲線投影**刀具路徑，點擊**參數**開啟此工法的設定視窗，點選**連接方式**。由下圖你可了解到設定的選項：

  ─**間隙連接方式**：大間隙點選為返回提刀高度。

  ─**安全區域**：類型依平面和 Z 軸方向，高度與增量高度都定義為 100。

  ─**距離**：定義快速移動距離為 5，進刀 / 退刀進給距離為 1 及空切移動安全距離為 20。

  ─**擬合圓弧**：勾選進給距離，定義圓弧半徑為 5。

  此選項主要用於提刀移動時，轉角的圓弧化以提高效率，可避免慣性的加減速。

透過線性的模擬，你會發現此條刀具路徑以平面的提刀方式，如下圖。

　　接下來，我們將提刀的選項稍做修改，於安全區域類型內，提供有**自動**、**平面**、**圓柱及球形**的提刀移動方式，你可依據物件的外形，選擇最適合的提刀方式。

・點選 **2- 曲線投影**刀具路徑，點擊**參數**開啟此工法的設定視窗，點選**連接方式**。由下圖你可了解到設定的選項：

— **間隙連接方式**：大間隙點選為返回增量高度。

— **安全區域**：類型依球形、定義球心點及輸入半徑為 25。

— **距離**：定義快速移動距離為 2，進刀／退刀進給距離為 1 及空切移動安全距離為 5。

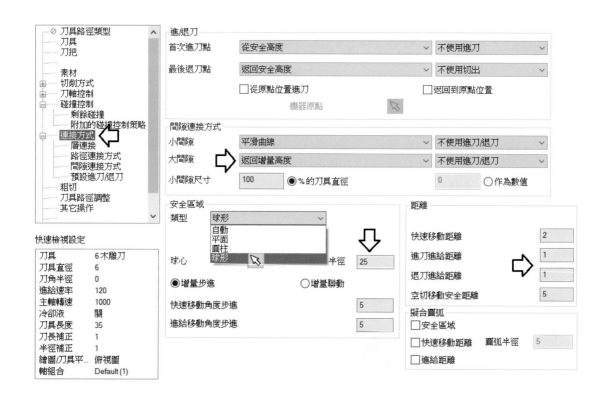

透過線性的模擬，你會發現此條刀具路徑以球形的提刀方式，如下圖。

補充說明：

　　當你選擇使用進／退刀的選項時，你可經由**預設進刀／退刀**選項頁面，來設定最佳化的進退刀方式。其餘的選項你可視刀具路徑的提刀方式做選擇。

補充說明：

　　無論你的機臺是四軸或五軸，當快速提刀移動發生了刀軸偏擺移動不平順或頓點問題時，建議你可請設備商調整控制器的參數或至軟體選擇使用**刀具路徑調整**的選項，勾選「使用進給速率來取代快速移動」，你可以勾選和定義移動速率來解決此問題的發生。

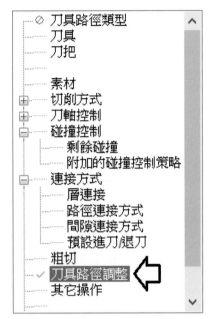

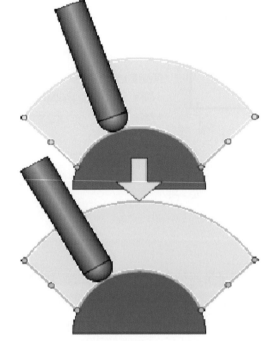

8-5 避開機臺的行程極限

　　五軸機臺依據類型的不同各有其軸向的角度限制,當您編程五軸刀具路徑時,須了解加工機臺的特性與行程極限,儘可能的避開這些問題。而這些問題包括有:刀具路徑軸向過行程、極限點迴轉、軸向來回迴轉、4、5 軸旋轉軸(角度累加的極限)及提刀過行程 …… 等等問題的發生,我們將一一來剖析這些問題的解決。

Tip 1. 刀具路徑軸向過行程

　　軸向過行程的刀具路徑通常無法上機做加工,軟體的後處理通常會有所限制。若你使用的軟體,在後處理的定義上沒限制行程極限,而允許路徑做輸出時,那麼在機臺上就會發生

Alarm 的問題。正常情況下軟體的後處理都需要限制機臺的行程極限範圍，並且產生錯誤的訊息，無法讓你輸出刀具路徑。過行程這種狀況一般都會發生在 A 或 B 軸過行程角度。那麼我們該如何來解決此問題，建議你可使用**限制**角度的功能，並使用**修改超過極限的運動**來轉換刀具路徑的軸向。

如下圖的例子：使用的機臺行程極限為超過 90 度時，左圖的刀具路徑無法進行程式的後處理輸出。右圖的刀具路徑使用軟體的軸向限制功能，並且修改極限轉換角度，即可進行程式的後處理輸出與至機臺上做加工。

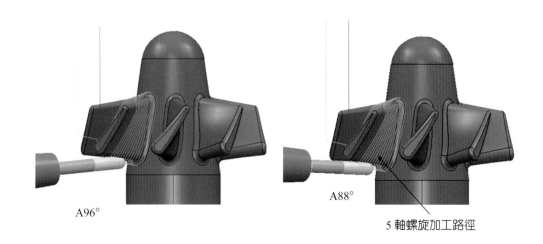

A96°

A88°

5 軸螺旋加工路徑

另一個問題是機型 Head Head 的五軸機臺，普遍 C 軸極限角度都介於 +-200~+-360 之間，C 軸通常都無法做連續性的旋轉加工（除非是磁浮式的主軸頭），通常使用這種機型都會有此旋轉限制。所以，當你的工件需要加工整圈封密的區域時，唯一能編程的刀具路徑就只能選擇做**雙向加工**，你不能做單向或螺旋的加工路徑。而此雙向刀具路徑的加工過程中，你又會遇到角度極限點迴轉或者過行程的提刀問題發生。

當你碰到此問題時，該如何來解決：

建議一：你可以增加一條一小段的刀具路徑做為起始的輸出角度去累加下一條刀具路徑的角度，這樣就可以避開 C 軸行程極限的問題。而此小路徑的下刀點位置與方向，你需視機臺的行程範圍做測試，才能確保不會超過 C 軸的行程範圍。

建議二：移動下刀點的位置，以改變刀具路徑的輸出起始點。

如下圖的例子提供參考：

增加此一小
段刀具路徑

Tip 2. 極限點迴轉

　　此問題最常發生在五軸機臺上，不但影響到加工品質與效率，嚴重情況下有可能會發生過切或碰撞的問題發生。當你進行五軸刀具路徑的編程時，須特別注意此機臺的極限點位置。它會有幾個狀況：我們以 Table Table 的機臺，A 軸行程極限範圍（-110~+30）與下圖的刀具路徑由左至右 180 度做加工，刀軸限制在 +-45 度之間，來做說明：

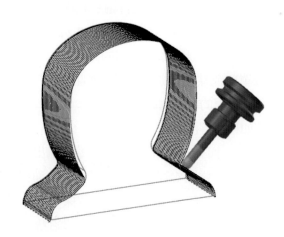

狀況一：刀具路徑在 A-45 跑到垂直 0 度時，C 軸需要旋轉轉換 180 度才能偏擺到 A+ 角度，如你的機臺精度和穩定度不足，那將會在此點產生刀痕的問題。

狀況二：刀具路徑旋轉到 A+ 角度之後，持續旋轉到 A 軸的極限點 A+30 度時，通常會造成斷點提刀，C 軸將再旋轉轉換 180 度，會在同樣的角度位置點再下刀，此種情形也會在此點產生刀痕的問題。

狀況三：延續狀況二的 A 軸旋轉極限點產生提刀的問題。假若軟體後處理沒在旋轉極限點宣告提刀的動作，那麼有可能就會發生刀具刀桿在旋轉角度時，發生碰撞或過切的問題，如果你的工件在此點的周邊有高低起伏複雜的造型曲面，就一定會發生干涉碰撞。

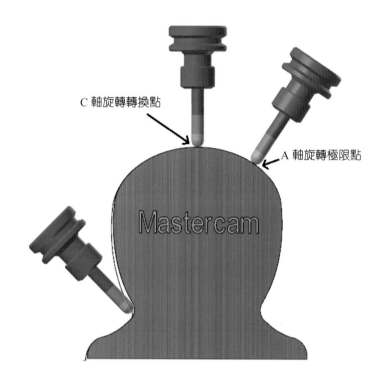

當你碰到此問題時該如何來解決：

- 建議你儘可能的避開行程極限點，選擇由單一側做刀具路徑的編程，後處理限制在 -110~-0 之間。
- 機臺的行程極限點 Pole，通常也可以透過軟體的機臺模擬功能，來自動轉換到可以連續加工的軸向。
- 經由後處理的設置，宣告 GM 碼來控制軸向的偏擺（經由第十六章多軸控制器基本 G&M 碼機能簡介有很清楚的說明喔）。
- 另一個建議的作法就是透過夾治具的角度來翻轉工件以避開行程的極限點。

如下圖示：

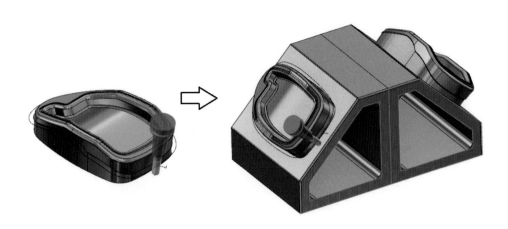

Tip 3. 軸向來回迴轉

遇到此問題的主要原因是，刀具路徑在移動旋轉時有順逆時針的方向，才會導致 C 軸的來回旋轉。通常此情況的發生都是加工件有弧狀陣列的造型，例如花瓣，其刀具路徑的刀軸控制通常都是使用傾斜角度，才會發生此問題。

```
60    X-15.648 Y23.196 C-55.338 F240.8
61    X-15.336 Y23.401 C-58.075 F240.9
62    X-15.014 Y23.591 C-60.817 F240.4
63    X-14.793 Y23.71 C-62.652 F359.3
64    X-14.457 Y23.874 Z-2.543 C-65.392 F240.9
65    X-14.112 Y24.022 C-68.146 F239.9
66    X-13.876 Y24.112 C-70.007 F355.2
67    X-13.639 Y24.194 C-71.848 F359.
68    X-13.237 Y24.314 Z-2.544 C-74.926 F214.8
69    X-12.535 Y24.525 Z-2.462 C-73.093 B4.982 F122.
70    X-12.186 Y24.64 Z-2.422 C-72.172 B4.975 F243.7
71    X-11.838 Y24.755 Z-2.397 C-71.247 B4.969 F244.6
72    X-11.492 Y24.88 Z-2.375 C-70.321 B4.964 F244.5
73    X-11.147 Y25.006 Z-2.362 C-69.392 B4.961 F244.7
74    X-10.805 Y25.141 Z-2.352 C-68.463 B4.959 F244.7
75    X-10.463 Y25.277 C-67.533 F244.8
76    X-10.126 Y25.422 Z-2.353 C-66.603 F244.8
77    X-9.788 Y25.567 Z-2.367 C-65.674 B4.961 F244.7
78    X-9.455 Y25.722 Z-2.382 C-64.746 B4.965 F244.8
79    X-9.122 Y25.878 Z-2.407 C-63.82 B4.969 F244.5
80    X-8.794 Y26.043 Z-2.432 C-62.896 B4.975 F244.6
81    X-8.467 Y26.209 Z-2.473 C-61.975 B4.982 F243.7
82    X-8.145 Y26.384 Z-2.512 C-61.057 B4.99 F244.1
83    X-7.823 Y26.558 Z-2.544 C-60.143 B5. F244.7
```

C 軸角度來回增加和遞減

　　這種 C 軸來回旋轉的狀況，不但造成表面的加工品質不佳，對刀具的磨耗與壽命也相對影響很大。對於此問題的解決，建議你可以改變刀軸控制的選項，改為**從點**的方式，並限制刀軸的固定偏擺角度（例如限制在 5 度）做四軸的同動加工。

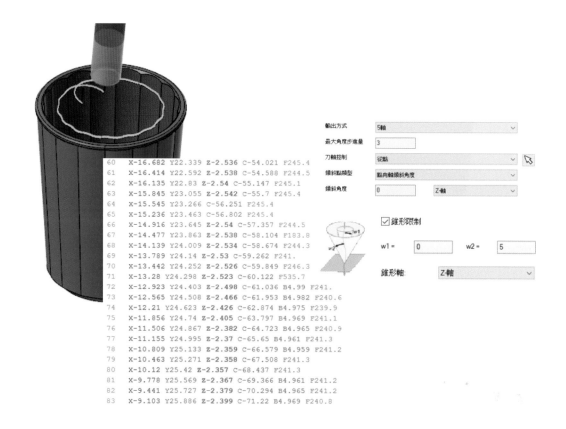

Tip 4. 4/5 軸旋轉軸（角度累加的極限）

　　任何的五軸機臺旋轉軸都有其旋轉軸的累加角度極限，普遍機臺都定義在 99,999 度。很多物件的區域都需要做螺旋的加工路徑以減少刀痕，若其工件長或刀具路徑的刀間距極細時，就一定會碰到此問題。有幾點建議提出供解決：

建議一：刀具路徑使用雙向加工。

建議二：機臺的控制器需要有角度歸零的命令碼，再由軟體輸出控制。

　　　　例如：海德漢為 M94 C、西門子為 C=DC（角度）

西門子

```
X-9.8487 Y-36.4142 C=DC( 344.7109 )
X-8.6398 Y-36.7799 C=DC( 346.8853 )
X-6.1703 Y-37.2466 C=DC( 350.8072 )
X-2.4721 Y-37.7221 C=DC( 355.8045 )
X-1.8514 Y-37.7759 C=DC( 357.2115 )
X-0.6171 Y-37.7101 C=DC( 359.0806 )
X0.6171 C=DC( 0.9203 )
X1.8514 Y-37.7759 C=DC( 2.7933 )
X3.7086 Y-37.5756 C=DC( 6.3564 )
X7.4065 Y-37.0473 C=DC( 11.3481 )
X9.2647 Y-36.6258 C=DC( 15.1296 )
```

建議三：機臺的控制器需要修改參數，再由軟體配合做輸出。

例如：發那科沒有歸零指令，累加到極限之後又會倒轉，實而造成加工時間的浪費。建議處理方式是將控制器的參數 1006#1 的 1 改為 0，同時檢查參數 1008 的後三位是否為 1 0 1，默認設置是這樣的，若不是請改成這樣，最後再檢查參數 1260 的 C 是否設置為 360，若不是請改成 360。

Tip 5. 提刀過行程

工件大小和夾持擺放的位置與機臺的行程極限都有很大的關聯性。尤其是大工件或高低落差大的工件，都有可能發生提刀過行程而衍生無法加工的問題。建議在上機加工之前，能夠進行機臺的模擬驗證，你可以預防此問題的發生。如果加工過程中你碰到此提刀過行程的問題，那麼建議你考量移動工件或由軟體來做修正。

在這，我們來說明軟體上如何輕易的解決此問題：

建議一：刀具路徑開始下刀時就發生，你可以移動起始下刀點的位置測試看看。如下圖所示：

建議二：將刀具路徑的安全高度 _ 類型作改變，例如將平面改為圓柱或球形等。

建議三：多增加一段刀具路徑軌跡當引導。

建議四：依循刀具路徑軌跡退回。

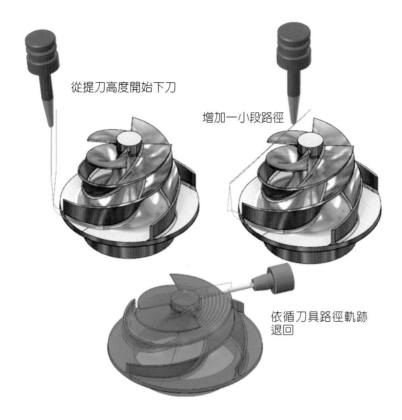

從提刀高度開始下刀

增加一小段路徑

依循刀具路徑軌跡
退回

8-6 刀具與刀桿的選用

　　五軸刀具與刀桿的選用,並無一定的標準規範。根據機臺的扭力負荷、切削的材質、夾持的長度與切削的條件,依你所選用的廠牌刀具與刀桿做加工,都會有截然不同的加工結果與品質異同。本節我們將說明五軸加工選用刀具時,你如何達到高效率與高精度品質的加工,而選用何類的刀桿類型,其穩定性與抗震度能夠表現最好與最少的干涉問題發生。

　　首先我們來了解到傾斜刀具做區域加工的優點是可以避開刀具靜點。

傾斜加工將增加有效的:

- 可提供更高的進給速度。
- 有更好的表面光潔度。
- 能夠延長刀具壽命。

建議淺灘區域加工的傾斜角度使用:

- 球刀:10°~15°。
- 圓鼻刀:5°~10°。

前傾與側傾角度
10°-15°

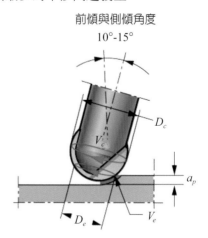

D_c

V_c

a_p

D_e

V_e

而您選用的球刀和圓鼻刀具在相同的切削條件和精加工質量的情況下,使用圓鼻刀具可將我們的加工時間減少 50%。**刀間距**的差異比較如下:

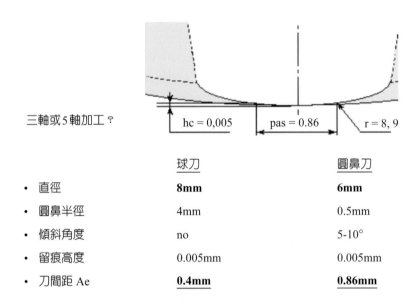

三軸或5軸加工?

	球刀	圓鼻刀
• 直徑	**8mm**	**6mm**
• 圓鼻半徑	4mm	0.5mm
• 傾斜角度	no	5-10°
• 留痕高度	0.005mm	0.005mm
• 刀間距 Ae	**0.4mm**	**0.86mm**

那麼我們在刀具的切削條件下,該如何達到高精高品質的加工與消除大部分的手動拋光工作時間。

建議:每刃進給 f_z = 刀間距 a_e

優點如下:

• 全部加工表面方向非常平滑。

• 較高的效率和縮短加工時間。

• 對稱的表面刀痕紋理容易打磨。

• 提高表面精度與節省刀具成本。

高精密加工

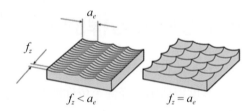

$f_z < a_e$ $f_z = a_e$

• f_z = 每刃進給量

• a_e = 刀間距

留痕高度取決於 f_z / a_e / R

	(R_a)					(R_a)
留痕高，h（mm）	0.002	0.0004	0.0008	0.0018	0.003	0.005
f_z, a_e（mm）	0.05	0.07	0.1	0.15	0.2	0.25
切削速度 V_f（m/min）	1200	1800	2400	3600	4800	6000
加工時間（min）	10	4.44	2.50	1.11	0.62	0.40

** 留痕高平均 45 斜度 **

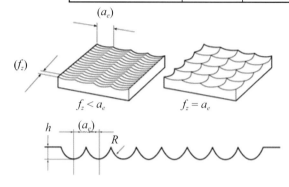

n = 12000rpm
D_c = 6mm

　　另外五軸加工要提高更有效率的加工，建議你可使用成型刀具，以目前市場上已有很多刀具商開發此類標準的成型刀具。主要是它能夠加大刀間距的定義來做加工，如下圖的鏡型刃刀具，**Mastercam**® 也支援很多這類型的刀具來提供加工效率。

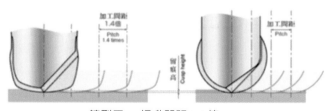

鏡型刃 — 提升間距 1.4 倍

管道銑刀　　橢圓型式　　錐度型式　　糖球型銑刀

鏡片型式　　鏡片酒桶型式　　錐度銑刀

接下來我們來了解刀桿的使用與選用，一般的刀桿型式分類有以下的幾種或其他。

- 夾頭式刀桿
- 筒夾式刀桿
- 油壓式刀桿
- 燒結式刀桿
- 側固式刀桿
- NR 筒夾刀桿
- HC 後拉式刀桿

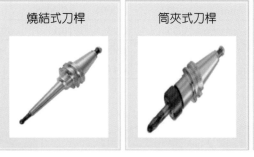

燒結式刀桿　　　筒夾式刀桿　　　側固式刀桿

坤嶸資料

五軸刀桿使用建議之前，我們先透過以下幾張圖，來了解一下刀長受力偏擺的倍數問題。

例如：同刀具直徑，伸出兩倍長，其偏擺受力會達到 8 倍；直徑若為 1/2，則受力達到 16 倍。如下圖：

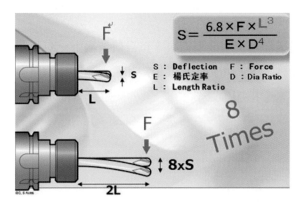

$$S = \frac{6.8 \times F \times L^3}{E \times D^4}$$

S : Deflection　F : Force
E : 楊氏定率　　D : Dia Ratio
L : Length Ratio

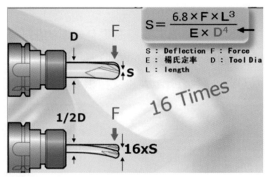

$$S = \frac{6.8 \times F \times L^3}{E \times D^4}$$

S : Deflection　F : Force
E : 楊氏定率　　D : Tool Dia
L : length

　　使用刀桿夾頭的受力問題：同樣的直徑不同和刀桿形狀不同，受力倍數就有差異。BT40 和 A63 受力會差到 4 倍，一般錐形直柄式刀桿與五軸曲線式刀桿受力會差到 3.4 倍。如下圖：

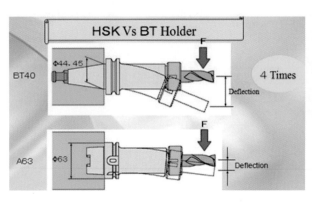

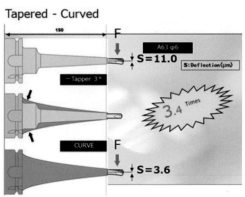

Tapered - Curved

由上述的刀長受力偏擺倍數問題與刀桿形狀的不同做了比較，你可以很清楚的了解到五軸刀桿的使用，以哪一類型最是理想。

　　原則上建議：高低落差不大的零件或模具你只需選擇筒夾式的刀桿即可，若是複雜高低落差大的零件或深穴模具，建議你可以使用這種五軸曲線形狀的燒結式刀桿。

　　此類型刀桿的特點是：

- 獨特的二維曲線形狀設計：可有效避開干涉。
- 先端部細長設計：刀具突出量短可使刀具壽命大幅提升。
- 根部粗壯設計：加強加工時的剛性，有效提升加工品質。

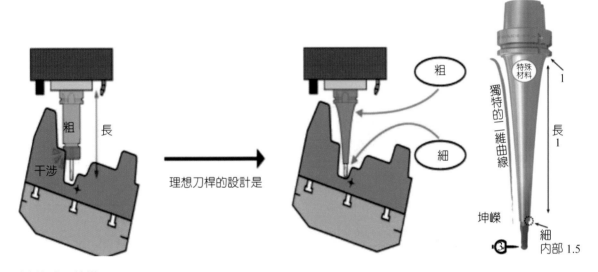

資料經由：坤嶸 http://www.kun-jung.com/product_info.php?products_id=31

提供切削公式表供您做參考

$$Vc\ (切削速度) = \frac{\pi \times D_c\,(刀具直徑) \times N\,(主軸轉速)}{1000}$$

$$N\ (主軸轉速) = \frac{V_c\,(切削速度) \times 1000}{\pi \times D_c\,(刀具直徑)} \fallingdotseq Vc\,(切削速度) \times 318 / Dc\,(刀具直徑)$$

$Vf\ (進給率) = N\,(主軸轉速) \times Z\,(刀刃數) \times fz\,(每刃進給)$

$T\ (切削時間) = L\,(切削長度) / Vf\,(進給)$

$Vc\ (Cutting\ Speed) = 切削速度\ (m/min)$

$Dc\ (Cutter\ Diameter) = 刀具直徑\ (mm)$

$N\ (RPM) = 主軸轉速\ (rev/min)$

$Vf\ (Feed\ Speed) = 進給率\ (mm/min)$

fz（Feed Per Tooth）＝每刃進給（mm/tooth）

fn（Feed Per Revolution）＝每轉進給（mm/rev）

Z（Number of Flutes）＝刀具刃數

T（Time of Cut In Minutes）＝切削時間

L（Cut Length）＝切削長度（mm）

Ap（Axial depth of cut）＝軸向切削深度（mm）

Ae（Radial depth of cut）＝徑向切削寬度（mm）

範例參考：

端銑刀：直徑 12mm

刀刃數：4 刃

切削速度：120 m/min 每刃進給：0.05（mm）（請參考刀具商提供參數）

轉速為：$N = \dfrac{120（切削速度）\times 1000}{\pi \times 12（刀具直徑）} = 3175$（rev/min）

進給率為：Vf = 3175（主軸轉速）× 4（刀刃數）× 0.05（每刃進給）= 635（mm/min）

範例參考：

球刀：直徑 6 mm

刀刃數：2 刃

切削速度：120 m/min 每刃進給：0.1（mm）（請參考刀具商提供參數）

轉速為：$N = \dfrac{120（切削速度）\times 1000}{\pi \times 6（刀具直徑）} = 6366$（rev/min）

進給率為：Vf = 6366（主軸轉速）× 2（刀刃數）× 0.1（每刃進給）= 1273.2（mm/min）

9

五軸銑削加工實例：地球

本章節將以地球的造型來介紹 *Mastercam*® 多軸銑削的工法應用,包括有 3+2 固定軸向粗加工、沿面中精加工和投影曲線工法的選項設定作說明,透過這些工法的選用可讓您完整的加工此地球造型。

9-1 基本設定(Basic Setup)

一、輸入專案

經由光碟 Chapter-09 輸入開啓 "Mastercam_New globe_Start.mcam" 專案檔,您也可以使用滑鼠的左鍵,點選專案直接拖拉到工作視窗來做開啓。

二、素材設定

建議使用的素材分類有：

1. 使用圓柱素材，高度 170mm，直徑為 φ100mm，層別 98_ 名稱 Stock2。
2. 使用車削過的形狀素材，層別 101_ 名稱 Stock。

　　使用此車削的素材，你無須做 3+2 固定軸向的粗加工，可直接地進行中精加工。

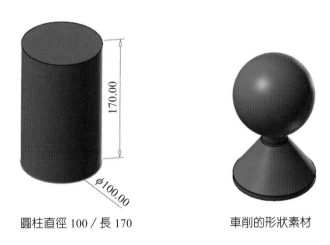

圓柱直徑 100 / 長 170　　　　　　車削的形狀素材

此章節我們將使用圓柱素材來說明加工工法編程的操作介紹：

- 點擊**層別**，開啟層別 101_ 名稱 Stock。
- 點選管理列中的**素材設定**。
- 從頁面中選擇**實體／網格**。
- 點擊選擇 icon，點選此層別 101_ 名稱 Stock 的實體（其他層別可 X 隱藏）。
- 點選確定，以完成此素材的設定（此素材的設定只做為實體模擬的使用）。

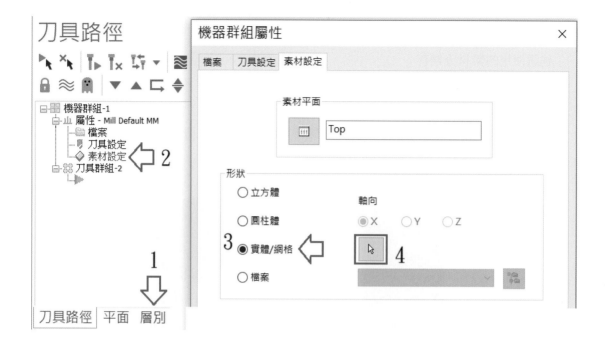

三、工作座標

定義粗加工要使用的固定軸向工作座標，請於地球的前、後分別建立不同 Z 方向的工作座標（工件基準點定義在素材底部中心，XYZ=0）。

- 點擊**平面**，點選建立新平面。
- 點選相對於 WCS，選擇俯視圖。
- 由新的平面視窗中，輸入名稱 90。
- 點選確定。

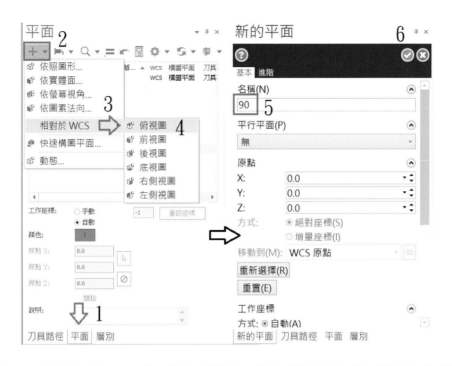

- 使用滑鼠移動到名稱 90 的工作座標位置，然後點擊滑鼠右鍵以開啓右鍵功能表。選擇**增量／旋轉**。
- 旋轉平面 _ 相對於 X 輸入 -90 度，點選確定，以完成此工作座標的設定。

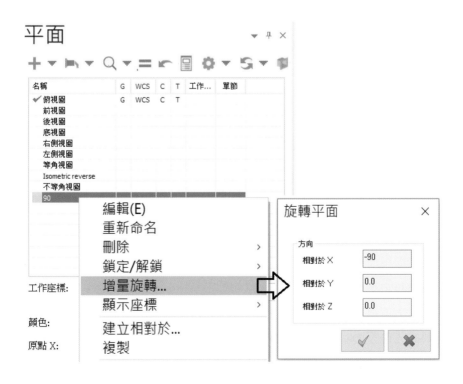

- 接下來使用滑鼠移動到名稱 90 的工作座標位置，然後點擊滑鼠右鍵以開啓右鍵功能表。選擇**複製**，重新命名爲 180。

- 滑鼠移動到名稱 180 的工作座標位置，然後點擊滑鼠右鍵以開啓右鍵功能表。選擇**增量／旋轉**。

- 旋轉平面＿相對於 Y 輸入 180 度，點選確定，以完成此工作座標的設定。

完成建立兩個正反方向的固定軸向工作座標，將使用於粗加工的路徑編程。

如下圖：

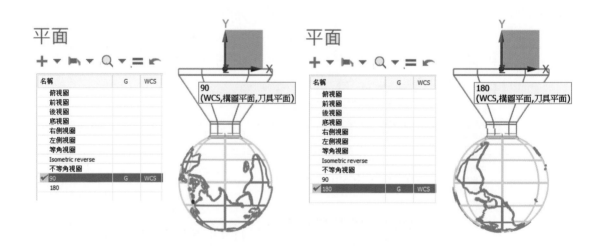

四、建立刀具

- 刀具選用設定：

1. 圓鼻銑刀直徑 D12 圓角半徑 R1。

2. 圓鼻銑刀直徑 D8 圓角半徑 R1。

3. 球刀，直徑 4mm。

4. 球刀，直徑 3mm。

5. 雕刻刀，直徑 6mm，15 度尖刀。

（刀把與相關切削參數可依加工的材質自行定義）

編號	裝配名稱	刀具名稱	刀把名稱	直徑	刀角...	長度	刀刃數	類型	半徑...
1		3 球刀/圓...	B2C4-0011	3.0	1.5	8.0	4	球刀	全部
2		6 木雕刀	B2C4-0011	6.0-15	0.0	10.0	1	雕刻...	無
3		8 圓鼻銑刀	B2C3-0016	8.0	1.0	15.0	4	圓鼻刀	角落
4		4 球刀/圓...	B2C4-0011	4.0	2.0	10.0	4	球刀	全部
6		12 圓鼻銑刀	B2C3-0020	12.0	1.0	15.0	4	圓鼻刀	角落

9-2 加工工法應用（Application of Machining）

一、3+2 固定軸粗加工

首先需要定義輸出的工作座標與選擇刀具平面，以做為 3+2 軸的加工角度轉換。

- 選擇俯視圖為輸出工作座標 WCS（此為工件原點的基準座標）。

- 將構圖平面與刀具平面定義在名稱 90 的工作座標。

- 選擇 3D 加工工法中的**最佳化動態粗加工**。

由 3D 工法策略 ─ **最佳化動態粗加工**銑削工法視窗中設定相關參數：

- 點選**模型幾何圖形**頁面，定義加工幾何圖形的預留量，滑鼠快點兩下即可更改預留量的值，設定為 0.5。

- 點選 icon 以選擇要加工的圖形曲面，將層別名稱 15、16 及 102 的曲面都框選，然後結束選取。

- 定義避讓幾何圖形的預留量，更改預留量的值為 1。

- 點選 icon 以選擇要避讓的圖形曲面，將層別名稱 99 的底部曲面做點選，然後結束選取。

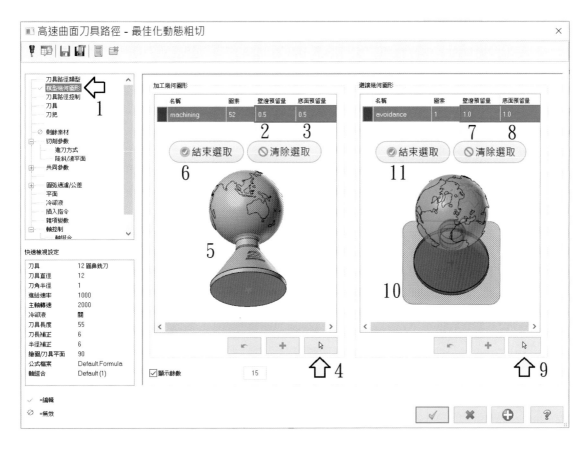

- 點選**刀具路徑控制**頁面，選擇**邊界串連**的 icon，開啟層別名稱 97 的邊界直接作選取，然後點選確定。
- 策略選擇 — 從外面。
- 刀具位置 — 中心。

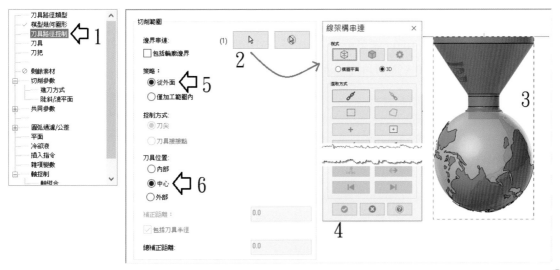

- 點選刀具頁面，選擇**圓鼻刀**（**直徑 12**）的刀具，由頁面中您可更改切削條件。
- 點選**刀把**頁面，由資料庫中您可選擇 **B2C3-0020** 或自行建立新刀把，並定義夾持長度 55。
- 點選**切削方式**，切削方向順銑。
- **切削間距**，定義為 18%。
- **分層深度**，定義為 100%。
- 勾選使用**步進量**，定義為 10%。
- 移動大於允許間隙，提刀安全高度，點選**當返回邊界時**。

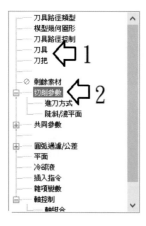

- 點選**進刀方式**頁面，選擇下刀方式為**單一螺旋**。
- 螺旋半徑定義為 10.0（您可依據刀具的斜向切削條件作更改）。
- Z 高度定義為 1.0，進刀角度定義為 2.0。

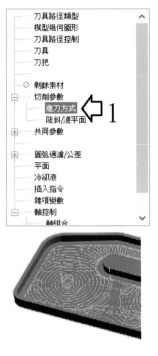

- 點選**陡斜 / 淺平面**頁面，點擊檢查深度。
- 定義最高位置為 49.9872（您可依據素材直徑的大小作更改）。
- 定義最低位置為 -5.0（此值在於正反加工時刀具路徑可以重疊）。

- 共同參數依內定參數（您可自行依據提刀高度和進退刀的條件需求作更改）。
- 圓弧過濾 / 公差依內定參數（您可自行依據條件需求作更改）。
- 點選**確定**，執行刀具路徑運算。刀具路徑的運算結果如圖。

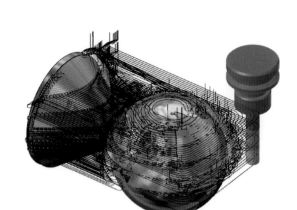

接下來進行另一側的定面粗加工刀具路徑運算，你可依據上述相同的操作方式使用翻轉 180 度的工作座標來做粗加工的編程。另一個方式是複製此運算完成的刀具路徑來執行，這樣您可以減少很多重複性的選取與定義。這裡，我們使用複製的方式來運算產生另一邊的刀具路徑。

- 使用滑鼠移動到刀具路徑名稱上，然後點擊滑鼠右鍵以開啟右鍵功能表。選擇**複製**。
- 於管理列中的任一空白處，點擊滑鼠右鍵以開啟右鍵功能表。選擇**貼上**。

（你即可完成複製此刀具路徑）

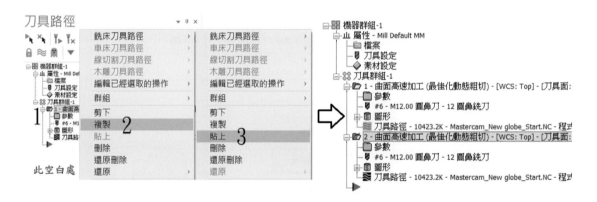

使用滑鼠點擊此複製後的刀具路徑**參數**，開啟此刀具路徑的工法頁面。

- 點選**陡斜／淺平面**頁面。
- 定義最低位置為 0.0。

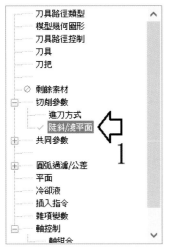 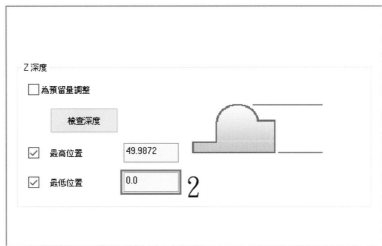

- 點選**平面**頁面，由刀具平面處點擊選取刀具平面 icon。
- 進入選取平面頁面中，選擇 **180** 的工作座標名稱，點選確定。

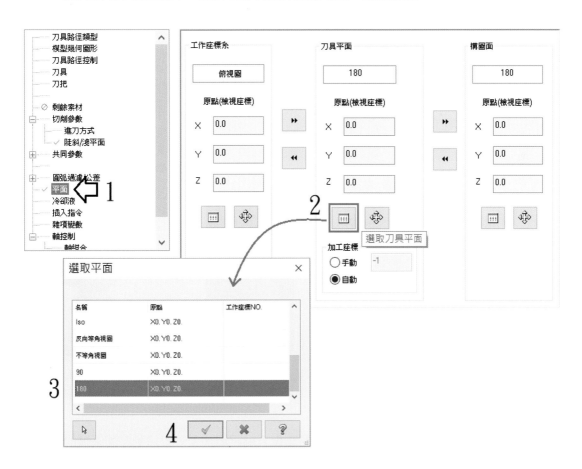

- 點選**確定**，執行刀具路徑運算。刀具路徑的運算結果如圖。

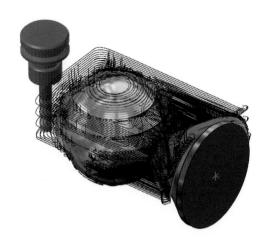

- 建議你可執行**素材模型**的運算，以明確兩條正反面粗加工路徑的加工狀況與留料。素材模型的運算結果如圖。

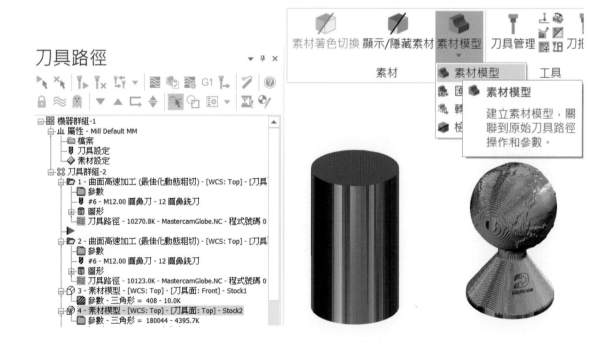

二、五軸再粗加工

粗加工之後，我們將使用多軸的工法策略來做五軸再粗加工，以達到整體區域的平均留料。

- 選擇多軸加工工法中的**沿面**。

由多軸刀具路徑 一**沿面**銑削工法視窗中設定相關參數：

- 點選**刀具**頁面，選擇**圓鼻刀（直徑 8**）的刀具，由頁面中您可更改切削條件。
- 點選**刀把**頁面，由資料庫中您可選擇 **B2C3-0020** 或自行建立新刀把，並定義夾持長度 45。
- 點選**切削方式**，**曲面**_點選曲面 icon，選取**此曲面**（點擊步驟 3 的單一曲面，於層別 1000 的參考曲面），確認後請點選**結束選取**。
- 將開啟**曲面流線設定**，確認所需切削的方向，確認後請點選**確定**。
- 定義**切削方向**為螺旋。
- 定義**加工面預留量**為 0.15。
- 定義勾選**增加距離**為 0.5。
- 定義勾選點的分布**距離**為 0.5。
- 定義**切削公差**為 0.01。
- 定義**切削間距**距離為 1.2。
- 其餘的選項依據內定值即可。

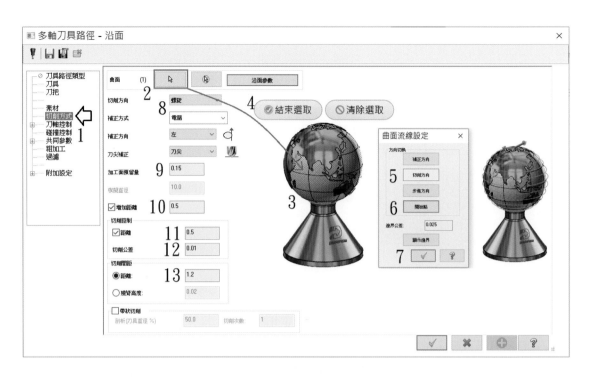

- 點選**刀軸控制**的功能，選擇曲面、輸出方式選擇 **5 軸**。
- 定義**側傾角**為 15.0（使用圓鼻刀的側緣做加工）。
- 勾選**增加角度**依內定值 3.0。
- **刀具向量長度**依內定值 25.0。

- 經由刀軸控制的 + 字鍵開啓**限制**的功能選項，進入功能頁面中，勾選 Z 軸，定義**最大距離**爲 90.0（五軸同動加工的偏擺範圍限制在 0~90 度之間）。

- 極限動作 _ 點選**修改超過極限的運動**（刀具路徑點只要超過 0~90 度時，將自動地轉換偏擺到 0~90 度之間）。

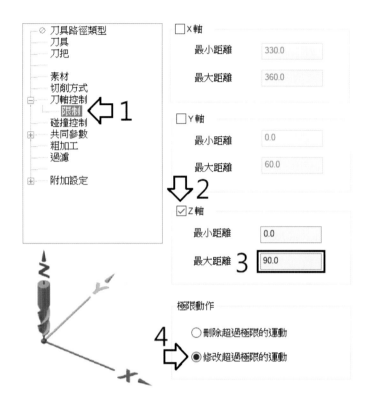

- 點選**碰撞控制**，點選補正曲面的 icon（選取地球和頸部 R 的曲面），確認後請點選**結束選取**。

- 點選干涉曲面的 icon（選取頸部中段和 Base 基座的曲面），確認後請點選**結束選取**。

- 定義補正預留量爲 0.15，干涉預留量爲 0.2。

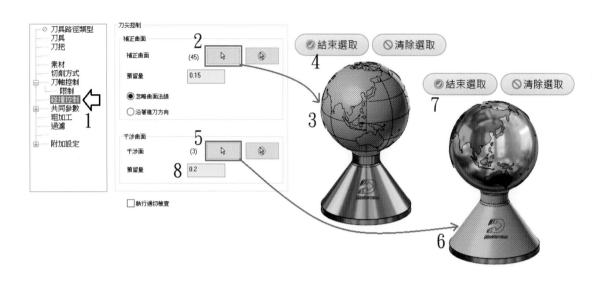

- 點選**共同參數**，選項視窗內的參數依據內定值即可或自行修改所需。

  經由共同參數的 + 字鍵開啓**進 / 退刀**的功能選項，勾選進退刀的相關選項。

- 定義**厚度**爲 45.0%、**高度**爲 1.0。

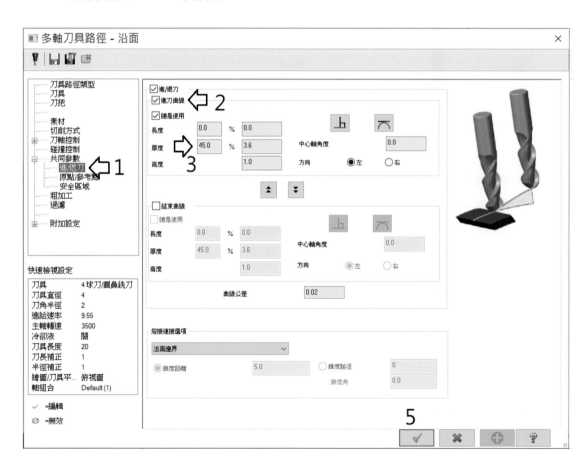

• 點選**確定**，執行刀具路徑運算。刀具路徑的運算結果如圖。

素材模型運算

三、沿面中加工

再粗加工之後，我們同樣使用多軸策略中的沿面工法來做五軸中加工。

• 選擇多軸加工工法中的**沿面**。

由多軸刀具路徑 —**沿面**銑削工法視窗中設定相關參數：

• 點選**刀具**頁面，選擇球刀（直徑 **4**）的刀具，由頁面中您可更改切削條件。

• 點選**刀把**頁面，由資料庫中您可選擇 **B2C4-0011** 或自行建立新刀把，並定義夾持長度 **25**。

- 點選**切削方式**，**曲面**＿點選曲面 icon，選取**此曲面**（點擊步驟 3 的單一曲面，於層別 2000 的參考曲面），確認後請點選**結束選取**。
- 將開啟**曲面流線設定**，確認所需切削的方向，確認後請點選**確定**。
- 定義**切削方向**為螺旋。
- 定義加工面**預留量**為 0.1。
- 定義勾選**增加距離**為 0.5。
- 定義勾選點的分布**距離**為 0.5。
- 定義**切削公差**為 0.01。
- 定義**切削間距**距離為 0.5。
- 其餘的選項依據內定值即可。

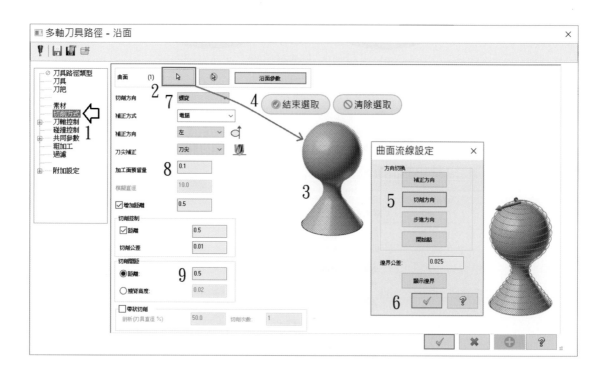

- 點選**刀軸控制**的功能，選擇曲面、輸出方式選擇 **5 軸**。
- 定義**側傾角**為 6.0。
- 勾選**增加角度**依內定值 0.5。
- **刀具向量長度**依內定值 25.0。

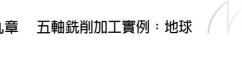

- 經由刀軸控制的 + 字鍵開啟**限制**的功能選項，進入功能頁面中，勾選 Z 軸，定義**最小距離**為 1.0、**最大距離**為 90.0。
- 極限動作＿點選**修改超過極限的運動**。

（刀具路徑點只要超過 1~90 度時，將自動地轉換偏擺到 1~90 度之間）

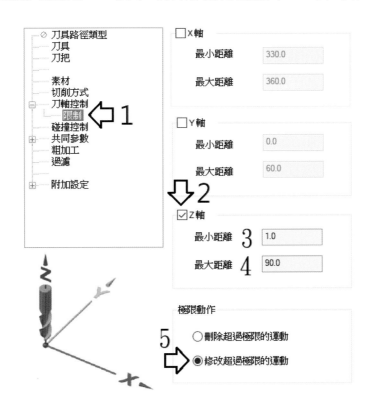

- 點選**碰撞控制**，點選補正曲面的 icon（選取地球和 Base 基座的曲面），最底端直壁面不做選擇，確認後請點選**結束選取**。
- 點選干涉曲面的 icon（選取 Base 基座最底端的直壁曲面），確認後請點選**結束選取**。
- 定義補正預留量為 0.1，干涉預留量為 0.0。

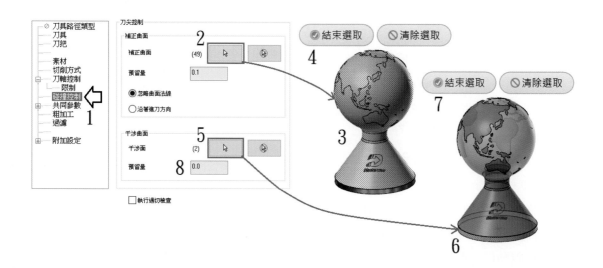

- 點選**共同參數**，選項視窗內的參數依據內定值即可或自行修改所需。

  經由共同參數的＋字鍵開啟**進／退刀**的功能選項，勾選進退刀的相關選項。
- 定義**厚度**為 90.0%、**高度**為 1.0。

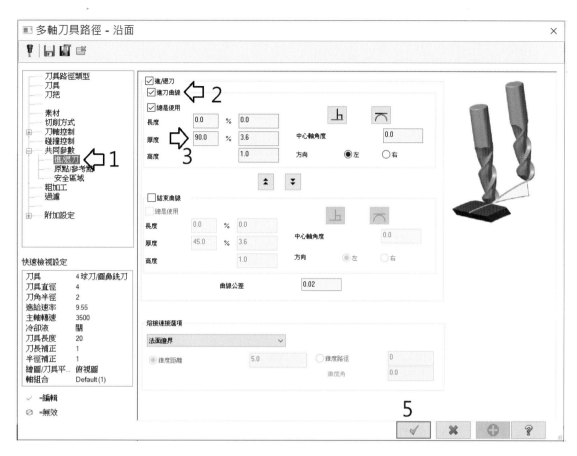

• 點選**確定**，執行刀具路徑運算。刀具路徑的運算結果如圖。

補充說明：

　　使用球刀（直徑4）的刀具，若依材質太過於重切，建議您可改用球刀（直徑6）的刀具，但須注意後續的加工編程順序與殘料如何作移除。

四、沿面精加工

經過五軸沿面中加工之後，我們同樣使用多軸策略中的沿面工法來做五軸精加工。如您想要各洲陸地的輪廓邊緣更加平順美觀，或擔心邊緣角落會有吃滿刀重切的問題發生，建議您可使用多軸的曲線工法來做多層多刀的清角加工。

* 選擇多軸加工工法中的**沿面**。

由多軸刀具路徑－**沿面**銑削工法視窗中設定相關參數：

* 點選刀具頁面，選擇球刀（直徑 **3**）的刀具，由頁面中您可更改切削條件。
* 點選刀把頁面，由資料庫中您可選擇 **B2C4-0011** 或自行建立新刀把，並定義夾持長度 25。
* 點選**切削方式，曲面**＿點選曲面 icon，選取**此曲面**（點擊步驟 3 的單一曲面，於層別 3000 的參考曲面），確認後請點選**結束選取**。
* 將開啓**曲面流線設定**，確認所需切削的方向，確認後請點選**確定**。
* 定義**切削方向**爲螺旋。
* 定義**加工面預留量**爲 0。
* 定義勾選**增加距離**爲 0.5。
* 定義勾選點的分布**距離**爲 0.5。
* 定義**切削公差**爲 0.01。
* 定義**切削間距**距離爲 0.2（精修的刀間距可視需要自行調整）。
* 其餘的選項依據內定值即可。

補充說明：

> 關於精加工刀具路徑，我們只加工到地球造型的頸度區域。主要的用意是將基座區域突顯出條痕的質感美觀性，所以只做到中加工的留痕高度。若您想要維持整體的留痕高度，那麼您可以直接複製中加工的刀具路徑，更改預留量為 0，以運算精加工的刀具路徑。

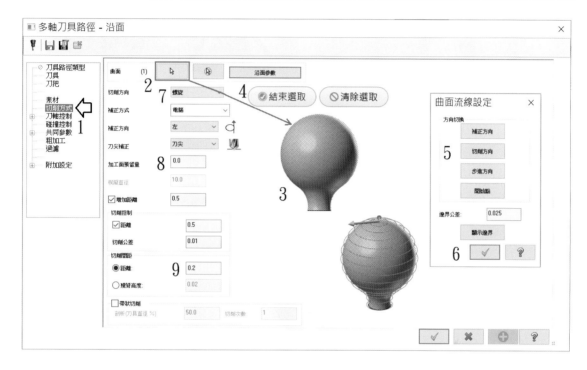

- **刀軸控制**的功能選項維持與中加工的設定參數相同。
- 選擇曲面、輸出方式選擇 **5 軸**。
- 定義**側傾角**為 6.0。
- 勾選**增加角度**依內定值 0.5。
- **刀具向量長度**依內定值 25.0。
- **限制**的功能選項維持與中加工的設定參數相同。
- 進入功能頁面中，勾選 Z 軸，定義**最小距離**為 1.0、**最大距離**為 90.0。
- 極限動作＿點選**修改超過極限的運動**。
- 點選**碰撞控制**，點選補正曲面的 icon（選取地球和 Base 基座頸部的曲面），確認後請點選**結束選取**。
- 點選干涉曲面的 icon（選取 Base 基座與最底端的直壁曲面），確認後請點選**結束選取**。
- 定義補正預留量為 0.0，干涉預留量為 0.0。

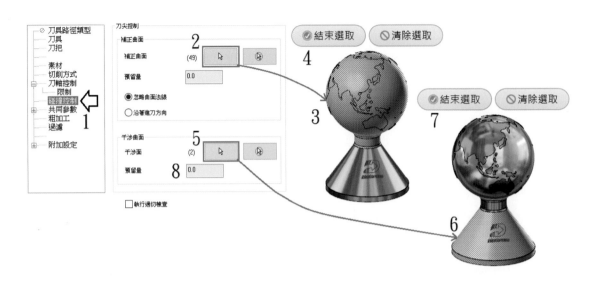

- **共同參數**的功能選項維持與中加工的設定參數相同。
- 點選**確定**，執行刀具路徑運算。刀具路徑的運算結果如圖。

五、Logo 加工 _ 投影曲線工法

- 選擇多軸加工工法中的**投影曲線**。

由多軸刀具路徑 — **投影曲線**銑削工法視窗中設定相關參數：

- 點選**刀具**頁面，選擇**木雕刀**（**直徑 6**）的刀具，由頁面中您可更改切削條件。

- 點選**刀把**頁面，由資料庫中您可選擇 **B2C4-0011** 或自行建立新刀把，並定義夾持長度 25。

- 模式 _ 投影，選擇投影 icon 選取**曲線**（點擊層別開啓層別 6，串連使用**框選**方式，框選步驟 7 的 **Mastercam** 字體與 Logo，接著點選起始線如步驟 8），確認後請點選**確定**。

- 加工面 _ 點選曲面 icon，選取**曲面**（點擊步驟 11 的曲面），確認後請點選**結束選取**。

- 定義**加工面補正**（預留量）為 -0.1。

- 定義**切削公差**為 0.01。

- 定義勾選**最大距離**為 0.2。

- 其餘的選項依據內定值即可。

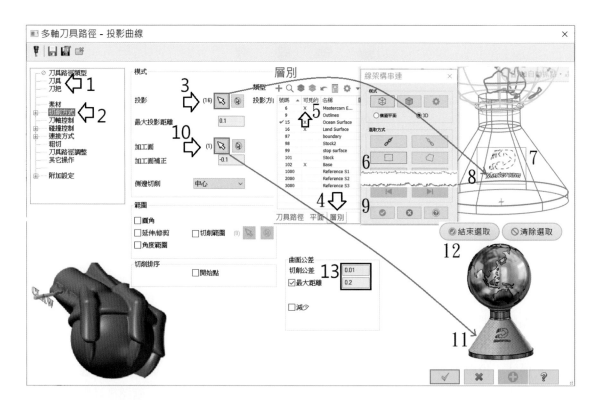

- 點選**刀軸控制**的功能，輸出方式定義為 **5 軸**。
- **最大角度步進量**依據內定值為 3。
- **刀軸控制**，選擇曲面。

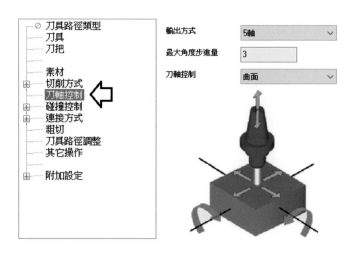

- 點選**碰撞控制**的選項，依據內定值即可。
- 點選**連接方式**，進退刀選項都依據內定的選項即可。
- **間隙連接方式**，小間隙選擇返回提刀高度及大間隙選擇返回參考高度。

- **安全區域**，類型選擇圓柱、方向 Z 方向，軸心點選原點座標位置的點。
  半徑定義為 150。
- **距離**＿定義**快速移動距離**為 5、**進刀／退刀進給距離**為 1 及**空切移動安全距離**為 150。
- 其餘的選項依據內定值即可（刻字勿再使用進退刀的設定，建議垂直下刀即可）。

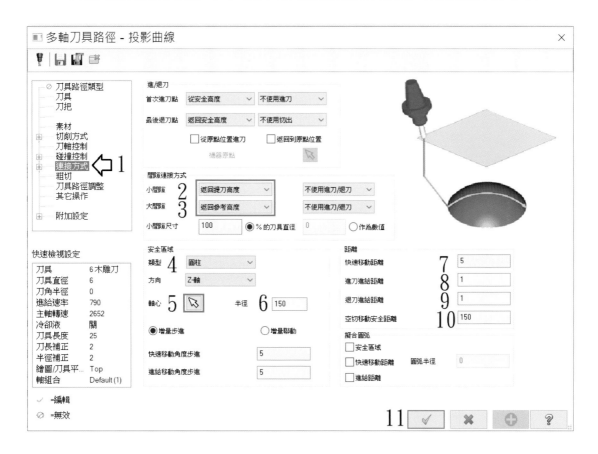

- 點選**確定**，執行刀具路徑運算。刀具路徑的運算結果如圖。

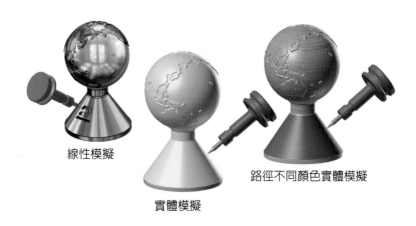

線性模擬

實體模擬

路徑不同顏色實體模擬

五軸銑削加工實例：花瓶

學 習 重 點

本章節將以花瓶的造型來介紹 **Mastercam®** 多軸銑削的工法應用，包括有三軸粗加工、等高中 / 精加工、 3+2 固定軸向粗加工、漸變中 / 精加工和多曲面中 / 精加工工法的選項設定作說明，透過這些工法的選用，可讓您完整的加工此花瓶造型。

10-1 基本設定（Basic Setup）

一、輸入專案

經由光碟 Chapter-10 輸入開啟 "Mastercam_Vase_Start.mcam" 專案檔，您也可以使用滑鼠的左鍵，點選專案直接拖拉到工作視窗來做開啟。

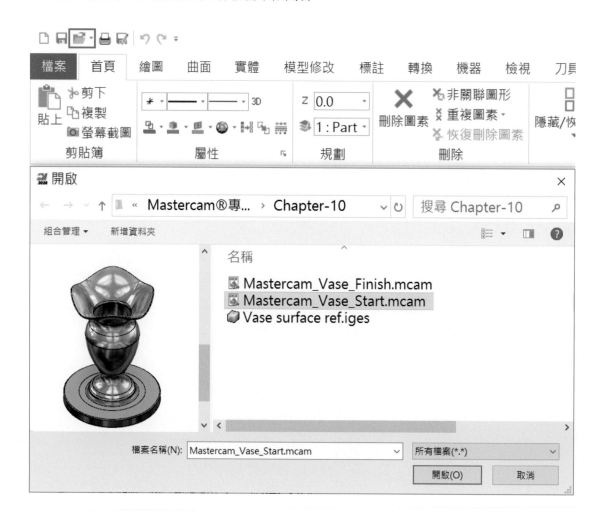

二、素材設定

建議使用的素材：

1. 模擬使用的圓柱素材，高度 125mm，直徑為 ϕ100mm，層別 2_ 名稱 Stock。

2. 實際加工時需多加 base 基座高度，建議高度 140mm。

（基座可使用夾持方式或攻牙鎖螺絲加銷孔做定位）

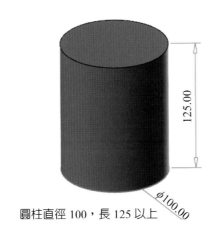

圓柱直徑 100，長 125 以上

- 點擊**層別**，開啓層別 2_ 名稱 Stock。

- 點選管理列中的**素材設定**。

- 從頁面中選擇**實體／網格**。

- 點擊選擇 icon，點選此層別 2_ 名稱 Stock 的實體。

- 點選確定，以完成此素材的設定（此素材的設定只做為實體模擬的使用）。

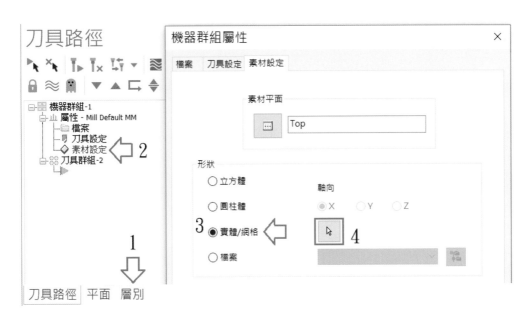

三、工作座標

定義粗加工要使用的固定軸向工作座標，請於花瓶的前、後分別建立不同 Z 方向的工作座標。（工件基準點定義在素材底部中心 XYZ=0）。

- 點擊平面，點選建立新平面。
- 點選相對於 WCS，選擇俯視圖。
- 由新的平面視窗中，輸入名稱 90。
- 點選確定。

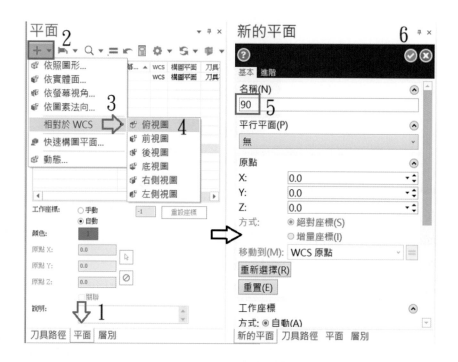

- 使用滑鼠移動到名稱 90 的工作座標位置，然後點擊滑鼠右鍵以開啟右鍵功能表。選擇**增量／旋轉**。
- 旋轉平面 _ 相對於 X 輸入 -90 度，點選確定，以完成此工作座標的設定。

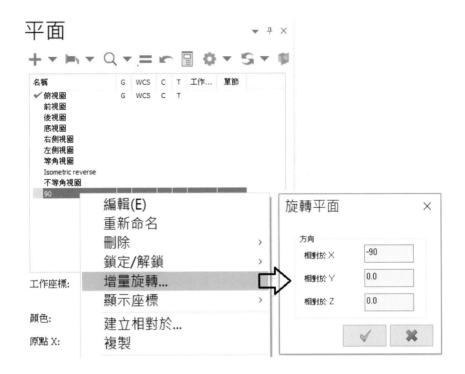

- 接下來使用滑鼠移動到名稱 90 的工作座標位置，然後點擊滑鼠右鍵以開啟右鍵功能表。選擇**複製**，重新命名為 180。
- 滑鼠移動到名稱 180 的工作座標位置，然後點擊滑鼠右鍵以開啟右鍵功能表。選擇**增量 / 旋轉**。
- 旋轉平面 _ 相對於 Y 輸入 180 度，點選確定，以完成此工作座標的設定。

完成建立兩個正反方向的固定軸向工作座標，將使用於粗加工的路徑編程。

如下圖：

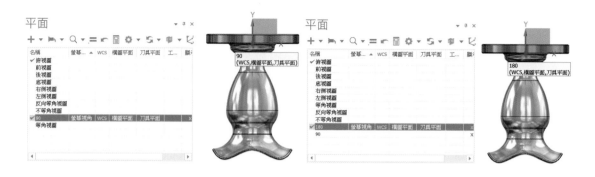

四、建立刀具

- 刀具選用設定：

1. 圓鼻銑刀直徑 D20 圓角半徑 R1。

2. 圓鼻銑刀直徑 D12 圓角半徑 R0.5。

3. 球刀，直徑 6mm。

（刀把與相關切削參數可依加工的材質自行定義）

編號	裝配名稱	刀具名稱	刀把名稱	直徑	刀角	長度	刀刃數	類型	半徑...
6	–	12 圓鼻銑刀	–	12.0	0.5	20.0	4	圓鼻刀	角落
9	–	20 圓鼻銑刀	–	20.0	1.0	25.0	4	圓鼻刀	角落
10		6 球刀/圓...	B2C3-0016	6.0	3.0	15.0	4	球刀	全部

10-2 加工工法應用（Application of Machining）

一、三軸與 3+2 固定軸粗加工

首先以俯視圖做為工作座標與刀具平面，來執行上端與內孔的粗加工。

- 確認俯視圖為輸出工作座標 WCS 與構圖平面及刀具平面定義。

- 選擇 3D 加工工法中的**挖槽粗加工**。

- 選取需加工的**模型幾何圖形**，包括有內部全部曲面和外面上部分的曲面，然後結束選取。
- 從刀具路徑曲面選取視窗中，點選**切削範圍** icon 以選擇要加工的邊界（此邊界放置於圖層 2 中）。
- 定義**指定進刀點**，選取此切削邊界圖素的中心點位置。

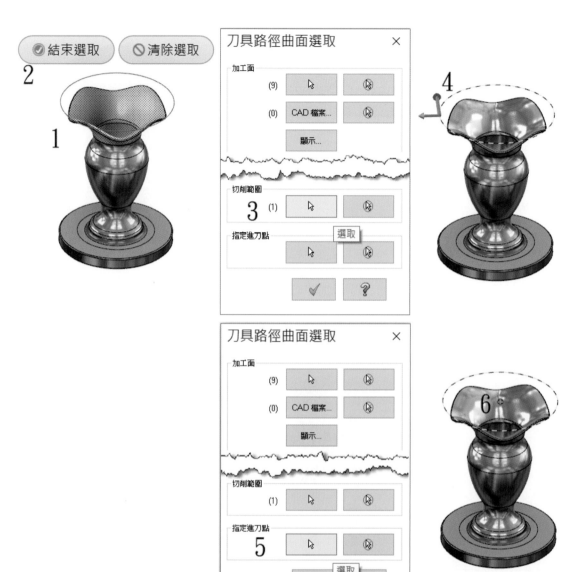

由 3D 工法策略 — 挖槽粗加工銑削工法視窗中設定相關參數：

- 選擇圓鼻刀（直徑 **20**）的刀具，由頁面中您可更改切削條件。

曲面粗切挖槽

| | 刀具參數 | 曲面參數 | 粗切參數 | 挖槽參數 | | | |

	編...	裝配名稱	刀具名稱	刀把名稱	直徑	刀...	長度
	6	--	12 圓鼻...	--	12.0	0.5	20.0
	9	--	20 圓鼻...	--	20.0	1.0	25.0
	10		6 球刀/...	B2C3-0...	6.0	3.0	15.0

- 切換至曲面參數頁面，勾選使用安全高度定義爲 30.0，參考高度爲 5.0，進給下刀位
  置爲 1.0 及加工面預留量設定爲 0.5。

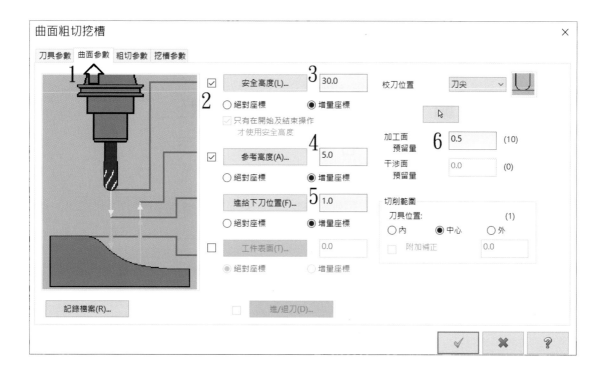

- 切換至粗切參數頁面，定義 Z 最大步進量爲 1.5，勾選使用螺旋進刀（可自行依據刀
  具的切削條件做參數設定及勾選使用**指定進刀點**。

- 切換至挖槽參數頁面，選擇高速切削或所需的加工方式、定義切削間距爲直徑 75.0%。
- 不勾選使用精修。

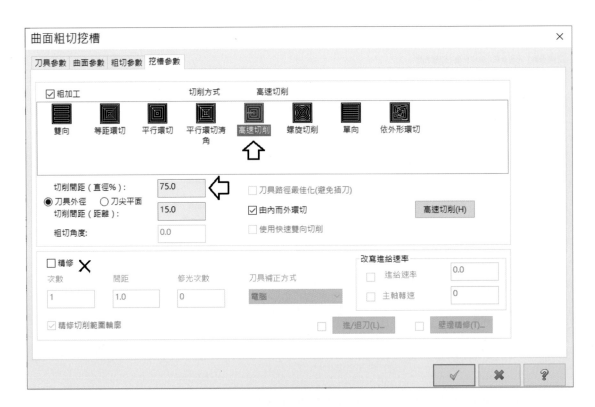

- 點選**確定**，執行刀具路徑運算。刀具路徑的運算結果如圖。

補充說明：

> 我們可以使用同樣的粗加工刀具，直接進行中間的直孔區域做等高中精加工應用，此操作將於下節中進行說明介紹。

接下來，我們將說明如何翻兩側來做粗加工：

首先需要定義輸出的工作座標與選擇刀具平面，以做為 3+2 軸的加工角度轉換。

- 選擇俯視圖為輸出工作座標 WCS（此為工件原點的基準座標）。
- 將構圖平面與刀具平面定義在名稱 90 的工作座標。

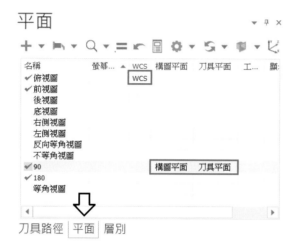

- 選擇 3D 加工工法中的**最佳化動態粗加工**。

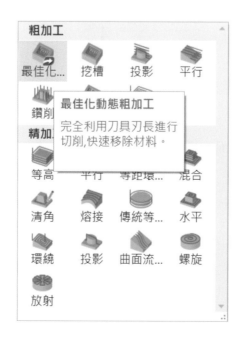

由 3D 工法策略 — **最佳化動態粗加工銑削工法**視窗中設定相關參數：

- 點選**模型幾何圖形**頁面，定義加工幾何圖形的預留量，滑鼠快點兩下即可更改預留量的值，設定為 0.5。
- 點選 icon 以選擇要加工的圖形曲面，將層別名稱 1 及 3 的曲面都框選，花瓶底面請忽略不做選取，然後結束選取。
- 定義避讓幾何圖形的預留量，更改預留量的值為 0.5。
- 點選 icon 以選擇要避讓的圖形曲面，將層別名稱 4 的底部曲面做點選，然後結束選取。

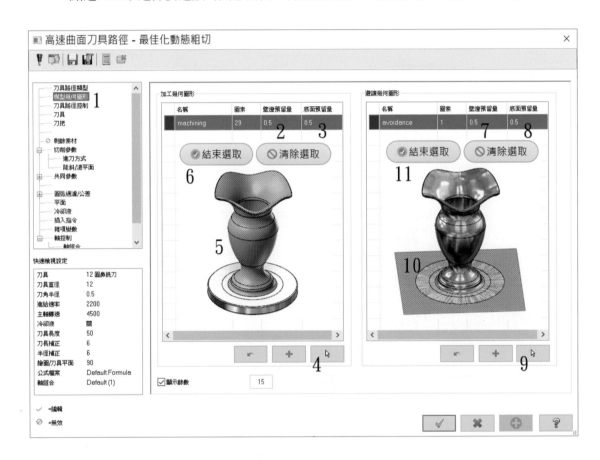

- 點選**刀具路徑控制**頁面，選擇**邊界串連**的 icon，開啟層別名稱 5 的邊界直接作選取，然後點選確定。
- 策略選擇 _ 從外面。
- 刀具位置 _ 中心。

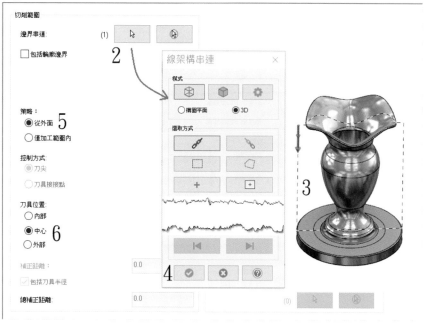

- 點選**刀具**頁面，選擇**圓鼻刀**（**直徑 12**）的刀具，由頁面中您可更改切削條件。
- 點選**刀把**頁面，由資料庫中您可選擇 **B2C3-0020** 或自行建立新刀把，並定義夾持長度 55。
- 點選**切削方式**，切削方向順銑。
- **切削間距**，定義為 18%。
- **分層深度**，定義為 100%。
- 勾選使用**步進量**，定義為 10%。
- 移動大於允許間隙，提刀安全高度，點選**當返回邊界時**。

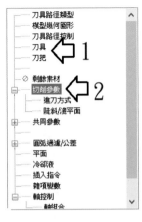

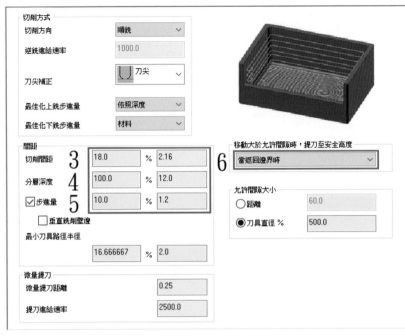

- 點選**進刀方式**頁面，選擇下刀方式為**單一螺旋**。
- 螺旋半徑定義為 10.0（您可依據刀具的斜向切削條件作更改）。
- Z 高度定義為 1.0，進刀角度定義為 2.0。

- 點選**陡斜／淺平面**頁面，點擊**檢查深度**。
- 定義最高位置為 45（您可依據素材直徑的大小作更改）。
- 定義最低位置為 -3.0（此值在於正反加工時刀具路徑可以重疊）。

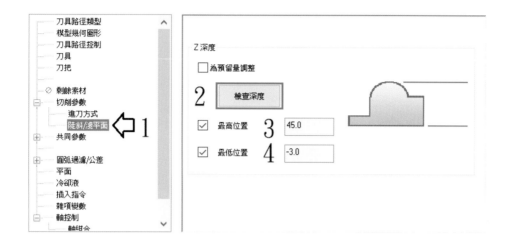

- 共同參數依內定參數（您可自行依據提刀高度和進退刀的條件需求作更改）。
- 圓弧過濾／公差依內定參數（您可自行依據條件需求作更改）。
- 點選**確定**，執行刀具路徑運算。刀具路徑的運算結果如圖。

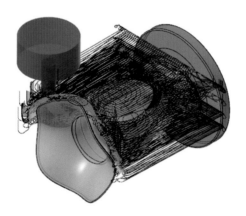

　　接下來進行另一側的定面粗加工刀具路徑運算，你可依據上述相同的操作方式使用翻轉 180 度的工作座標來做粗加工的編程。另一個方式是複製此運算完成的刀具路徑來執行，這樣您可以減少很多重複性的選取與定義。這裡，我們使用複製的方式來運算產生另一邊的刀具路徑。

- 使用滑鼠移動到刀具路徑名稱上，然後點擊滑鼠右鍵以開啟右鍵功能表。選擇**複製**。
- 於管理列中的任一空白處，點擊滑鼠右鍵以開啟右鍵功能表。選擇**貼上**。

（你即可完成此刀具路徑的複製）

使用滑鼠點擊此複製後的刀具路徑**參數**，開啓此刀具路徑的工法頁面。

- 點選**陡斜/淺平面**頁面，同樣定義最低位置爲 -3.0。

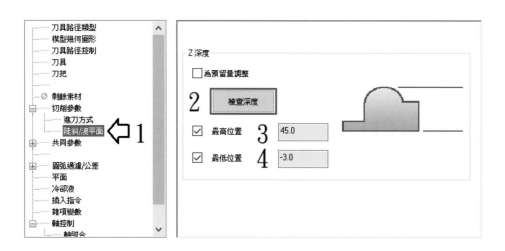

- 點選**平面**頁面，由刀具平面處點擊選取刀具平面 icon。
- 進入選取平面頁面中，選擇 **180** 的工作座標名稱，點選確定。

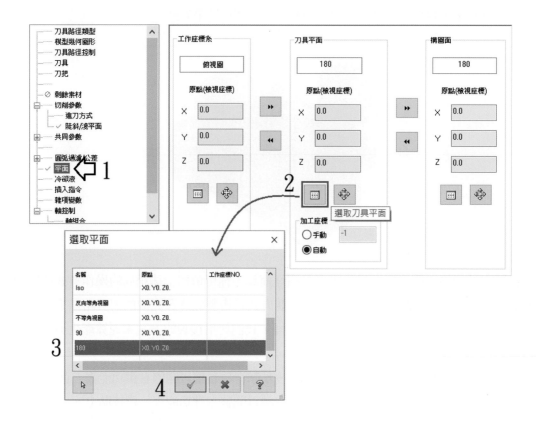

- 點選**確定**，執行刀具路徑運算。刀具路徑的運算結果如圖

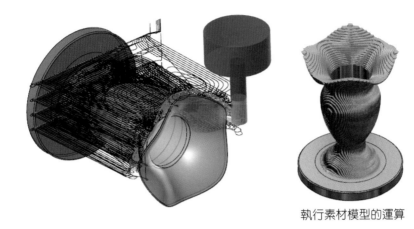

執行素材模型的運算

二、等高中／精加工

粗加工之後，如前述的補充說明。我們可以使用同樣的粗加工刀具（D20R1），直接進行中間的直孔區域做等高中／精加工應用。

- 選擇 3D 加工工法中的**傳統等高**。

定義加工面的相關參數：

- 點選**加工面** icon，點選內部的全部曲面，確認後請點選**結束選取**。
- 點選**干涉面** icon，點選上端花瓣的造型曲面，確認後請點選**結束選取**。
- 點選**切削範圍** icon，選擇層別名稱 6 的加工邊界。
- 定義**指定進刀點**，選取此切削邊界圖素的中心點位置（Enter）。
- 點選**確定**。

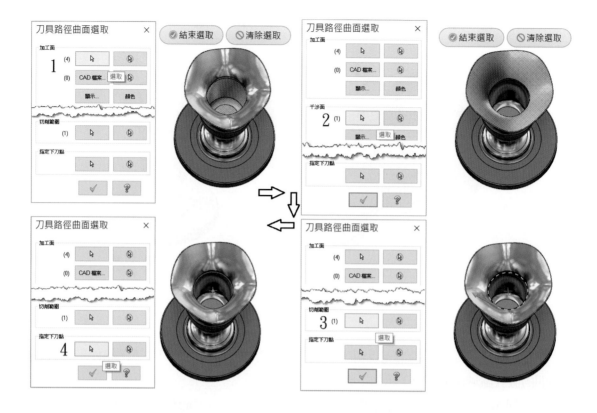

由 3D 工法策略 — 傳統等高銑削工法視窗中設定相關參數：

• 選擇圓鼻刀（直徑 **D20R1**）的刀具，由頁面中您可更改切削條件。

曲面精修等高

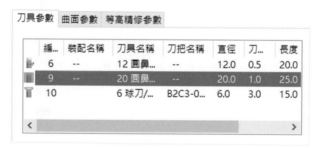

• 切換至曲面參數頁面，勾選使用安全高度定義絕對值為 180.0，參考高度為 3.0，進給下刀位置為 1.0，加工面預留量為 0.15 及干涉面預留量為 0.1。

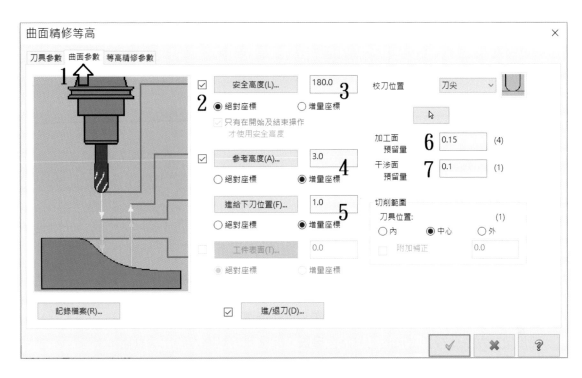

- 切換至等高參數頁面，設定公差為 0.01 及定義 Z 最大步進量為 0.8。

- 勾選**使用進 / 退刀 / 切弧 / 切線**，設定圓弧半徑為 1.0、掃描角度為 90.0 及直線長度為 1.0。

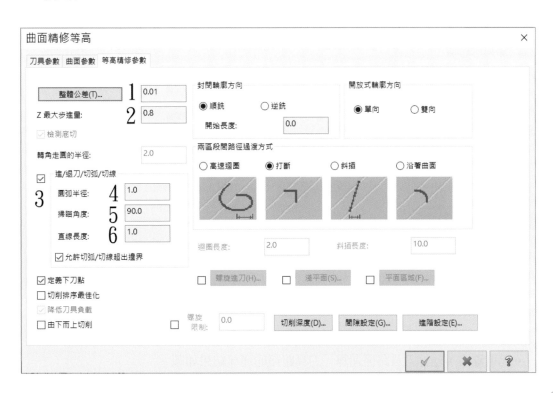

- 點選**確定**，執行刀具路徑運算。刀具路徑的運算結果如圖。

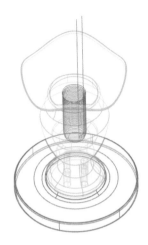

等高中加工刀具路徑

接下來，複製此等高中加工的刀具路徑，以執行運算精加工的刀具路徑。

使用滑鼠點擊此複製之後的刀具路徑**參數**，開啟此刀具路徑的工法頁面。

- 切換至曲面參數頁面，更改加工面預留量為 0.0。

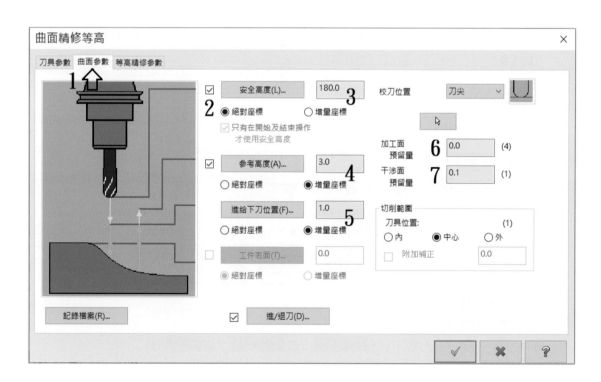

- 切換至等高參數頁面，定義 Z 最大步進量為 0.3，其餘選項不作更動。

- 點選**確定**，執行刀具路徑運算。刀具路徑的運算結果如圖。

等高精加工刀具路徑

三、漸變中 / 精加工

接下來，我們將使用多軸策略中的漸變工法來做上端花瓣造型的中 / 精加工。

- 選擇多軸加工工法中的**漸變**。

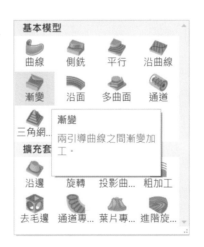

由多軸刀具路徑 —**漸變**銑削工法視窗中設定相關參數：

- 點選**刀具**頁面，選擇球刀（**直徑 6**）的刀具，由頁面中您可更改切削條件。
- 點選**刀把**頁面，由資料庫中您可選擇 **B2C3-0016** 或自行建立新刀把，並定義夾持長度 35。
- 點選**切削方式**，從模型 _ 曲線點選曲線 icon，選取**此曲線**（點擊層別開啓層別 7，點選步驟 4 的單一曲線），確認後請點選**確定**。
- 到**模型** _ 模型圖形點選圖形 icon，選取**此曲線**（點選步驟 7 的單一曲線），確認後請點選**確定**。

（從**模型**與到**模型**的曲線方向須一致）

- **加工面**：點選加工面 icon，選取要加工的**曲面**（點選步驟 10 的花瓣區域與內外 R 角的曲面），確認後請點選**結束選取**。

- 定義**加工面補正**為 0.15。

- 定義**切削公差**為 0.01。

- 定義勾選點的分布**最大距離**為 0.5。

- 定義**最大步進量**為 0.5。

- 勾選**延伸 / 修剪**的選項。

- 其餘的選項依據內定值即可。

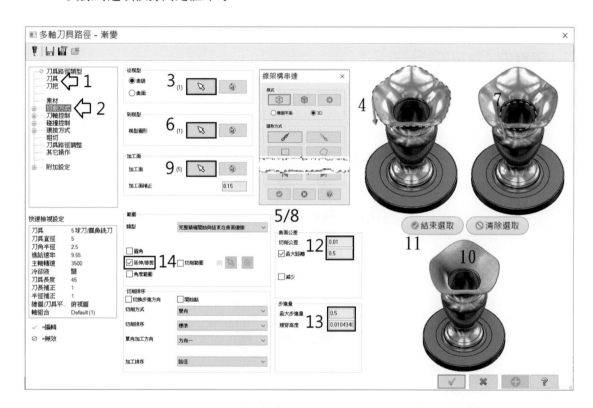

- 點選**修剪 / 延伸**選項，輸入**延伸側邊**，開始與結束都定義值為 2。

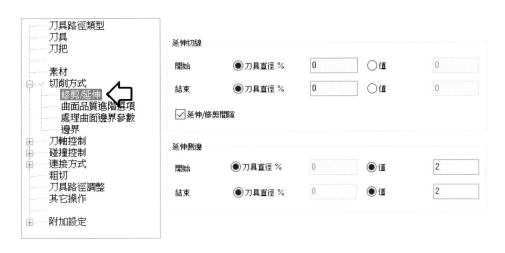

- 點選**刀軸控制**，輸出方式選擇 **5 軸**。
- **最大角度步進量**依內定值 0.5
- **刀軸控制**的功能選擇從點，點選層別 7 內的點（此點座標為 0,0,180），確認後請點擊 Enter 確定。
- **傾斜點類型**選擇**軸向點傾斜角度**。

- 點選**碰撞控制**，勾選檢查②的刀刃、刀肩、刀桿及刀把。
- 勾選幾何圖形的干涉面，點選選擇干涉曲面的 icon（點選步驟 5 的內外周圍曲面），確認後請點選**結束選取**。

- 其餘的選項依據內定值即可。

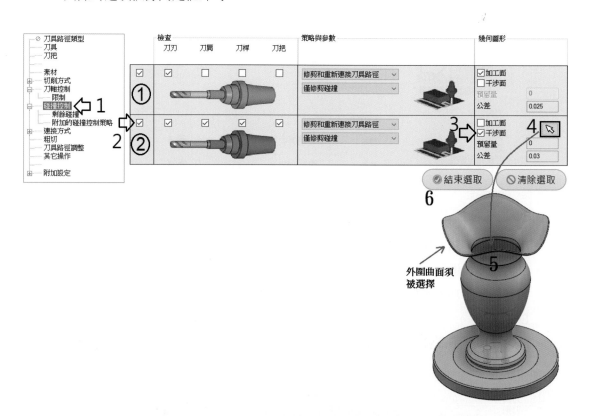

- 點選**連接方式**的選項，首次進刀點→**使用進刀**及最後退刀點→**使用切出**。
- 間隙連接方式，定義大間隙為**返回提刀高度**。
- 安全區域高度與增量高度都定義為 180。
- **距離**：定義**快速移動距離**為 5、**進刀／退刀進給距離**為 1 及**空切移動安全距離**為 10。
- 其餘的選項依據內定值即可

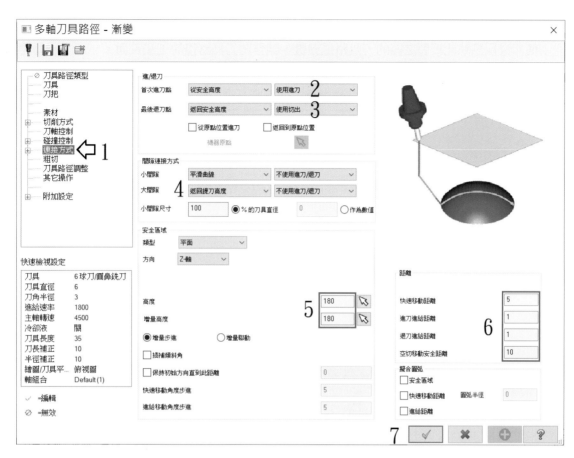

* 點選**確定**，執行刀具路徑運算。刀具路徑的運算結果如圖。

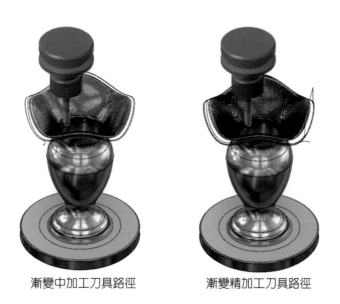

漸變中加工刀具路徑　　　　漸變精加工刀具路徑

複製此漸變中加工的刀具路徑，以執行運算精加工的刀具路徑。

使用滑鼠點擊此複製之後的刀具路徑**參數**，開啓此刀具路徑的工法頁面。

- 切換至**切削方式**頁面，更改加工面補正（預留量）爲 0.0。
- 定義 Z 最大步進量爲 0.25，其餘選項不作更動。
- 點選**確定**，執行刀具路徑運算。刀具路徑的運算結果如上右圖。

四、多曲面中／精加工

再接下來，我們將使用多軸策略中的多曲面工法來做花瓶瓶身至基座的中／精加工。

- 選擇多軸加工工法中的**多曲面**。

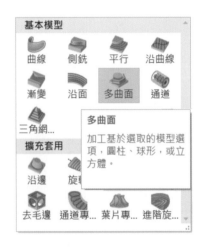

由多軸刀具路徑 － **多曲面**銑削工法視窗中設定相關參數：

- 點選刀具頁面，選擇球刀（**直徑 6**）的刀具，由頁面中您可更改切削條件。
- 點選刀把頁面，由資料庫中您可選擇 **B2C3-0016** 或自行建立新刀把，並定義夾持長度 35。
- 點選**切削方式**，**模型選項**選擇曲面_點選曲面 icon，選取**此曲面**（點擊步驟 3 的單一參考曲面_此曲面放置於圖層 8 中），確認後請點選**結束選取**。
- 將開啓**曲面流線設定**，確認所需切削的方向，確認後請點選**確定**。
- 定義**切削方向**爲螺旋。
- 定義**加工面預留量**爲 0.15。
- 定義勾選**增加距離**爲 0.5。
- 定義**切削公差**爲 0.01。
- 定義**截斷或引導方向步進量**爲 0.5。
- 其餘的選項依據內定值即可。

補充說明：

> 　　使用**多曲面投影工法**，主要是針對加工的區域包含了許多個曲面，且這些曲面的 UV 方向都需一致。當這些曲面的 UV 方向不一致時，建議您可建立一個參考曲面來控制此加工的方向，以利投影到所需要的加工區域上。而此加工區域的所有曲面，您可經由**碰撞控制**選項內的**補正曲面**功能來做選擇定義。

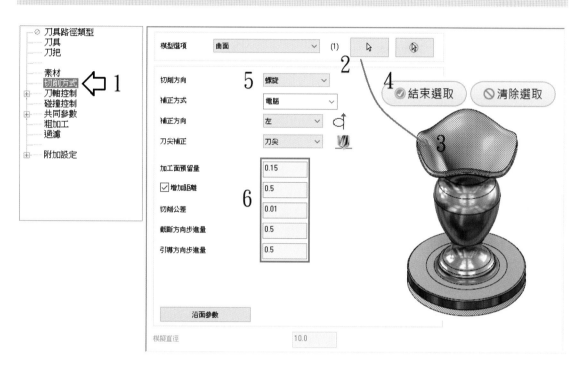

- 點選**刀軸控制**的功能，選擇曲面、輸出方式選擇 **5 軸**。
- 軸旋轉於 Z 軸。
- 定義**前傾角**為 5.0（以避開靜點加工）。
- 勾選**增加角度**為 0.5。
- **刀具向量長度**依內定值 25.0。

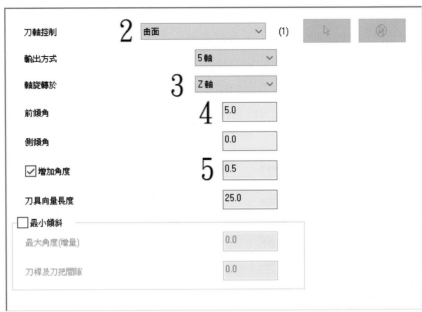

- 經由刀軸控制的＋字鍵開啟**限制**的功能選項，進入功能頁面中，勾選 Z 軸，定義**最小距離**為 0.0、**最大距離**為 90.0
- 極限動作_點選**修改超過極限的運動**

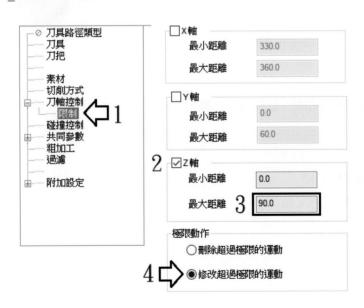

- 點選**碰撞控制**，**預留量**定義為 0.15。
- 點選補正曲面的 icon（點選瓶身外至基座上端的實體面），確認後請點選**結束選取**。
- 點選干涉曲面的 icon（點選基座外側至底的實體面），確認後請點選**結束選取**。

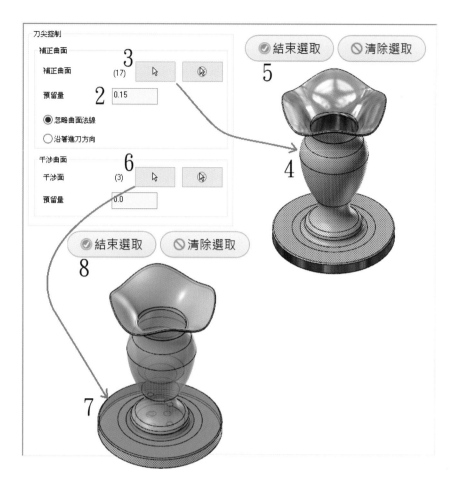

- 點選**共同參數**，選項視窗內的參數依據內定值即可或自行修改所需。

  經由共同參數的＋字鍵開啟進／**退刀**的功能選項，勾選進退刀的相關選項。

- 定義**長度**為 75.0% 及**高度**為 3，然後複製到退刀。

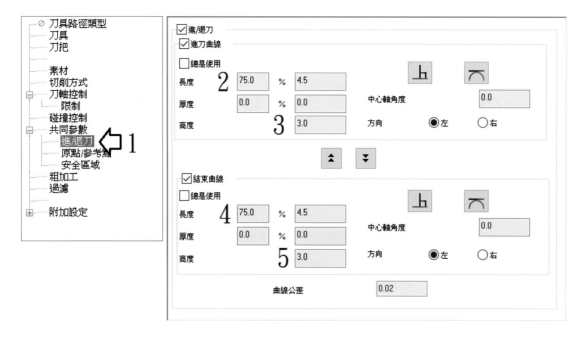

☑ 進/退刀		
☑ 進刀曲線		
☐ 總是使用		
長度 2	75.0 %	4.5
厚度	0.0 %	0.0	中心軸角度	0.0
高度 3	3.0	方向 ◉左 ○右

☑ 結束曲線		
☐ 總是使用		
長度 4	75.0 %	4.5
厚度	0.0 %	0.0	中心軸角度	0.0
高度 5	3.0	方向 ◉左 ○右

曲線公差 0.02

- 點選**確定**,執行刀具路徑運算。刀具路徑的運算結果如圖。

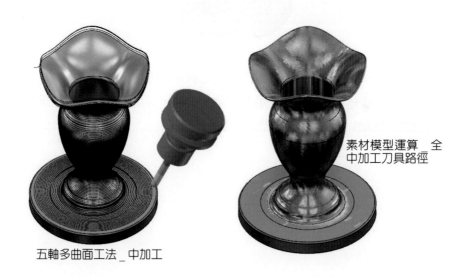

五軸多曲面工法 _ 中加工

素材模型運算 _ 全
中加工刀具路徑

複製此多曲面中加工的刀具路徑,以執行運算精加工的刀具路徑。

使用滑鼠點擊此複製之後的刀具路徑**參數**,開啟此刀具路徑的工法頁面。

- 切換至**切削方式**頁面,更改加工面預留量為 0.0。
- 定義 Z 最大步進量為 0.25,其餘選項不作更動。

- 切換至**碰撞控制**頁面，更改補正曲面預留量為 0.0。
- 點選**確定**，執行刀具路徑運算。刀具路徑的運算結果如圖。

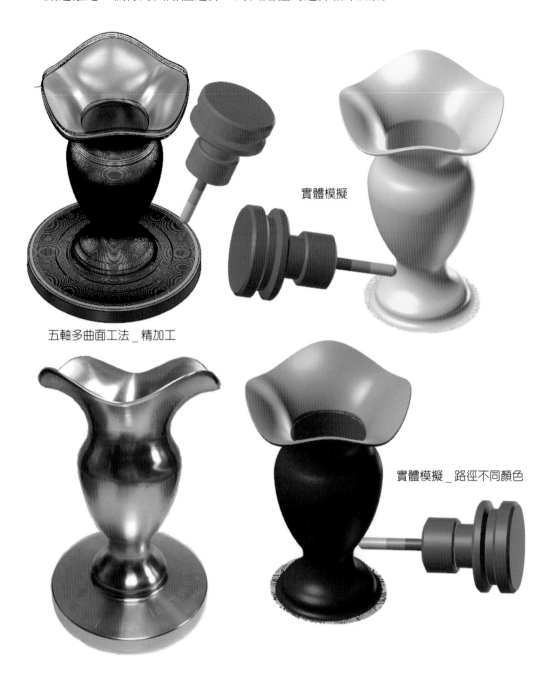

實體模擬

五軸多曲面工法 _ 精加工

實體模擬 _ 路徑不同顏色

11

五軸銑削加工實例：輪軸

前面的第四章內容大多可應用在定面與圓筒形零件，但有部分的加工件，卻是需要許多的曲面來進行運算，且需要避免使用刀具的靜點做加工，改以切削刃的方式做加工，進而控制加工面的質量。此時就需要使用到部分簡易的五軸工法策略，我們將在這個章節來做說明。

11-1 基本設定（Basic Setup）

一、輸入模型

經由光碟 Chapter-11 內開啟 "Wheel Axis_Start.mcam" 專案檔，您也可以使用滑鼠的左鍵，點選專案直接拖拉到工作視窗來做開啟。

二、素材模型建立

此處的素材並非圓柱，而且之後會應用此素材來辨識刀具路徑的切削範圍與位置，所以先將素材的實體模型設定為素材。

- 由左下角處點選**層別，開啟層別號碼 200**（工作視窗顯示素材）。
- 點選**刀具路徑**選項卡_**素材模型**的功能。
- 此時開啟素材模型視窗，輸入名稱：**Stock**。

- 選擇**模型**的功能，點選圖層號碼 200 的素材，點擊**結束選取**。
- 點擊**確定**完成素材模型設定（**關閉圖層號碼 200 的素材**）。

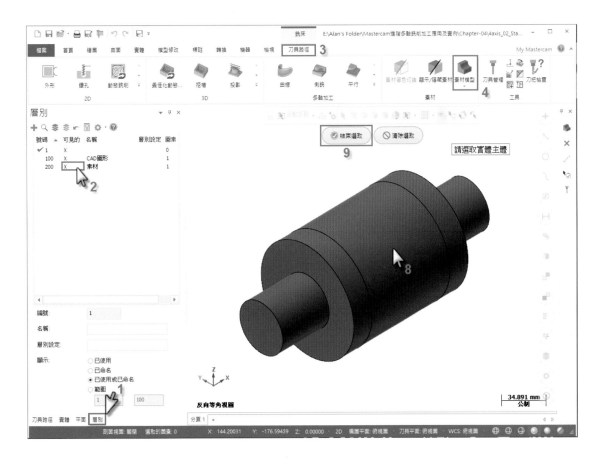

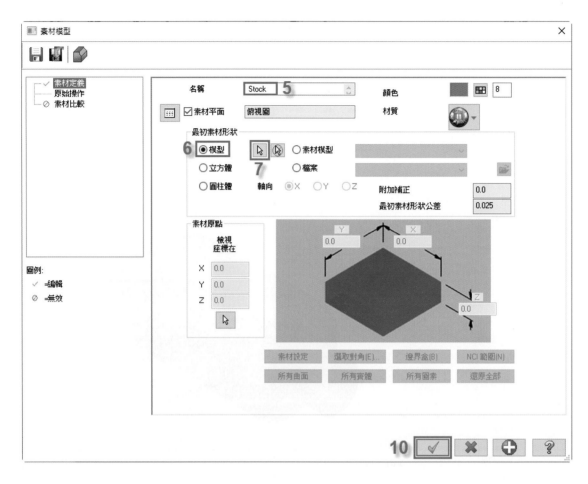

- 點選左下角處**刀具路徑**。
- 點選**切換顯示**已選取的刀具路徑顯示,將素材模型切換成關閉。

三、加工平面建立

　　因粗加工分為上下兩個區塊，俯視圖為內建，所以僅需要建立一個加工平面。但此處不可直接使用底視圖，因為底視圖的 X 軸是朝向相反方向的，會造成後處理輸出時報警問題。下圖可以看到以第四軸軸向來看，僅有俯視圖與前視圖的軸向是對的，底視圖與後視圖的 X 軸的軸向都相反了，應該都是朝向右側方向為正向。所以在四軸定面加工時，僅有俯視圖與前視圖可以直接使用。

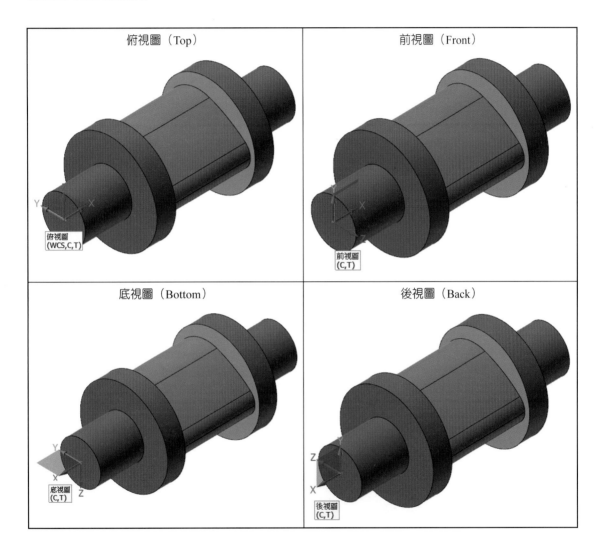

- 由左下角處點選平面。
- 在俯視圖（Top）上按滑鼠右鍵、選擇複製。

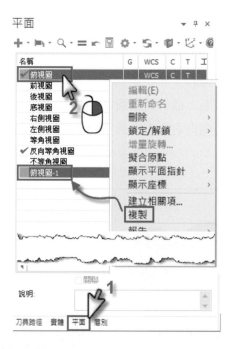

- 產生新的平面：俯視圖 -1。
- 在剛才新增的**俯視圖 -1** 平面上**按滑鼠右鍵**、選擇**編輯**。
- **選取靠近 Z 軸旁邊的旋轉指針，調整至 Z 軸朝下**，角度為 180。
- 將名稱更改為：A-02。
- 點擊**確定**完成編輯平面設定。

四、刀具設定

為了讓使用者先清楚知道此章節要使用的刀具，所以先在此將刀具都建立完成。

使用者亦可依照原有習慣在編寫路徑時，在刀具頁面新增所要使用的刀具。

- 點選**刀具路徑**選項卡的**刀具管理**。
- 直接利用上方的加工群組，按右鍵新增下列的刀具，或是於下方的刀具庫內找到刀具，將其複製到上方的加工群組內。

  刀號 1：12mm 平刀

  刀號 2：10mm 球刀

  刀號 3：10mm 平刀

- 點擊**確定**完成刀具管理對話框。

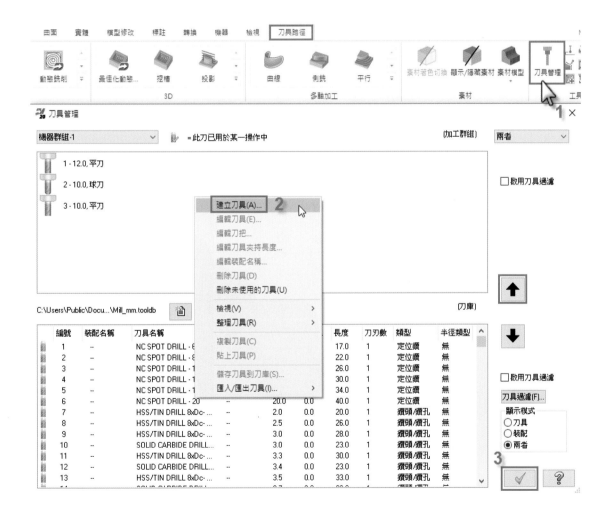

11-2 加工工法應用（Application of Machining）

此模型也是用四軸定面的加工方式來作粗銑，仍舊建議先調整較佳的螢幕視角，並切換構圖平面（C）與刀具平面（T）至欲加工的平面上。而精加工與清角路徑，將使用多軸加工的旋轉與曲線工法策略來做加工，讓使用者增加多軸切削的概念。

一、最佳化動態粗加工 1

此處我們使用最佳化動態粗加工的工法，透過步進量向上銑削的功能，可以有效的節省粗加工的時間，並且達到較均勻的殘料狀態。

- 點選左下角處的**平面**，將 **WCS** 設定為俯視圖（Top）。
- 將構圖平面（C）與刀具平面（T）設定為俯視圖（Top）。
- 點選**刀具路徑**選項卡 **_3D** 內的**最佳化動態粗加工**。

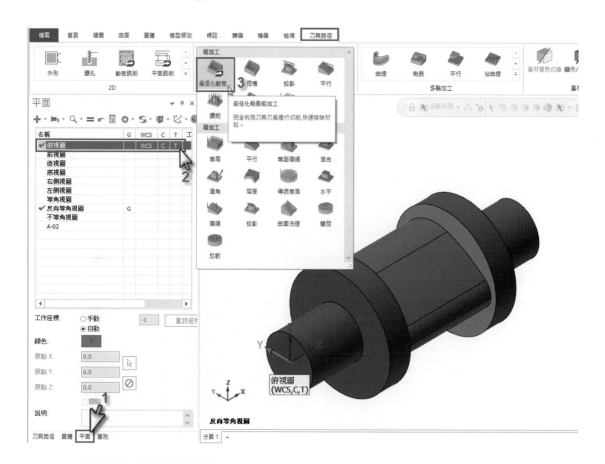

在高速曲面刀具路徑 — 最佳化動態粗切工法視窗中設定相關參數：
- 在**模型幾何圖形**頁面，輸入壁邊預留量：0.3、底面預留量：0.1。

- 點選**選擇圖素**。

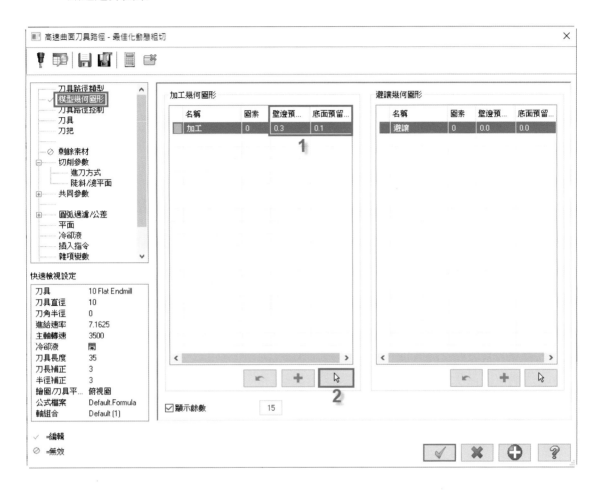

- 切換視角成俯視圖（Top），可更方便地以**窗選方式**選取要加工的實體面。
- 點擊**結束選取**。

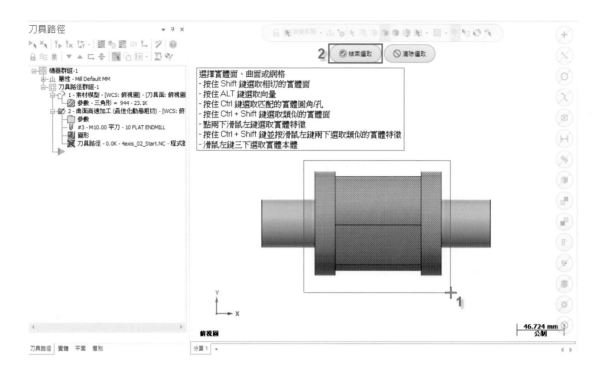

- 點選刀具路徑控制頁面。

  刀具位置選擇外部、補正距離定義為：2。

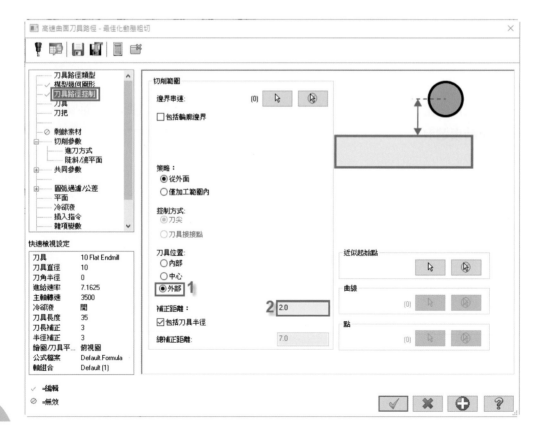

- 點選**刀具**頁面，選擇刀號 1：12mm 平刀的刀具，由頁面中可更改切削條件。
- 點選**刀把**頁面，可由資料庫中自行選擇或建立新刀把，並定義夾持長度為 35。
- 點選**剩餘素材**頁面，設定下列參數：

  勾選**剩餘材料**

  計算剩餘素材依照：指定操作

  選擇右邊操作內的**操作 1- 素材模型**

  調整剩餘素材：直接使用剩餘素材範圍

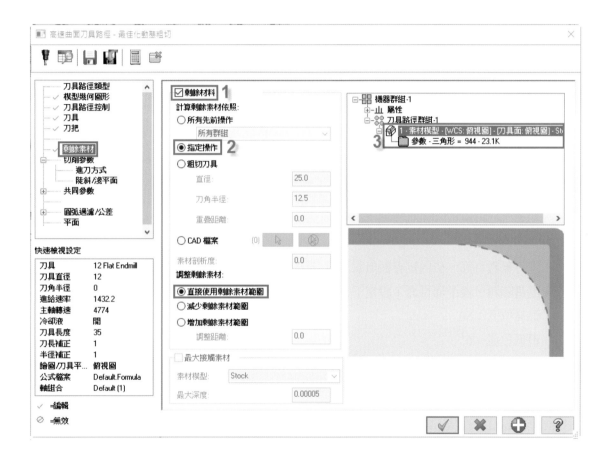

- 點選**切削參數**頁面，設定下列參數：

  切削間距：12%

  分層深度：12.5

  勾選**步進量**，並設定為：0.5

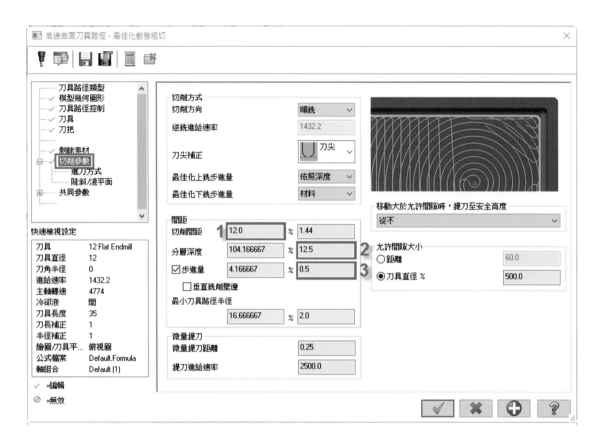

- **進刀參數**頁面，依內定參數無需設定（因為會在外部下刀）。
- 點選**陡斜／淺平面**頁面，設定下列參數：

  最高位置：50

  最低位置：0

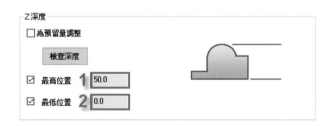

- 點選**共同參數**頁面，設定下列參數：

  提刀高度選擇絕對座標、安全高度：100

  選擇**最小垂直提刀**

  勾選**輸出為進給速率**，並設定為：5000

  提刀高度處的表面高度：3

進／退刀（可依照內定值或參考以下數據）

直線進刀／退刀（增量座標）：1、垂直進刀圓弧：0、垂直退刀圓弧：0

水平進刀圓弧：2、水平退刀圓弧：2

點擊**確定**完成參數設定。

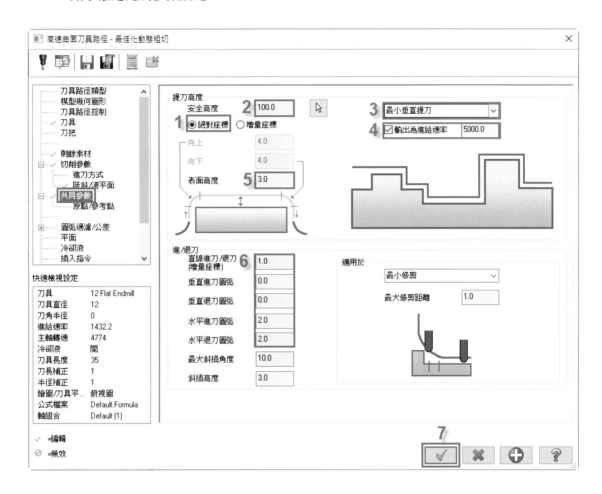

- 此時會跳出**刀具路徑／曲面**的提示頁面，提示說明殘料粗加工必須有切削範圍，使用於加工區域的最小／最大限制。
- 因為此處使用的為素材模型來計算殘料，請直接點擊**確定**即可。

• 執行刀具路徑運算，切換視角成等角視圖，刀具路徑運算結果如圖。

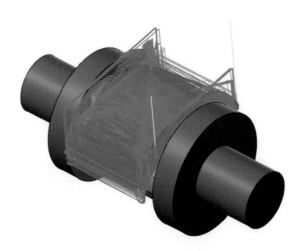

二、最佳化動態粗加工 2

接下來，複製上一條的粗加工刀具路徑，直接修改構圖平面與刀具平面至 A-02，即可生成另一面的刀具路徑。

• 選擇**操作 2- 曲面高速加工（最佳化動態銑削）**。

• **按滑鼠右鍵**。

• 選擇**複製**。

• 在空白處再**按滑鼠右鍵**。

• 選擇**貼上**，即可產生**操作 3** 的路徑操作。

刀具路徑

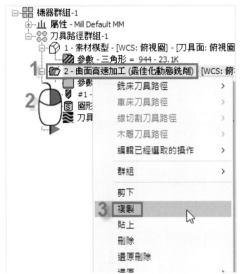

刀具路徑

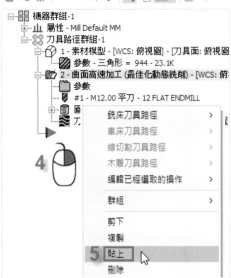

- 點擊操作 **3-** 曲面高速加工（**最佳化動態銑削**）的**參數**，進入參數畫面。
- 在高速曲面刀具路徑 — 最佳化動態粗切工法視窗中設定相關參數：

　直接點選平面頁面、**選取刀具平面**、選擇 **A-02** 平面。

　點擊**確定**結束選取平面對話框，此時刀具平面將會切換為 A-02。

　點擊**複製到構圖平面**，此時構圖平面也會切換為 A-02。

　點擊**確定**完成參數設定。

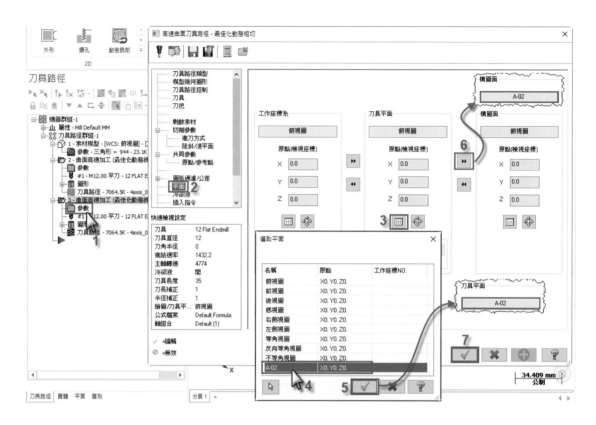

- 點選**重建全部已失效的操作**，路徑將重新計算成修改後的路徑。
- 此時會跳出**刀具路徑／曲面**的提示頁面，請直接點擊**確定**即可。
- 執行刀具路徑運算，刀具路徑運算結果如圖。

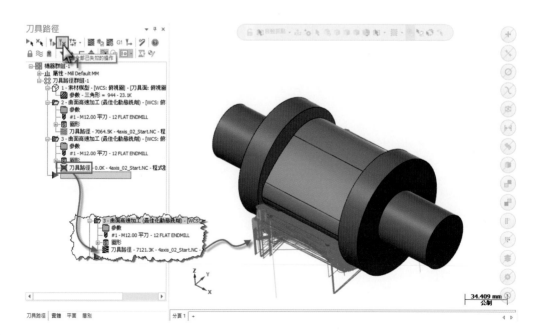

三、旋轉刀具路徑

　　多軸加工內的旋轉加工，一般應用在繞著或者沿著旋轉軸做多曲面的輪軸加工。透過這個工法可以有效的控制切削的接觸點，以避免使用刀具的靜點做加工。此工法也很常見，通常使用在車銑複合機上。

- 點選左下角處的**平面**。
- 點選**刀具路徑**選項卡 _ 多軸加工工法內的**旋轉**。

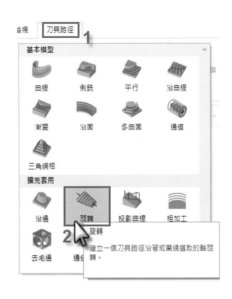

　　在多軸刀具路徑 — 旋轉工法視窗中設定相關參數：

- 點選**刀具**頁面，選擇刀號 2：10mm 球刀的刀具，由頁面中可更改切削條件。
- 點選**刀把**頁面，可由資料庫中自行選擇或建立新刀把，定義夾持長度為 35。
- 點選**切削方式**頁面，設定下列參數：

　　點選**選取曲面**

　　按住 SHIFT 鍵選取相切的實體面

　　點擊結束選取

　　切削方式：繞著旋轉軸切削

　　切削公差：0.01

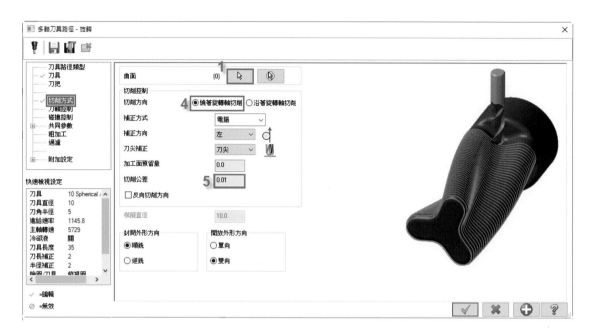

• 點選**刀軸控制**頁面，設定下列參數：

旋轉軸：X 軸

前傾角：10

最大步進量：0.3

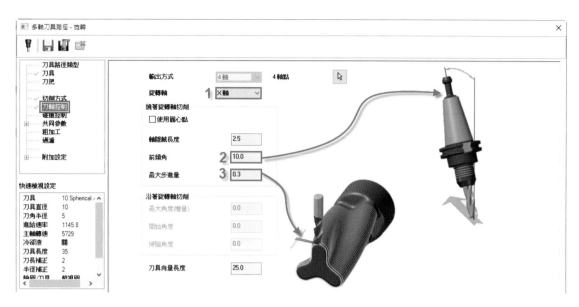

- 點選**共同參數軸**頁面，設定下列參數：

  勾選使用安全高度、安全高度：50（增量座標）

- 點選**粗加工**頁面，設定下列參數：

  勾選增量座標，並在增量深度處輸入（避免直接加工到之前粗加工壁邊）

  第一相對位置：5.3、其他深度預留量：5.3

  再點擊**確定**完成參數設定。

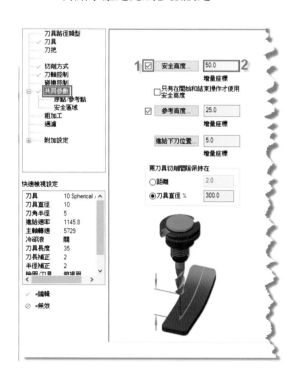

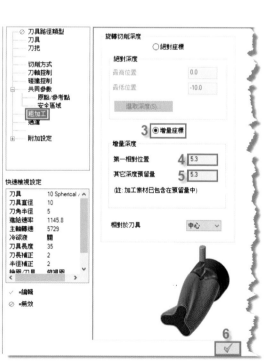

- 執行刀具路徑運算，刀具路徑運算結果如圖。

四、曲線刀具路徑

因為旋轉加工僅能使用球刀來生成刀具路徑，所以需要用平刀來精修模型的壁邊。此處我們將使用五軸路徑中的曲線工法策略，這工法時常應用於多軸銑削加工的刻字、切割、研磨等用途的工法之一。

- 點選刀具路徑選項卡，選擇多軸加工工法中的**曲線**。

在多軸刀具路徑 — 曲線工法視窗中設定相關參數：

- 點選**刀具**頁面，選擇刀號 3：10mm 平刀的刀具，由頁面中可更改切削條件。
- 點選**刀把**頁面，可由資料庫中自行選擇或建立新刀把，定義夾持長度為 35。
- 點選**切削方式**頁面，設定下列參數：

  曲線類型：3D 曲線，點選**選取曲線**。

- 確認串連為**實體串連**。
- 點選**串連**。
- 點擊實體邊界（如圖的 3 位置）。
- 此時會詢問是否為壁邊面？若非壁邊，請點擊**其他面**切換至壁邊面，點擊**確定**結束選取參考面對話框。

  請確認串連的方向是否正確？若不正確，請利用**反向**等功能來調整。
- 切換視角再點擊實體邊界（如圖的 6 位置）。
- 此時會詢問是否為壁邊面？若非壁邊面，請點擊**其他面**切換至壁邊面，點擊**確定**結束選取參考面對話框。

  請確認串連的方向是否正確？若不正確，請利用**反向**等功能來調整。
- 再點擊**確定**結束實體串連對話框。

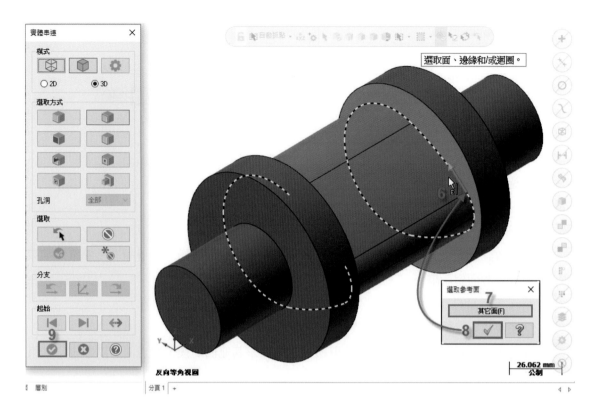

- 請先點選**刀軸控制**頁面，設定下列參數：

  刀軸控制：曲面

  點選**選取曲面**

  按住 SHIFT 鍵選取相切的實體面

  點擊**結束選取**

  輸出方式：四軸

  旋轉軸：X 軸

  勾選增加角度

  角度：0.5

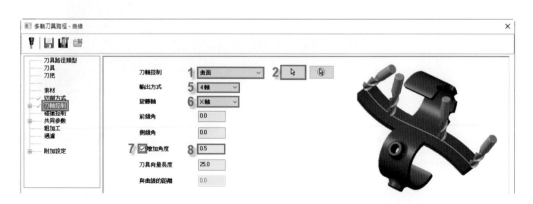

- 再次點選**切削方式**頁面，設定下列參數：

    補正方式：電腦

    補正方向：左

    徑向補正：5

    切削公差：0.01

    最大步進量：0.5

    投影：曲面法向

    最大距離：1

- 點選**碰撞控制**頁面,設定下列參數:

    刀尖控制:在補正曲面上,點選**選取曲面**

    點選**選取曲面**

    按住 SHIFT 鍵選取相切的實體面

    點擊結束選取

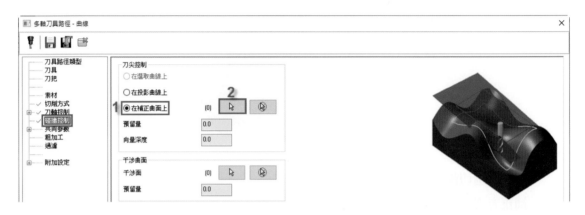

- 點選**共同參數**頁面,設定下列參數:

    勾選使用安全高度

    安全高度:50(增量座標)

    參考高度:10

- 點選**進／退刀**頁面，設定下列參數：

  勾選進／退刀、勾選進刀曲線、勾選總是使用

  長度：2、厚度：2、高度：0.5

  選擇正切進入、方向：左

  選擇複製參數

  勾選封閉環繞重疊

  距離：0.5

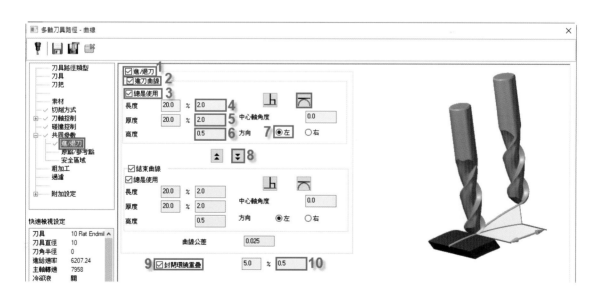

- 點選**粗加**工頁面，設定下列參數：

  勾選下方深度分層切削（此處為 XY 平面方式，上方處為 Z 軸深度方式）

粗加工次數：10；間距：0.5

精修次數：2；間距：0.1

勾選不提刀

再點擊**確定**完成參數設定

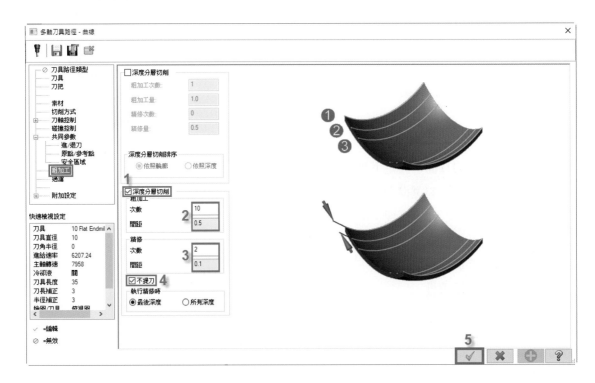

• 執行刀具路徑運算，刀具路徑運算結果如圖。

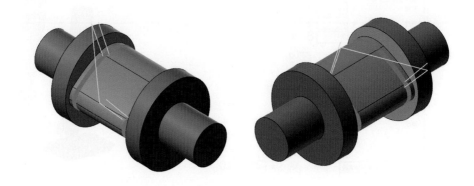

11-3 四軸路徑模擬與驗證

一、素材模型加入刀具路徑

此處的操作方法可直接參考 4-5. 刀具路徑模擬與驗證的一、**素材模型加入刀具路徑**。

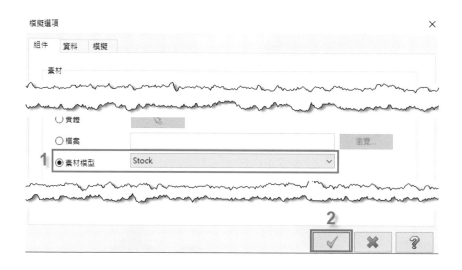

二、實體切削模擬驗證

此處的操作方法可直接參考 4-5. 刀具路徑模擬與驗證的二、**實體切削模擬驗證**。

- **刀具路徑模擬**。

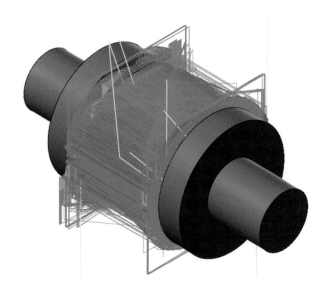

• 實體切削驗證。

五軸銑削加工實例：5 軸環

本章節將使用著作者自創的五軸環造型來介紹 *Mastercam*® 多軸銑削的工法應用，包括有最佳化動態粗加工、曲線、側銑、曲線投影、漸變、平行等工法的選項設定作說明，透過這些工法的選用，可以讓您更了解五軸工法的應用與完整加工此模型。

12-1 基本設定（Basic Setup）

一、輸入專案

經由光碟Chapter-12內開啓 "5-Axis Ring_Start.mcam" 專案檔，您也可以使用滑鼠的左鍵，點選專案直接拖拉到工作視窗來做開啓。

二、素材模型建立

此專案會應用素材來辨識刀具路徑的切削範圍與位置，所以先將素材的實體模型（大小為：160*100*180）設定為素材模型。

- 由左下角處點選**層別**。
- **開啓層別號碼 200**（工作視窗顯示素材）。
- 點選**刀具路徑**選項卡的**素材模型**的功能。

- 此時開啓素材模型視窗，輸入名稱：**Stock**。
- 選擇**模型**的功能，點選圖層號碼 200 的**素材**，點擊**結束選取**。
- 點擊**確定**完成素材模型設定，**關閉圖層號碼 200** 的素材。

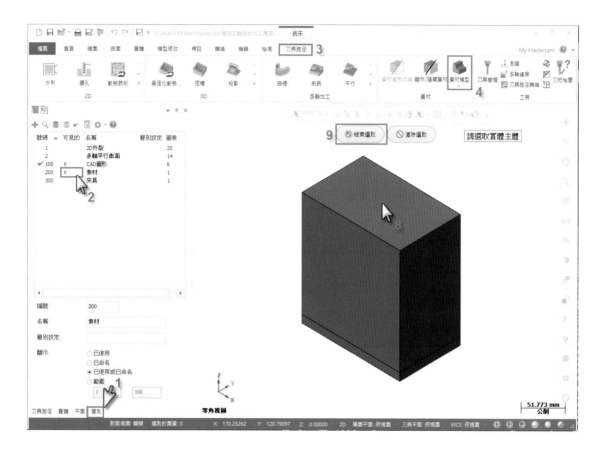

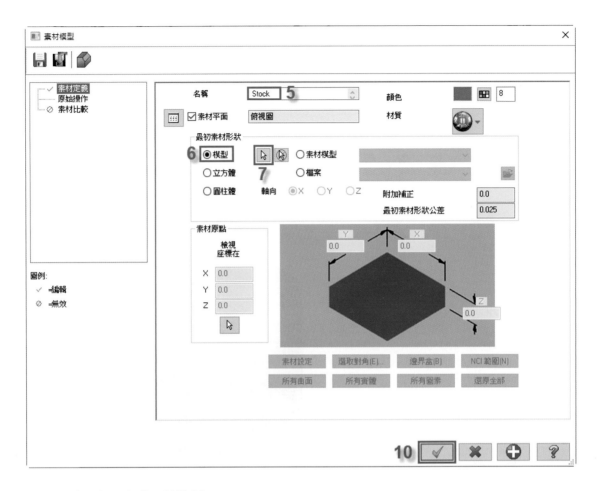

- 點選左下角處**刀具路徑**。
- 點選**切換顯示已選取的刀具路徑顯示**，將素材模型切換成關閉。

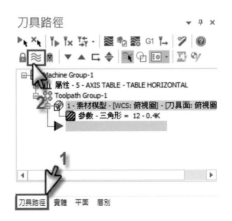

三、刀具設定

- 此模型專案的加工需求，刀具選用設定參考如下：

刀號 1：16mm 平刀（夾持長度 60）

刀號 2：25mm 平刀（夾持長度 90）

刀號 3：16mm 球刀（夾持長度 65）

實際刀把與相關切削參數，可以依加工的材質自行定義。

編號	刀具名稱	刀把名稱	直徑	刀角半徑	長度	刀刃數	類型	半徑...	刀具夾持長度
1	16 Flat Endmill	B4C4-0025	16.0	0.0	50.0	4	平刀	無	60.0
2	25 Flat Endmill	B4Y5-M018	25.0	0.0	80.0	4	平刀	無	90.0
3	16 Spherical / Ball-Nosed Endmill	B4Y5-M010	16.0	8.0	25.0	4	球刀	全部	65.0

12-2 加工工法應用（Application of Machining）

此模型我們將利用定面的加工方式來做粗銑，而精加工部分，我們將利用許多的多軸加工工法來完成，讓使用者能更了解多軸工法的加工應用。

一、固定軸加工 1

此處我們使用最佳化動態粗加工的工法，透過步進量向上銑削的功能，可以有效的節省粗加工時間，並且達到較均勻的殘料狀態。

- 點選左下角處的**平面**，確認 **WCS** 為俯視圖（Top）。
- 直接點選螢幕視角（G）為前視圖（Front），此時構圖平面（C）與刀具平面（T）設定為前視圖（Front）。
- 點選**刀具路徑**選項卡 **_3D** 內的**最佳化動態粗加工**。

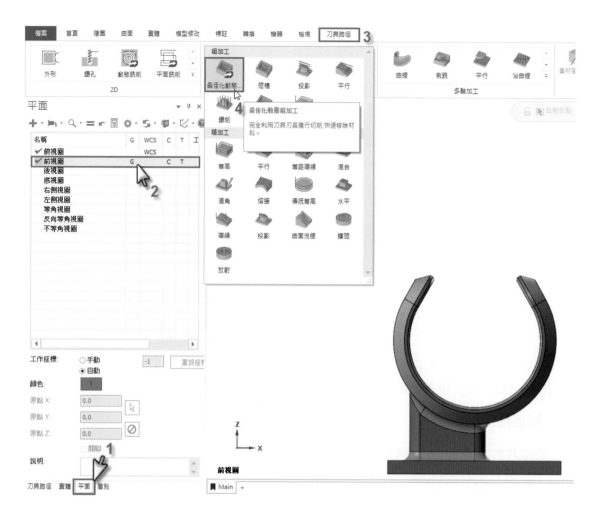

在高速曲面刀具路徑 — 最佳化動態粗切工法視窗中設定相關參數：

- 在**模型幾何圖形**頁面：

  輸入壁邊預留量：0.3

  底面預留量：0.1

- 點選**選擇圖素**。

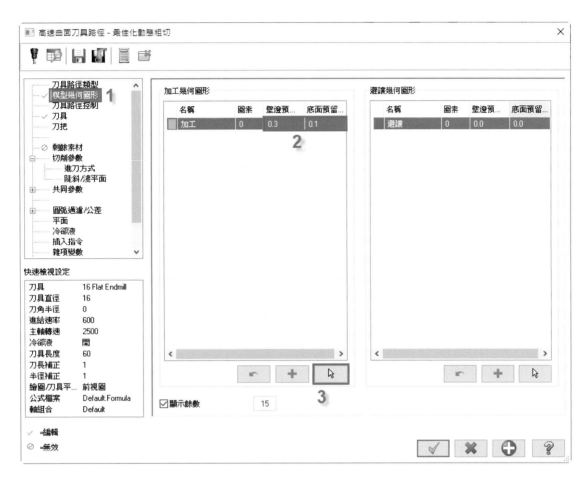

- 直接以**窗選方式**選取要加工的實體面。
- 點擊**結束選取**。

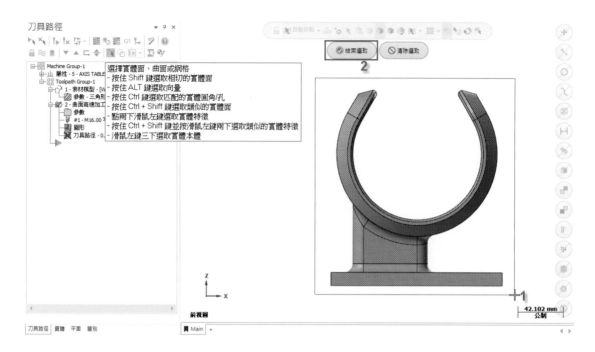

• 點選**刀具路徑控制**頁面：

　刀具位置選擇**外部**，補正距離定義為：3。

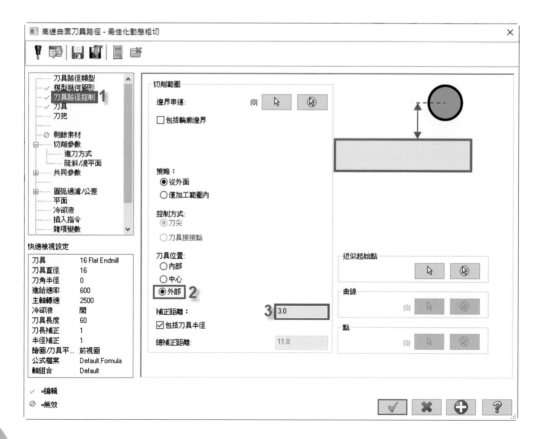

- 點選**刀具**頁面，選擇刀號 1：16mm 平刀的刀具，由頁面中可更改切削條件。
- 點選**刀把**頁面，可由資料庫中自行選擇（B4C4-0025）或自行建立實際使用的刀把，並定義夾持長度為 60。
- 點選**剩餘素材**頁面，設定下列參數：
  勾選**剩餘材料**
  計算剩餘素材依照：指定操作
  選擇右邊操作內的**操作 1- 素材模型**
  調整剩餘素材：直接使用剩餘素材範圍

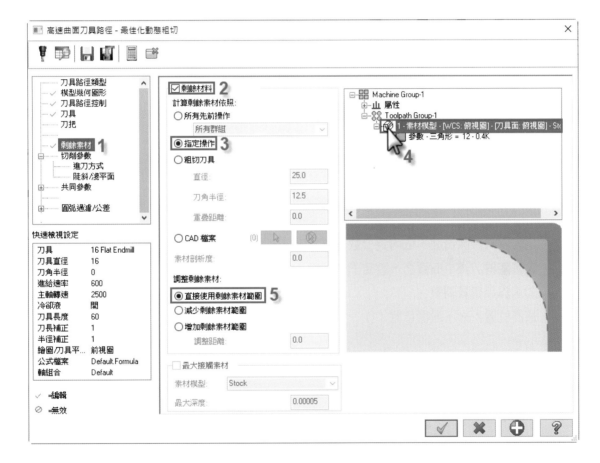

- 點選**切削參數**頁面，設定下列參數：
  切削間距：12%
  分層深度：17
  勾選**步進量**，並設定為：0.5

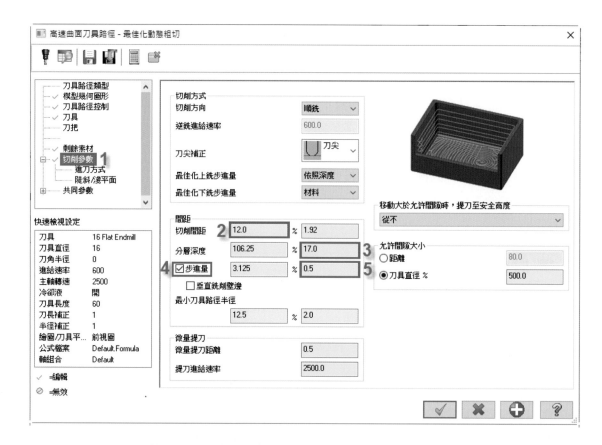

- 進刀方式參數頁面，依內定參數無需設定（因為會在外部下刀）。
- 點選陡斜/淺平面頁面，設定下列參數：

  勾選為預留量調整

  最高位置：50，最低位置：-1

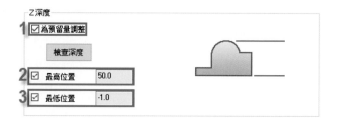

- 點選共同參數頁面，設定下列參數：

  提刀高度選擇絕對座標、安全高度：100

  選擇最小垂直提刀

  勾選輸出為進給速率，並設定為：5000

提刀高度處的表面高度：3

進／退刀（可以依照內定值或參考以下的數據）

直線進刀／退刀（增量座標）：2

垂直進刀圓弧：2、垂直退刀圓弧：2

水平進刀圓弧：2、水平退刀圓弧：2

點擊**確定**完成參數設定。

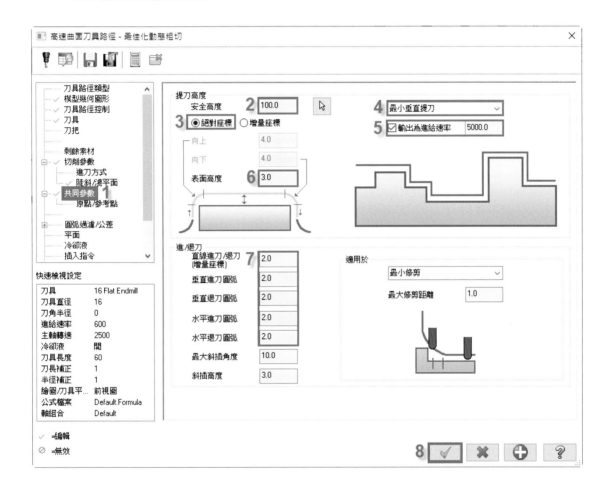

• 此時會跳出**刀具路徑／曲面**的提示頁面，提示說明殘料粗加工必須有切削範圍，使用
於加工區域的最小／最大限制。

因為此處是使用素材模型來計算殘料，請直接點擊**確定**即可。

- 執行刀具路徑運算，切換視角成等角視圖，刀具路徑運算結果如圖。

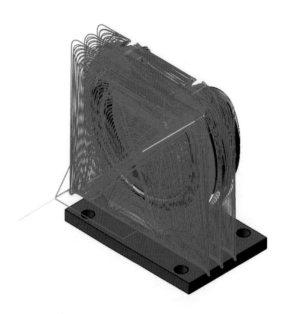

- 再將選螢幕視角（G）切換至前視圖（Front）。
- 點選刀具路徑選項卡 **_2D** 內的**外形**。

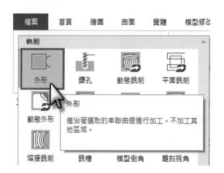

- 將串連切換到**實體串連**，點選**邊界**選取方式。
  選取如圖的實體邊界，確認串連的方向是否正確？可利用**反向**功能來調整，再點擊**確定**結束實體串連對話框。

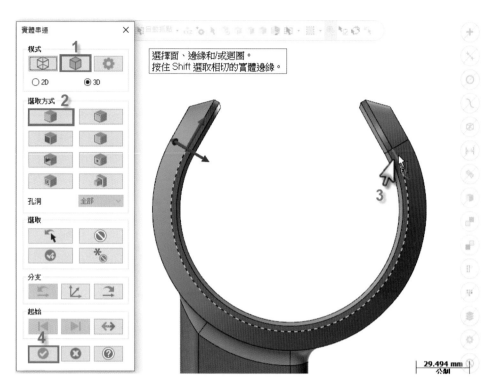

在 2D 刀具路徑 — 外形銑削工法視窗中設定相關參數：

- 點選**刀具**頁面，選擇刀號 1：16mm 平刀的刀具，由頁面中可更改切削條件。
- 點選**切削參數**頁面，設定下列參數：

  補正方式：關，補正方向：左，外形銑削方式：2D

  壁邊預留量：0，底面預留量：0

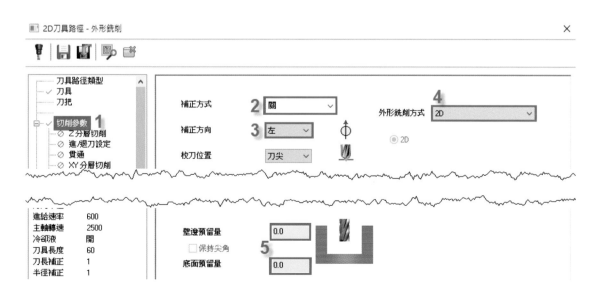

- 點選**進/退刀設定**頁面，設定下列參數：

  勾選**使用進/退刀設定**、勾選**進刀**

  在直線選項勾選**相切**，長度為 5

  在圓弧選項處，輸入半徑：5、掃描角度：90

  再點擊中間複製箭頭，將進刀參數複製到退刀參數。

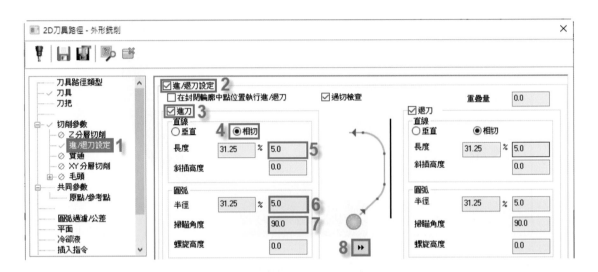

- 點選**共同參數**頁面，設定下列參數：

  勾選使用**安全高度**：100（絕對座標）

  進給下刀：3（增量座標）

  工件表面：0（增量座標）

  深度：0（增量座標）

  再點擊**確定**完成參數設定。

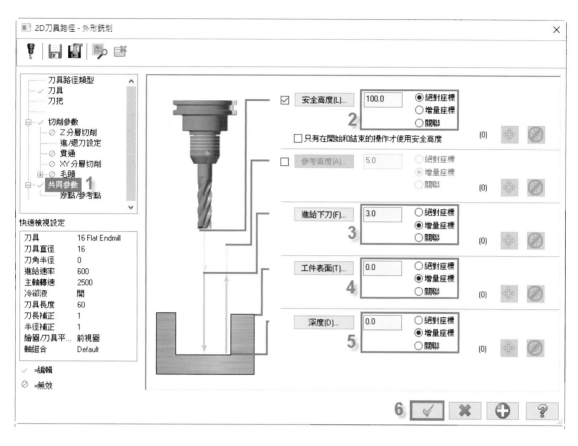

- 執行刀具路徑運算，刀具路徑運算結果如圖（請自行切換觀看視角）。
- 結束後，請將刀具路徑顯示切換至關閉。

接下來我們來複製前面的刀具路徑，快速的產生另一面的路徑。

- 利用 Ctrl 鍵與滑鼠左鍵做多個選取的功能：
  選擇操作 **2- 曲面高速加工（最佳化動態銑削）**與操作 **3- 外形銑削（2D）**
- **按滑鼠右鍵**，選擇**複製**。

- 在空白處再**按滑鼠右鍵**，選擇貼上。

  即可產生**操作 4** 與**操作 5** 的路徑操作

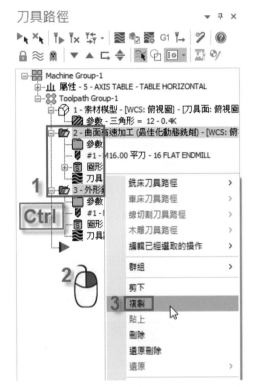
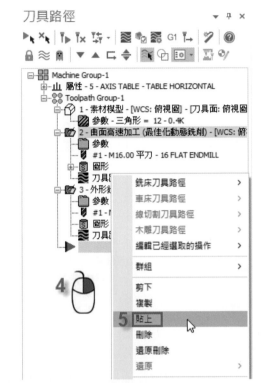

- 點擊操作 **4- 曲面高速加工（最佳化動態銑削）**的**參數**，進入參數畫面。

  在高速曲面刀具路徑 一最佳化動態粗切工法視窗中設定相關參數：

  直接點選平面頁面

  選取刀具平面

  選擇**後視圖**平面

  點擊**確定**結束選取平面對話框，此時刀具平面將會切換為後視圖。

  點擊**複製到構圖平面**，此時構圖平面也會切換為後視圖。

  點擊**確定**完成參數設定。

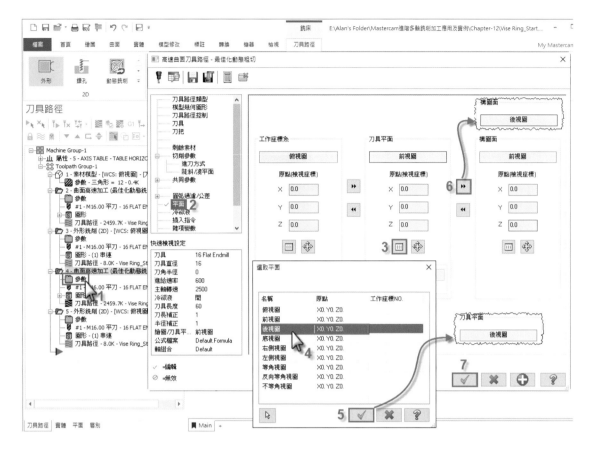

- 點選**重建**全部已失效的操作，路徑將重新計算成修改後的路徑。

- 此時會跳出**刀具路徑 / 曲面**的提示頁面，請直接點擊**確定**即可。

- 執行刀具路徑運算，刀具路徑運算結果如圖。

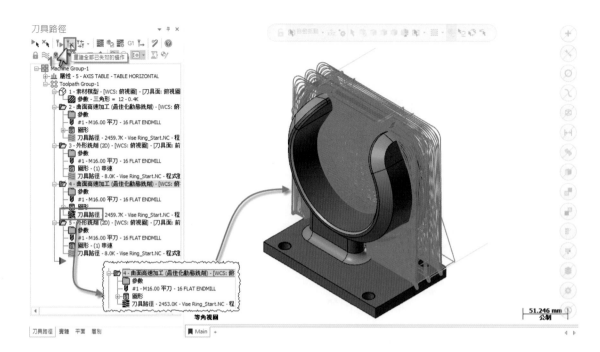

- 點擊操作 **5- 外形銑削（2D）**的**圖形 –（1）串連**（此時會跳出串連管理對話框）：

  在**實體串連**上點擊滑鼠右鍵

  選擇**全部重新串連**（此時會跳出實體串連對話框）

  確認串連為**實體串連**，點選**邊界**選取方式。

  選取如圖的實體邊界，確認串連的方向是否正確？可利用**反向**功能來調整，點擊**確定**結束實體串連對話框。

  再點擊**確定**結束串連管理對話框。

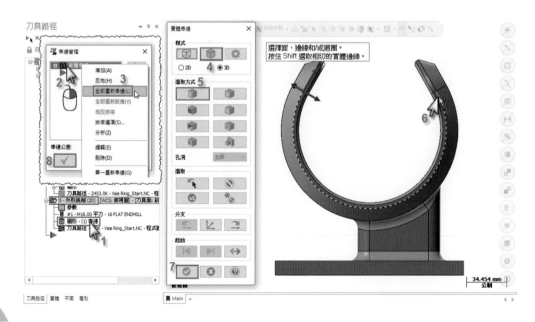

- 再點擊操作 **5- 外形銑削（2D）**的**參數**，進入參數畫面。

  在 2D 刀具路徑 — 外形銑削工法視窗中設定相關參數：

  直接點選**平面**頁面

  選取刀具平面

  選擇**後視圖**平面

  點擊**確定**結束選取平面對話框，此時刀具平面將會切換爲後視圖。

  點擊**複製到構圖平面**，此時構圖平面也會切換爲後視圖。

  點擊**確定**完成參數設定。

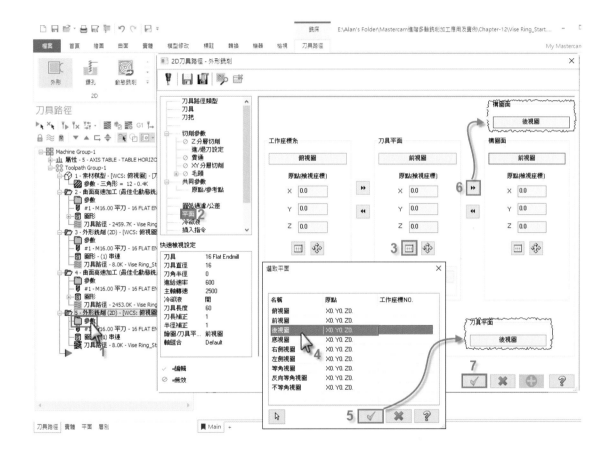

- 點選**重建全部已失效的操作**，路徑將重新計算成修改後的路徑。
- 執行刀具路徑運算，刀具路徑運算結果如圖。

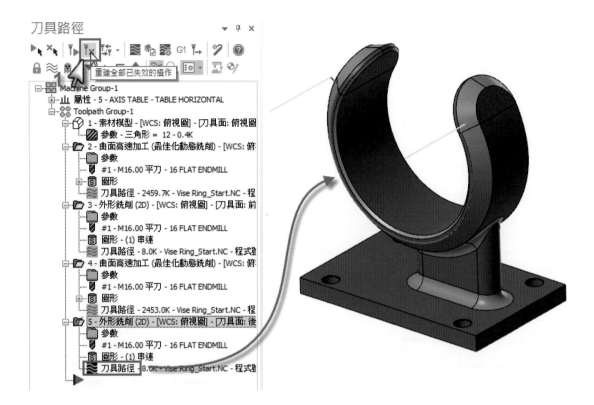

二、固定軸加工 2（自定義平面）

此處我們需要自定義平面使用外形銑削來做加工，與前一章節相接的兩側上緣外形，所以我們需要先創建新的加工平面。

- 點選左下角處的**平面**，選擇**建立新平面**，再選擇**依實體面**。

 點選模型上的實體面（此時會出現平面指標軸）。

 點選**下一個平面**切換，如圖的平面指標（請特別注意 Z 軸方向）。

 選擇**儲存此平面**，完成選取平面對話框。

- 輸入建立的平面名稱為 **Plane_01**：

 將原點的 XYZ 座標更改為 0（若控制器有傾斜面座標轉換功能則你無須更改，控制器將會自動做轉換運算）。

 選擇**確定**，完成新的平面對話框。

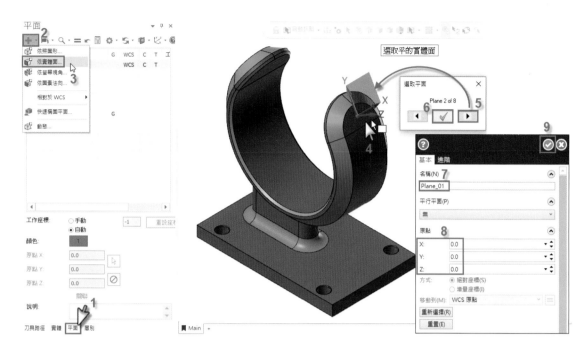

選取平的實體面

請將視角旋轉至另一方向，以同樣方式建立的新的平面。

- 選擇**建立新平面**，再選擇**依實體面**。

  點選模型上的實體面（此時會出現平面指標軸）

  點選**下一個平面**切換如圖的平面指標（請特別注意 Z 軸方向）

  選擇**儲存此平面**，完成選取平面對話框。

- 輸入建立的平面名稱為 **Plane_02**

  將原點的 XYZ 座標更改為 0（若控制器有傾斜面座標轉換功能則你無須更改，控制器將會自動做轉換運算）。

  選擇**確定**，完成新的平面對話框。

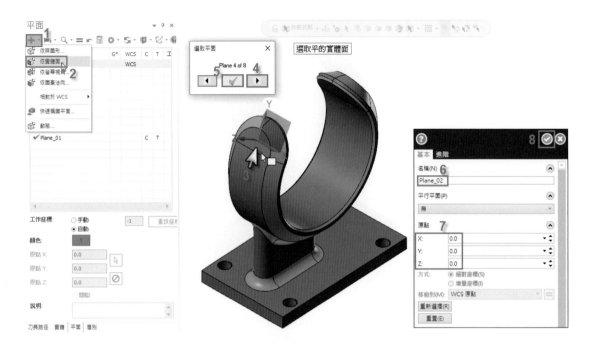

- 點選左下角處的**平面**,確認 **WCS** 為俯視圖(Top),將構圖平面(C)與刀具平面(T)切換到 **Plane_01**。
- 點選**刀具路徑**選項卡 **_2D** 內的**外形:**

  將串連切換到**實體串連**,點選**邊界**選取方式。

  選取如圖的實體邊界(利用分支的上一個、換向、下一個),確認串連的方向與位置(請選取下方的外形)。

  再點擊**確定**結束實體串連對話框。

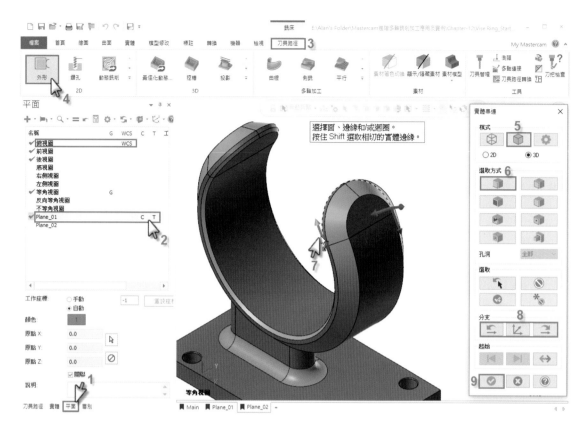

在 2D 刀具路徑 — 外形銑削工法視窗中設定相關參數：

- 點選**刀具**頁面，選擇刀號 1：16mm 平刀的刀具，由頁面中可更改切削條件。
- 點選**切削參數**頁面，設定下列參數：

  補正方式：電腦，補正方向：左，外形銑削方式：2D

  壁邊預留量：0，底面預留量：0

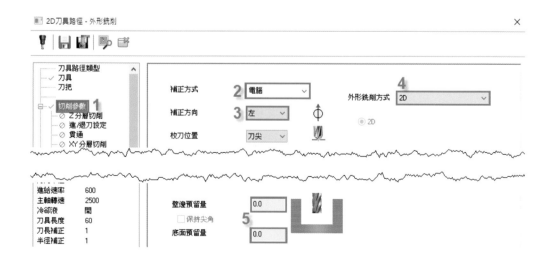

- 點選**進/退刀設定**頁面,設定下列參數:

  勾選**使用進/退刀設定**、勾選**進刀**

  在直線選項勾選**相切**,長度為 5。

  在圓弧選項處,輸入半徑:5、掃描角度:90。

  再點擊中間複製箭頭將進刀參數複製到退刀參數。

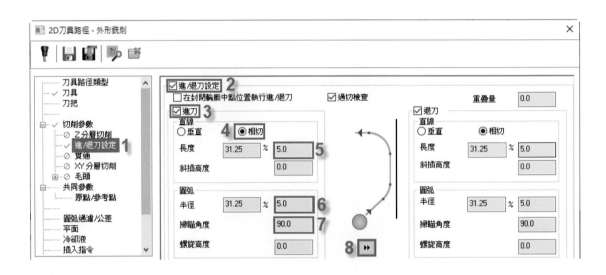

- 點選**共同參數**頁面,設定下列參數:

  安全高度:50(增量座標)

  進給下刀:3(增量座標)

  工件表面:0(增量座標)

  深度:-1(增量座標)

  再點擊**確定**完成參數設定。

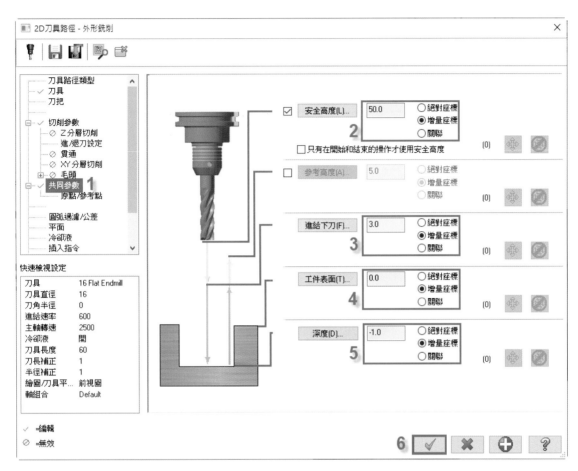

• 執行刀具路徑運算，刀具路徑運算結果如圖。

另一邊的方向，你需要利用 Plane_02 的平面來生成刀具路徑，使用者可參考此篇前一章節，利用複製操作的方式，改變刀具路徑的圖形與參數平面來產生路徑，或是自行換至 Plane_02 製作新的 2D 外形加工路徑。

三、外形精修

接下來，我們將針對大外形的部分做精修，因為整體的深度需要較長的刀刃，所以利用直徑較大的刀具來做精修。因為此刀具也會應用在後面做側銑的多軸路徑，所以要特別注意刀桿尺寸與伸出長度，以避免干涉（可參考第十五章刀具路徑安全驗證及實體模擬）。

- 點選左下角處的**層別**：
  將層別僅開啟層別號碼 1，關閉其他層別。
- 切換螢幕視角為**前視圖**，並將螢幕圖素**適度化**。
- 點選**刀具路徑**選項卡 _**2D** 內的**外形**：
  將串連切換到**線架構**，點選部分串連選取方式。
  選取繪圖區內如圖的藍色的圖素（請注意部分串連為選擇開始與結束）。
  再點擊**確定**結束線架構串連對話框。

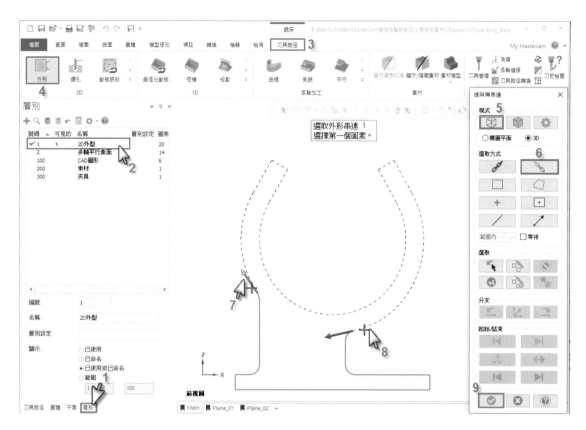

在 2D 刀具路徑 — 外形銑削工法視窗中設定相關參數：

- 點選**刀具**頁面，選擇刀號 2：25mm 平刀的刀具，由頁面中可更改切削條件。
- 點選**刀把**頁面，可由資料庫中自行選擇（B4Y5-M018）或自行建立實際使用的刀把，並定義夾持長度為 90。
- 點選**切削參數**頁面，設定下列參數：

補正方式：電腦

補正方向：左

外形銑削方式：2D

壁邊預留量：0

底面預留量：0

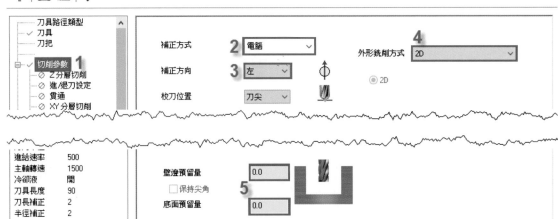

- 點選進 / 退刀設定頁面，設定下列參數：

  勾選使用進 / 退刀設定，勾選進刀。

  在直線選項勾選相切，長度為 5。

  在圓弧選項處，輸入半徑：1、掃描角度：90。

  再點擊中間複製箭頭將進刀參數複製到退刀參數。

- 勾選調整輪廓開始位置、勾選縮短，長度為 2。

- 再點擊中間複製箭頭將開始位置參數複製到結束位置，並修改長度為 5。

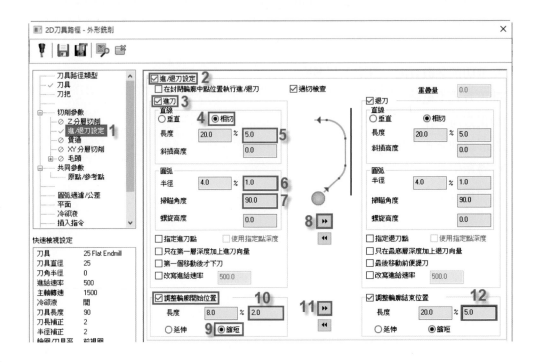

- 點選 **XY 分層切削**頁面，設定下列參數：

  勾選使用 **XY 分層切削**

  粗加工次數：1、間距 0

  精加工次數：1、間距 0.1

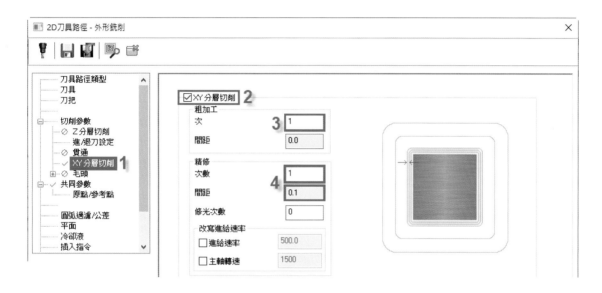

- 點選**共同參數**頁面，設定下列參數：

  安全高度：100（絕對座標）

  進給下刀：3（增量座標）

  工件表面：28（絕對座標）

  深度：-28.5（絕對座標）

  再點擊**確定**完成參數設定。

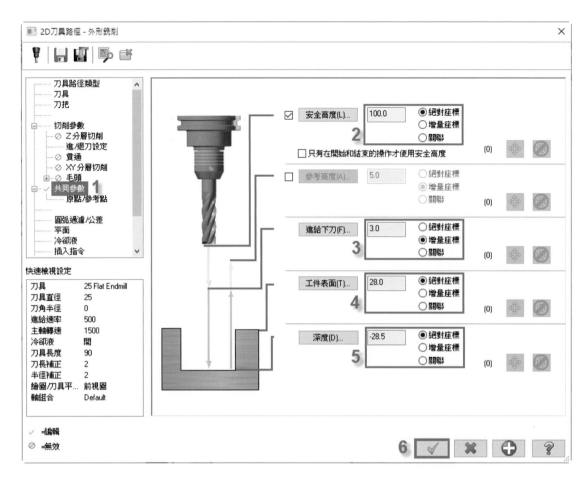

- 執行刀具路徑運算，刀具路徑運算結果如圖。
- 將層別號碼 100 也開啟。

四、曲線刀具路徑

接下來精修底部的大平面，我們利用多軸工法中的曲線工法。

- 點選**刀具路徑**選項卡 _ **多軸加工**工法內的**曲線**。

在多軸刀具路徑 － 曲線工法視窗中設定相關參數：

- 點選**刀具**頁面，選擇刀號 2：25mm 平刀的刀具，由頁面中可更改切削條件。
- 點**素材**頁面，設定下列參數：

  勾選**使用素材**，選擇定義素材爲**素材模型**：Stock。

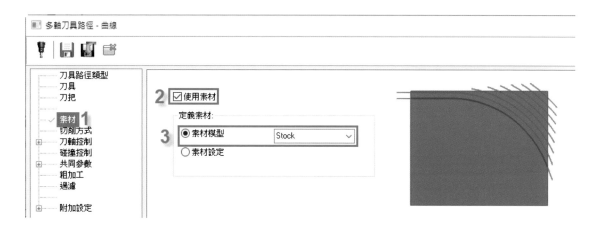

- 點選**切削方式**頁面，設定下列參數：

  曲線類型：3D 曲線

  補正方式：電腦

  補正方向：左

  徑向補正：12.5

  勾選**增加距離**、距離：0.5

  刀具路徑連接方式：勾選**距離**、距離：0.5

切削公差：0.01

點選**選取曲線**

- 將串連切換到**實體串連**，點選**邊界**選取方式。

按住 Shift 鍵選取相切的實體邊界，選取如圖的實體邊界。

再點擊**確定**結束實體串連對話框。

- 點選**刀軸控制**頁面，設定下列參數：

  刀軸控制：直線

  輸出方式：5軸

  旋轉軸：Z軸

  點選選取直線

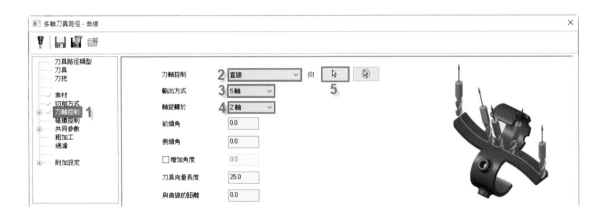

- 點選選取線：

  選取繪圖區內如圖的直線（請注意選取的位置與箭頭方向）

  勾選**相對於方向**

  再點擊**確定**結束線性刀軸控制對話框。

- 點選**碰撞控制**頁面，設定下列參數：

  刀尖控制選擇爲**在選取曲線上**

- 點選**共同參數**頁面，設定下列參數：

  安全高度：50（增量座標）

  參考高度：10

  進給下刀位置：5

- 點選**進 / 退刀**頁面，設定下列參數：

  勾選**進 / 退刀、進刀曲線、總是使用**。

  長度：5、厚度：5

  選擇**正切進入**

  方向：左

  選擇**複製參數**

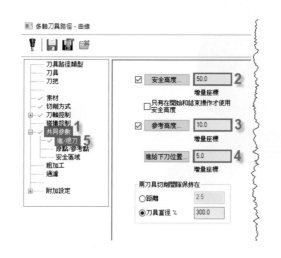
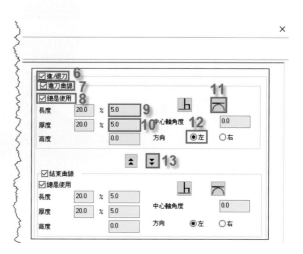

- 點選**安全區域**頁面，設定下列參數：

　勾選**安全區域**

　選取旋轉軸：Z

　勾選**使用進給速率**：5000

　點擊**定義形狀**

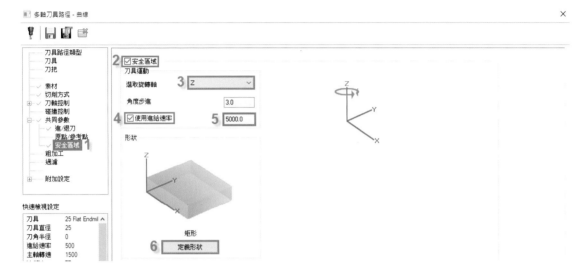

- 選取要計算安全區域的圖形，點擊**結束選取**。

　形狀設定為：**圓柱體**

　軸心設定為：Z

　圓柱體設定尺寸為：半徑 100

　點擊**確定**結束安全區域對話框。

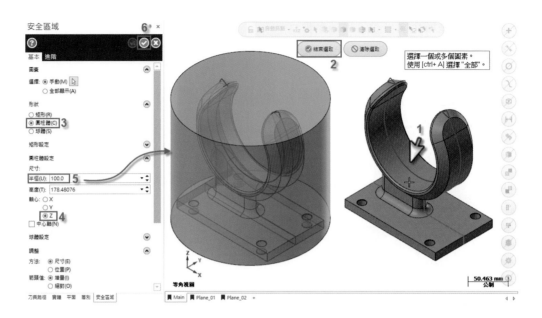

- 點選**粗加工**頁面，設定下列參數：

  勾選**深度分層切削**（此處為深度方向）

  粗加工次數：3、粗加工量：20、精修次數：1、精修量：5

  勾選**深度分層切削**（此處為平面方向）

  粗加工次數：1、間距：0、精修次數：1、間距：0.1

  勾選**不提刀**，執行精修時：最後深度

  再點擊**確定**完成參數設定。

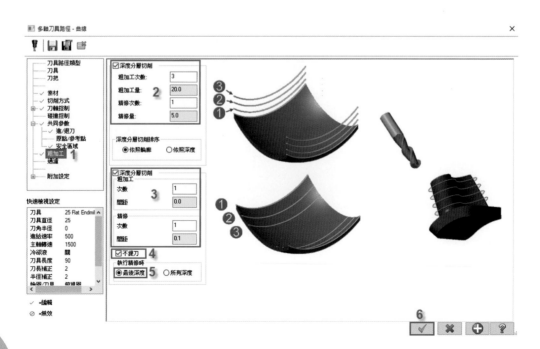

- 執行刀具路徑運算，刀具路徑運算結果如圖。

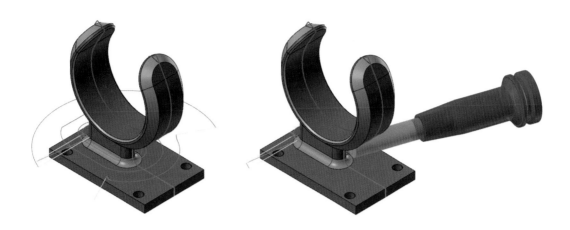

五、側銑刀具路徑

接下來利用在多軸工法中的側銑工法，來精修模型上的 C 角部分，以達到更加光潔的加工表面。

- 點選**刀具路徑**選項卡 _ **多軸加工工法**內的**側銑**。

在多軸刀具路徑 — 側銑工法視窗中設定相關參數：

- 點選**刀具**頁面，選擇刀號 2：25mm 平刀的刀具，由頁面中可更改切削條件。
- 點選**切削方式**頁面，設定下列參數：

  選取圖形：點擊側銑曲面旁的箭頭

  按住 Shift 鍵選取畫面上相切的實體面

  點擊**結束選取**回到側銑工法視窗

461

- 勾選**引導曲線**

　—點擊上邊界旁的箭頭，選取上邊界。將串連切換到**實體串連**，點選**邊界**選取方式。

　　按住 Shift 鍵選取相切的實體邊界，選取如圖的左邊實體邊界。

　　再點擊**確定**結束實體串連對話框，回到側銑工法視窗。

　—點擊下邊界旁的箭頭，選取下邊界。

　按住 Shift 鍵選取相切的**實體邊界**，選取如
圖的右邊實體邊界，再點擊**確定**結束實體串
連對話框，回到側銑工法視窗。

　設定加工方向：順銑

　引導刀具至：底部曲線

　開始點類型：完全符合

　在曲面公差選項：

　輸入切削公差：0.01

　勾選**最大距離設定為 0.5**

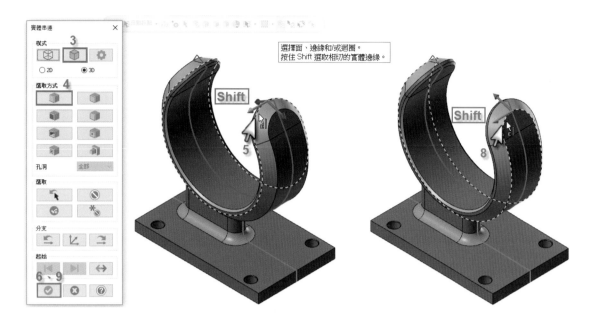

- 在**刀軸控制**、**過切檢查**頁面，僅將**輸出方式**選擇 **5 軸**，其餘參數無須調整。
- 在**連接方式**頁面，設定下列參數：

  在進／退刀的設定

  首次進刀點選擇：從安全高度使用進刀

  最後退刀點選擇：返回安全高度使用切出

  安全區域的類型：圓柱

  方向：Z 軸

  半徑：80

  距離選項的設定

  快速移動距離：80

  進刀進給距離：5

  退刀進給距離：5

  空切移動安全距離：10

- 在**預設進刀／退刀**頁面，使用內定值（切弧）即可。

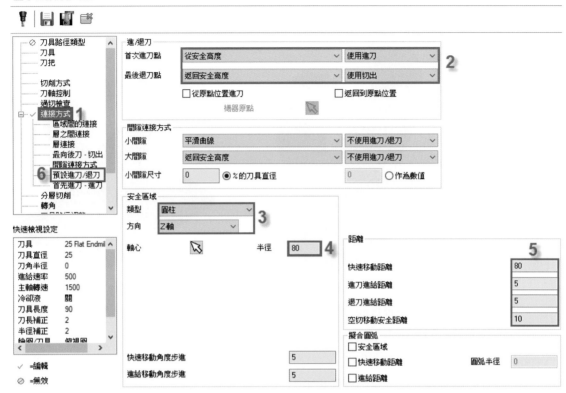

- 在**分層切削**頁面，設定下列參數：

    刀具引導內的刀具偏移，設定到：-1（此為讓刀尖位置再深 1mm）

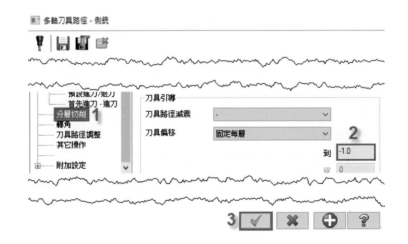

- 執行刀具路徑運算，刀具路徑運算結果如圖。

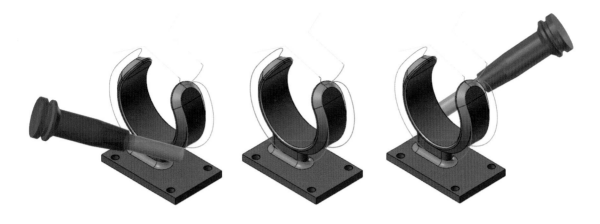

- 繼續執行**多軸**加工的**側銑**（為方便選取，請切換到**反向等角視圖**）。
- 點選**刀具**頁面，選擇刀號 2：25mm 平刀的刀具，由頁面中可更改切削條件。
- 點選**切削方式**頁面，設定下列參數（選取請參考如圖的位置）。

  選取側銑曲面的實體面

  選取引導曲線的上邊界

  選取引導曲線的下邊界

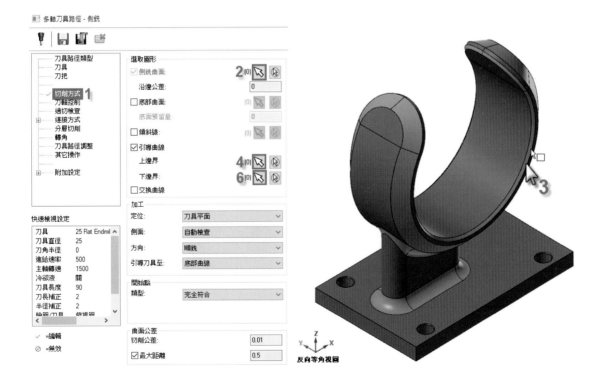

Y Z X
反向等角視圖

上邊界　下邊界
5　7

- 在**連接方式**頁面下的**預設進刀／退刀**頁面，設定下列參數：

  在進刀的設定，類型：切弧

  圓弧直徑／刀具直徑 %：20（此值不可太大，避免因切入切出導致碰撞）

  選擇**複製參數**將進刀參數複製到切出參數

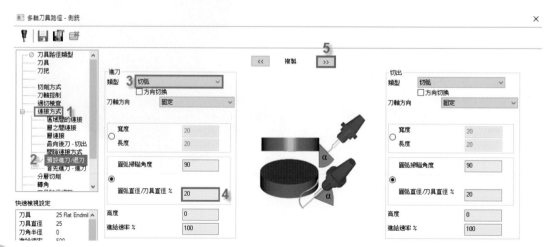

- 在**刀具路徑調整**頁面，設定下列參數：

  勾選**使用進給速率取代快速移動**：5000（此爲將 G00 動作轉換爲 G01）

  勾選**轉換 / 平移**，軸 / 方向選擇爲 Z 軸

  基準點請選擇如圖位置的**圓心點**

  切削次數：2

  旋轉開始角度：0、旋轉角度：180

  再點擊**確定**完成參數設定。

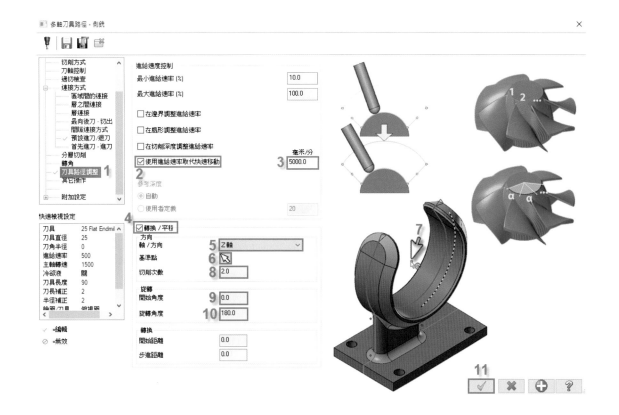

- 執行刀具路徑運算，刀具路徑運算結果如圖。

- 繼續執行**多軸加工**的**側銑**（為方便選取，一樣請切換到**反向等角視圖**）。
- 點選**切削方式**頁面，設定下列參數（選取請參考如圖的位置）。

  選取側銑曲面的實體面（共有 2 個實體面）

  選取引導曲線的上邊界（如圖的局部串連實體邊界）

  選取引導曲線的下邊界（如圖的局部串連實體邊界）

  再點擊**確定**完成參數設定。

  因 *Mastercam®* 會記憶之前所設定之參數，所以可以無需修改其他參數選項，若要確認參數，可參考前一步驟即可！

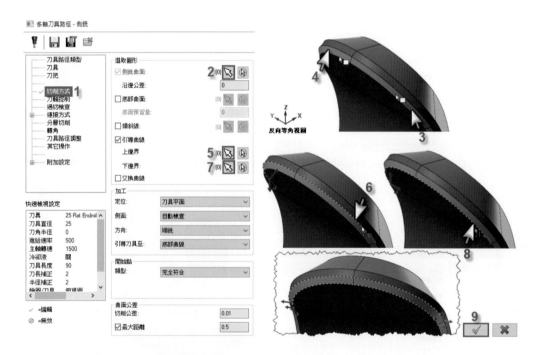

- 執行刀具路徑運算，刀具路徑運算結果如圖。

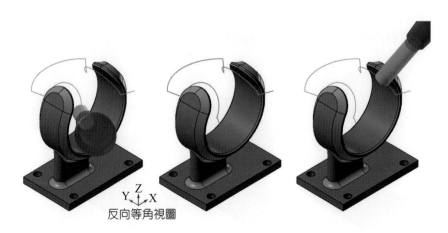

反向等角視圖

六、曲線投影刀具路徑

接下來利用多軸工法中的曲線投影工法，來精修模型上頸部相接的 R 角部分。

• 點選**刀具路徑**選項卡 _ **多軸加工**工法內的**投影曲線**。

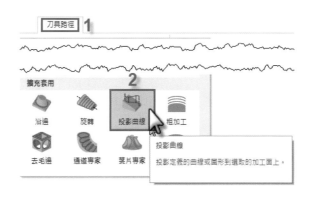

在多軸刀具路徑 — 投影曲線工法視窗中設定相關參數：

• 點選**刀具**頁面，選擇刀號 3：16mm 球刀的刀具，由頁面中可更改切削條件。

• 點選**刀把**頁面，可由資料庫中自行選擇（B4Y5-M010）或自行建立實際使用的刀把，並定義夾持長度為 65。

• 點選**切削方式**頁面，設定下列參數：

類型：使用者定義

投影方向：曲面法向

投影：點擊箭頭選取實體邊界

• 將串連切換到**實體串連**，點選**邊界**選取方式，選取如圖的實體邊界（利用分支的上一個、換向、下一個），確認串連的方向與位置，再點擊**確定**結束實體串連對話框。

• 加工面：點擊箭頭選取實體面。

請注意選取圖面上的 4 個實體面。

點擊**結束選取**回到投影曲線工法視窗。

• 設定曲面公差的切削公差：0.01。

勾選**最大距離**，並設定為 0.5。

■ 多軸刀具路徑 - 投影曲線

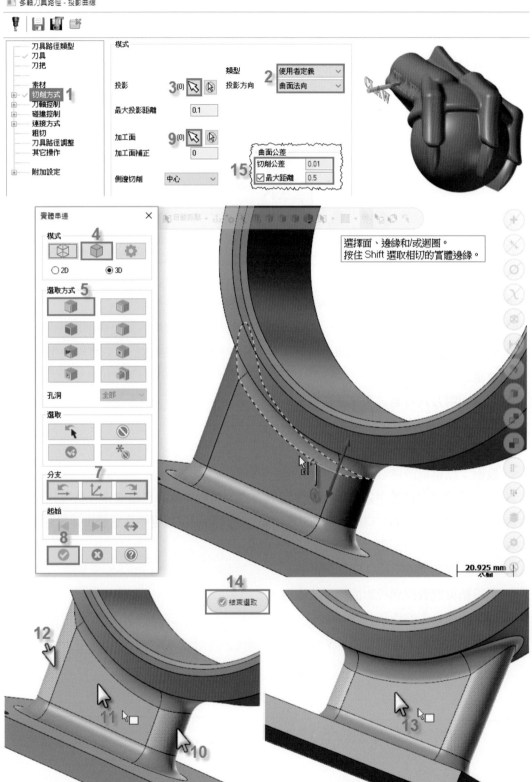

- 點選**刀軸控制**頁面，設定下列參數：

  最大角度步進量：1

  刀軸控制：曲面傾斜

  定義側傾：在每個位置正交於切削方向

  前傾角：5（避免靜點切削）

  側傾角：-5（傾斜刀具使其不垂直正交於實體面）

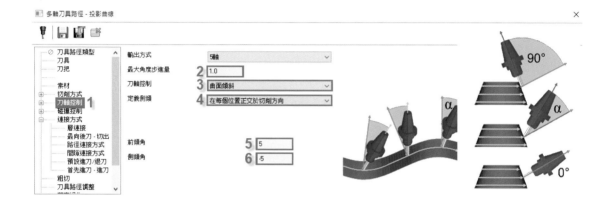

- 在**連接方式**頁面，設定下列參數：

  在進／退刀的設定

  首次進刀點選擇：從安全高度使用進刀

  最後退刀點選擇：返回安全高度使用切出

  安全區域的類型：圓柱

  方向：Z軸

  半徑：100

  距離選項的設定

  快速移動距離：30

  進刀進給距離：5

  退刀進給距離：5

  空切移動安全距離：10

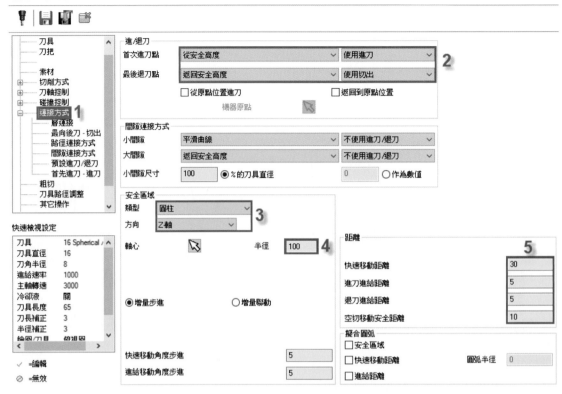

- 在**連接方式**頁面下的**預設進刀 / 退刀**頁面,設定下列參數:

  在進刀的設定,類型:垂直切弧

  圓弧直徑 / 刀具直徑 %:100

  選擇**複製參數**將進刀參數複製到切出參數

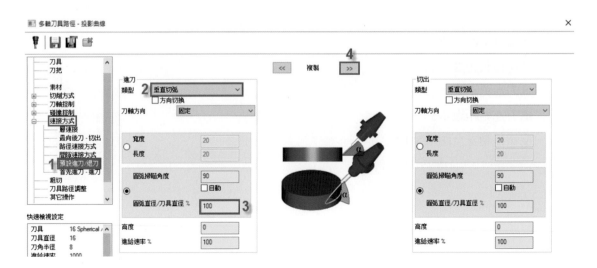

- 點選**粗切**頁面，設定下列參數：

　勾選**深度切削**

　粗切數量：3、間距：0.2

　精修數量：1、間距：0.1

　再點擊**確定**完成參數設定。

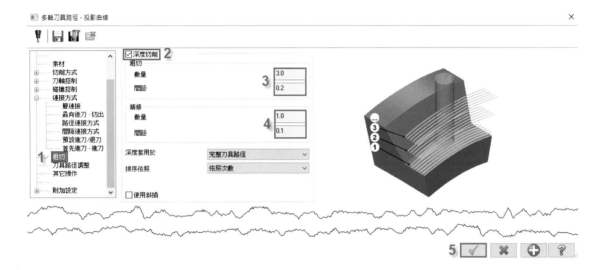

- 執行刀具路徑運算，刀具路徑運算結果如圖（可搭配開啟層別號碼 300 的夾具）。

接下來我們一樣使用複製這個操作，快速產生下方的路徑（請參考前方說明）。

- 選擇**操作 13- 曲線投影：**

　按滑鼠右鍵，選擇**複製**，在空白處**再按滑鼠右鍵**，選擇**貼上**，即可產生**操作 14** 的路徑操作。

- 點擊操作 **14- 曲線投影**的**參數**，進入參數畫面。
- 點選**切削方式**頁面，設定下列參數：

  投影：先點擊**清除選取箭頭**再點擊**選取箭頭**選擇實體邊界
- 將串連切換到**實體串連**，點選**邊界**選取方式。

  選取如圖的實體邊界（利用分支的上一個、換向、下一個）確認串連的方向與位置，
  再點擊**確定**結束實體串連對話框。

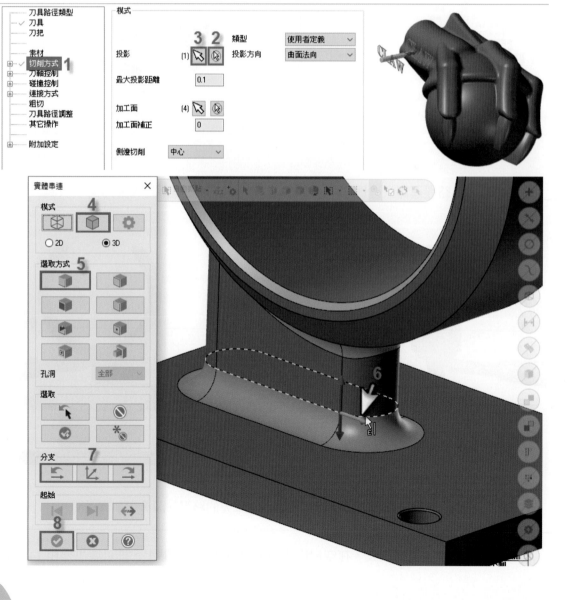

- 點選**刀軸控制**頁面，設定下列參數：

　側傾角：-15（傾斜刀具使其不垂直正交於實體面）

　再點擊**確定**完成參數設定。

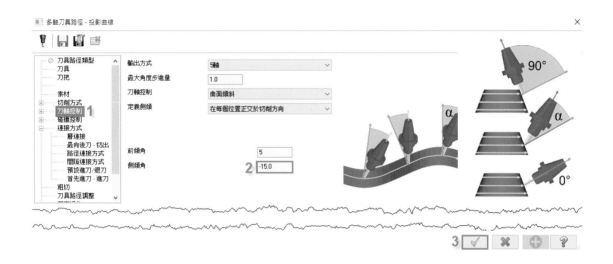

- 點選**重建全部已失效的操作**，路徑將重新計算成修改後的路徑。
- 執行刀具路徑運算，刀具路徑運算結果如圖（可搭配開啟層別號碼 300 的夾具）。

七、漸變刀具路徑

　接下來利用在多軸路徑中的漸變工法，來精修模型上的頸部部分。

- 點選**刀具路徑選項卡 _ 多軸加工工法**內的**漸變**。

在多軸刀具路徑 — 漸變工法視窗中設定相關參數：

- 點選**刀具**頁面，選擇刀號 3：16mm 球刀的刀具，由頁面中可更改切削條件。

- 點選**切削方式**頁面，設定下列參數：

  從模型：曲線，點擊曲線旁邊的箭頭

- 將串連切換到**實體串連**，點選**邊界**選取方式，選取如圖的實體邊界（利用分支的上一個、換向、下一個），確認串連的方向與位置，再點擊**確定**結束實體串連對話框。

- 到模型，點擊模型圖形旁邊的箭頭。

- 選取如圖的實體邊界（利用分支的上一個、換向、下一個），確認串連的方向與位置，再點擊**確定**結束實體串連對話框。

- 點擊加工面旁邊的箭頭：

  請注意選取圖面上的 4 個實體面。

  點擊**結束選取**回到漸變工法視窗。

■ 多軸刀具路徑 - 漸變

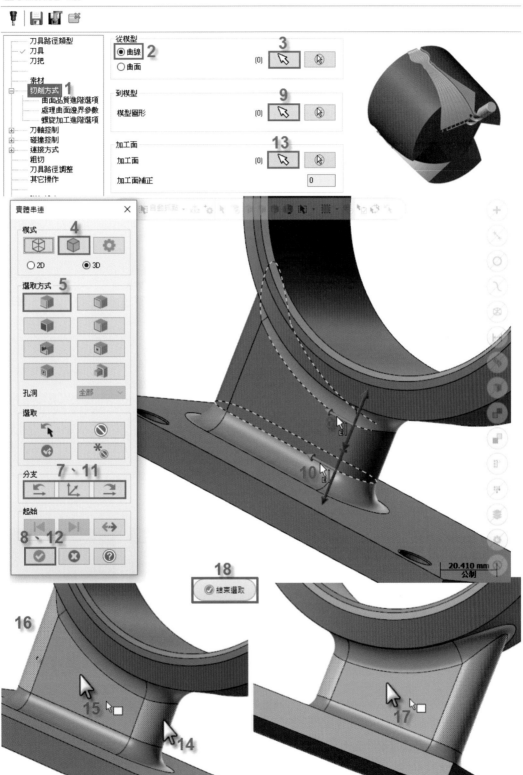

- 繼續設定 — 點選**切削方式**頁面的參數：

類型：完整精確避讓切削邊緣

切削方式：螺旋

單向加工方向：順銑

勾選**最大距離**：0.5，並設定切削公差 0.01

在步進量選項內，設定最大步進量：0.3

- 在**切削方式**頁面下的**曲面品質進階選項**頁面，設定下列參數：

勾選**平滑的刀具路徑**

平滑的距離：0.3、檢查角度：5

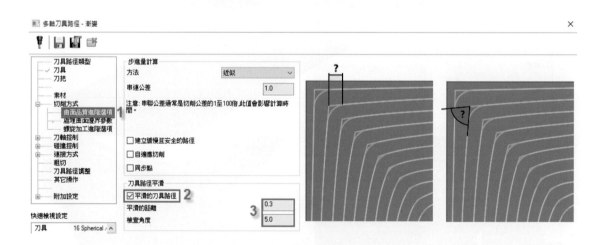

- 點選**刀軸控制**頁面，設定下列參數：

最大角度步進量：1

刀軸控制：曲面傾斜

定義側傾：在每個位置正交於切削方向

前傾角：5

側傾角：-8

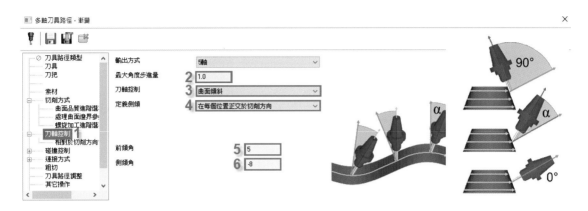

- 在**刀軸控制**頁面下的**相對於切削方向傾斜進階選項**頁面，設定下列參數。

  側傾角漸變 15（此處的設定將可讓原先側傾角從 -8 度變化至 -8 + 15 = 7 度）

- 在**連接方式**頁面，設定下列參數：

  在進 / 退刀的設定

  首次進刀點選擇：從安全高度使用進刀

  最後退刀點選擇：返回安全高度使用切出

  安全區域的類型：圓柱

  方向：Z 軸

  半徑：100

  距離選項的設定

  快速移動距離：30

  進刀進給距離：5

  退刀進給距離：5

  空切移動安全距離：10

ᵃMastercam 進階多軸銑削加工應用及實例

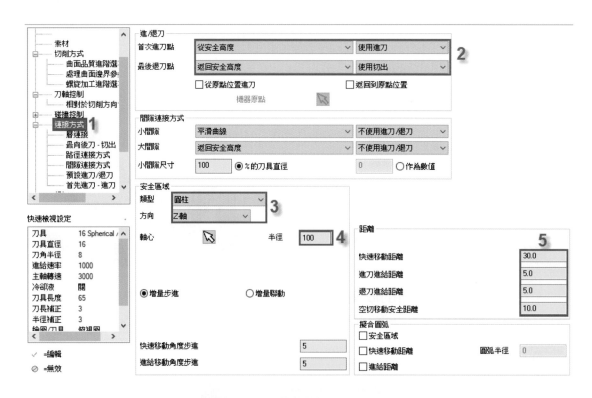

- 在**連接方式**頁面下的**預設進刀 / 退刀**頁面，設定下列參數：

  在進刀的設定，類型：垂直切弧

  圓弧直徑 / 刀具直徑 %：100

  選擇**複製參數**將進刀參數複製到切出參數

  再點擊**確定**完成參數設定。

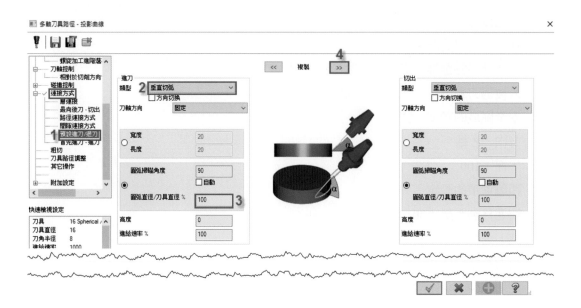

480

- 執行刀具路徑運算，刀具路徑運算結果如圖（可搭配開啓層別號碼 300 的夾具）。

八、平行刀具路徑

　　如圖幾處，因爲固定軸與五軸路徑的曲線投影加工會有部分需要再精修，所以利用另一種多軸加工路徑來介紹這幾處的精修。爲了方便解說與製作路徑，我們已經先由實體產生所需要會用到的曲面與邊界線，所以請先將層別**僅開啓層別號碼** 2，關閉其他層別。

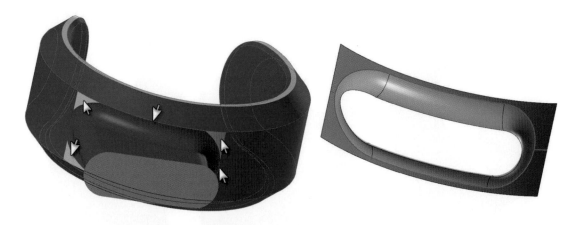

- 點選刀具路徑選項卡 _ 多軸加工內的平行。

在多軸刀具路徑 — 平行工法視窗中設定相關參數：

- 點選刀具頁面，選擇刀號 3：16mm 球刀的刀具，由頁面中可更改切削條件。
- 點選切削方式頁面，設定下列參數：

  平行到：曲線，點擊曲線旁邊的箭頭。

- 將串連切換到線架構，點選串連選取方式。

  選取如圖的外型串連線架構，確認串連的方向與位置，再點擊確定結束線架構串連對話框。

- 加工面，點擊加工面旁邊的箭頭，選取如圖位置的曲面，再點擊結束選取回到切削方式頁面。

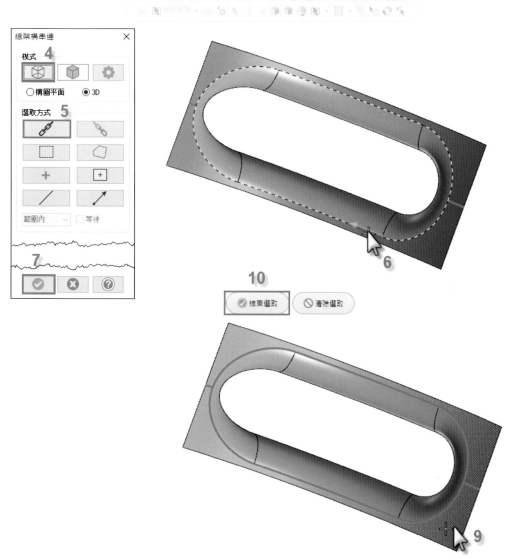

• 繼續設定點**切削方式**頁面的參數：

類型：完整精確避讓切削邊緣

切削排序選項部分可依照內定值（參考如圖所示）

加工排序：區域

勾選**最大距離**：0.5，並設定切削公差 0.01

在步進量選項內，設定最大步進量：0.2

- 在**切削方式**頁面下的**曲面品質進階選項**頁面，設定下列參數：

勾選**平滑的刀具路徑**

平滑的距離：0.5、檢查角度：5

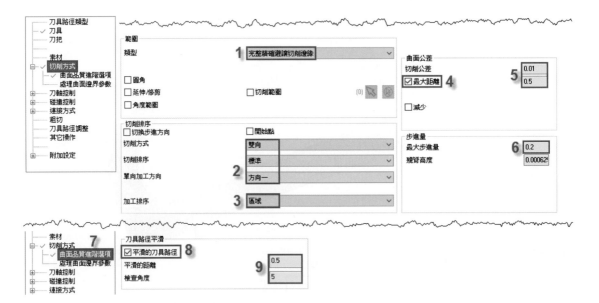

- 點選**刀軸控制**頁面，設定下列參數：

最大角度步進量：1

刀軸控制：與軸固定角度，選擇 Z 軸

傾斜角度：95

勾選**保持傾斜**

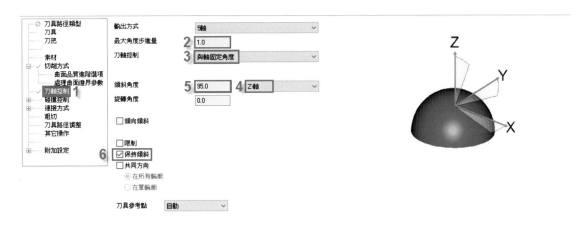

- 點選**碰撞控制**頁面，設定下列參數：

  勾選**檢查刀刃、刀肩**

  策略與參數：提刀、沿刀軸

  幾何圖形：勾選**加工面**、設定公差：0.01

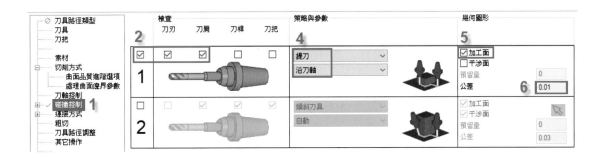

- 在**連接方式**頁面，設定下列參數：

  在進／退刀的設定

  首次進刀點選擇：從安全高度使用進刀

  最後退刀點選擇：返回安全高度使用切出

  安全區域的類型：圓柱

  方向：Z 軸

  半徑：100

  距離選項的設定

  快速移動距離：30

  進刀進給距離：5

  退刀進給距離：5

  空切移動安全距離：10

- 在**連接方式**頁面下的**預設進刀/退刀**頁面，設定下列參數：

  在進刀的設定，類型：垂直切弧

  圓弧直徑/刀具直徑%：50

  選擇**複製參數**將進刀參數複製到切出參數

  再點擊**確定**完成參數設定。

- 在**刀具路徑調整**頁面，設定下列參數：

  勾選**使用進給速率取代快速移動**：5000

再點擊**確定**完成參數設定。

- 執行刀具路徑運算，刀具路徑運算結果如圖（開啟層別號碼 100、300）。

- 實體驗證與整機模擬結果如圖。

五軸銑削加工實例：骨板

學 習 重 點

本章節將以骨板件介紹 *Mastercam*® 多軸銑削的工法應用，包括有三軸加工工序說明、側銑多層多刀的加工應用、多軸鑽孔與倒角加工及導圓角的加工應用工法，透過這些工法的選用，可讓您完整的了解加工骨板與多軸加工上的不一樣思維做法。

13-1 基本設定（Basic Setup）

一、輸入專案

經由光碟 Chapter-13 輸入開啟 "Mastercam Bone plate_Start.mcam" 專案檔，您也可以使用滑鼠的左鍵，點選專案直接拖拉到工作視窗來做開啟。

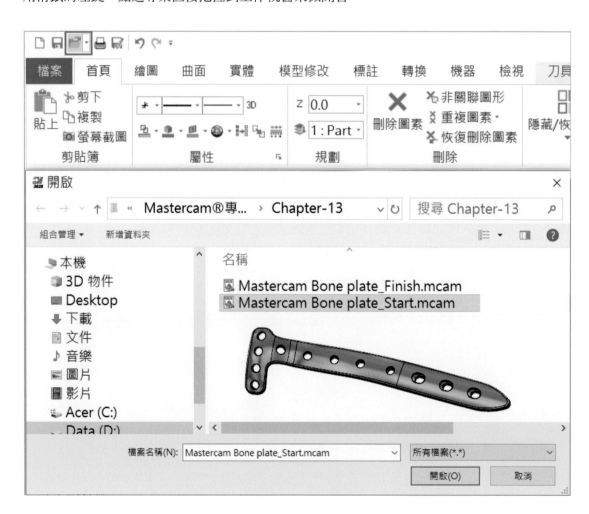

二、素材設定

建議使用的素材分類有：

1. 使用的長方素材為長 120mm、寬 35mm、高度 10mm，層別 101_ 名稱 Stock。

2. 實際加工可增加夾持基座或攻牙鎖螺絲加銷孔做定位。

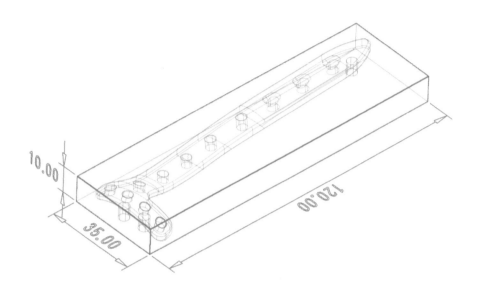

- 點擊**層別**，開啓層別 101_ 名稱 Stock。
- 點選管理列中的**素材設定**。
- 從頁面中選擇**實體／網格**。
- 點擊選擇 icon，點選此層別 101_ 名稱 Stock 的實體。
- 點選確定，以完成此素材的設定（此素材的設定只做為實體模擬的使用）。

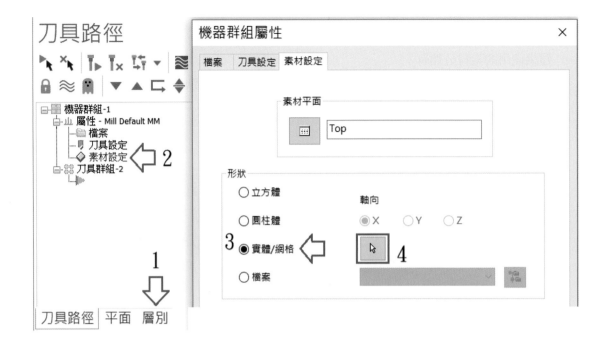

三、工作座標

當前這個骨板件設計無法一次性定位加工完成，我們需要正反兩個工作座標的方向和部分的孔需要定義固定軸向的工作座標。假若你想要一次性的定位加工完成，那麼建議你可以設計 support 做支撐與側向夾持的作業方式。

wp4 的工作座標，我們已預先定義完成或者你可以使用底視圖，我們將說明以下的 wp4 操作定義方式：

- 點擊**平面**，點選建立新平面。
- 點選相對於 WCS，選擇俯視圖。
- 由新的平面視窗中，輸入名稱 wp4。
- 點選確定。

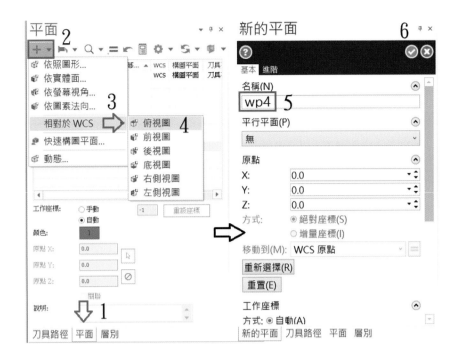

- 使用滑鼠移動到名稱 wp4 的工作座標位置，然後點擊滑鼠右鍵以開啟右鍵功能表。選擇**增量 / 旋轉**。
- 旋轉平面 _ 相對於 X 輸入 180 度，點選確定，以完成此工作座標的設定。

接下來我們來說明定義幾個特徵孔的 3+2 固定軸向工作座標：

- 請開啟勾選作動層別 13_ 名稱 wp lines。
- 使用繪圖的**單一邊界線**功能，抓取特徵孔的壁邊線以作爲定義工作座標的圖素（假若是正圓的特徵孔，你可以使用選項卡模型修改中的**孔 - 中心軸**，來抓取孔的中心線）。

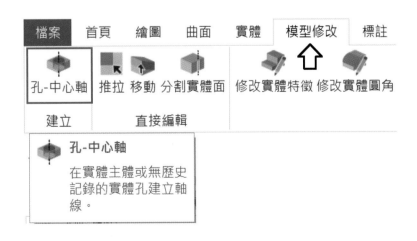

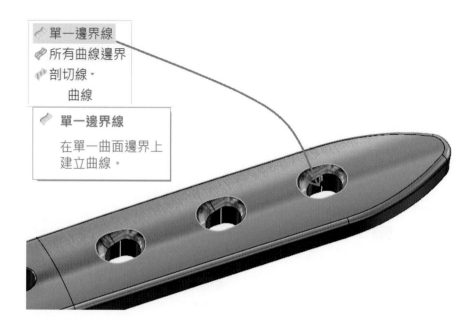

- 點擊**平面**,點選建立新平面。
- 由下拉功能中點選**依圖素法向 ...**。
- 點選此單一邊界線,將顯示新建立的工作座標,並點擊切換下一個平面至所需的座標 方向(可對齊世界座標)。
- 點選確定

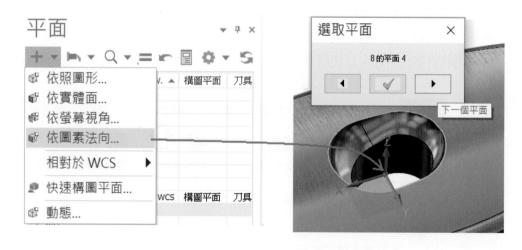

- 由新的平面視窗中,輸入名稱 wp3。
- 原點座標輸入 X0/Y0/Z0(機臺有座標轉換功能,你可以不需要移動此工作座標的位 置)。
- 點選確定。

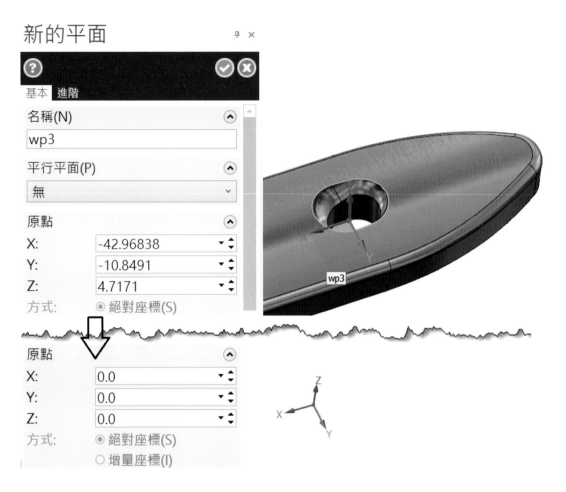

完成此特徵 wp3 的工作座標設定，依序兩個特徵孔的固定軸向工作座標，你可以比照此操作方式做設定。

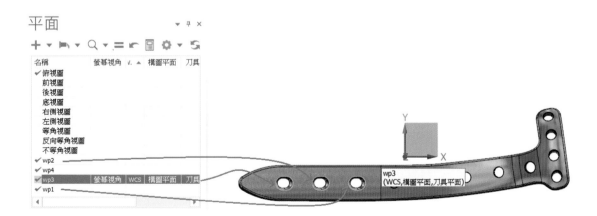

四、建立刀具

- 刀具選用設定如下（刀號和切削條件可自行做定義或修改）：

  1. 平銑刀直徑 D10。

  2. 平銑刀直徑 D5。

  3. 圓鼻銑刀直徑 D8 圓角半徑 R1。

  4. 圓鼻銑刀直徑 D2.5 圓角半徑 R0.1。

  5. 球刀，直徑 8mm。

  6. 球刀，直徑 6mm。

  7. 倒角刀，直徑 4-45 度。

  8. 導圓刀，直徑 4- 圓角 0.4。

  （刀把與相關切削參數可依加工的材質自行定義）

編號	裝配名稱	刀具名稱	刀把名稱	直徑	刀角…	長度	刀刃數	類型	半徑…
1		10 平刀	B2C3-0016	10.0	0.0	25.0	4	平刀	無
2		8 圓鼻銑刀	B2C3-0016	8.0	1.0	15.0	4	圓鼻刀	角落
3		8 球刀/圓…	B2C3-0016	8.0	4.0	15.0	4	球刀	全部
4		6 球刀/圓…	B2C3-0016	6.0	3.0	25.0	4	球刀	全部
5		2.5 圓鼻銑刀	B2C3-0016	2.5	0.1	10.0	4	圓鼻刀	角落
6		5 平刀	B2C3-0016	5.0	0.0	15.0	4	平刀	無
7		4 倒角刀	B2C3-0016	4.0-45	0.0	5.0	4	倒角刀	無
8		4 圓角成型…	B2C3-0016	4.0	0.4	6.0	4	圓角…	角落

13-2 加工工法應用（Application of Machining）

正面加工應用

一、三軸加工工序

　　三軸加工工序包括有動態擺線粗加工、再粗加工及型面的中精加工。本節正面的三軸工法刀具路徑部分，我們將以概要的方式來做說明（專案內已備有刀具路徑）。

- 確認俯視圖為輸出工作座標 WCS 與構圖平面及刀具平面的定義。

- 填補孔以防加工時，產生落刀重切的問題發生。

  （點選曲面的**填補內孔**功能，直接點擊要填補孔的邊緣線即可。）

由實體產生曲面　平面修剪　舉升　　挤出　牽引　圍籬　　　修剪到曲線　填補內孔
　　　　　　　　　　　　　　掃瞄　網格　Power Surface　　　　　延伸▾
　　　　　　　　　　　　　　旋轉　補正　　　　　　　　　　　　曲面與曲面倒圓角▾
　　　　　　　　　　　　建立　　　　　　　　　　　　　　　　　　　　修改

填補內孔

封閉開放的修剪曲面，填補內孔（包括修剪的曲面）和外孔（修剪相交的外邊界）

請開啟層別 2_ 名稱 full hole，為已填補好的曲面

動態擺線粗加工 —	
• 工法：2D 動態銑削 • 切削範圍：圖 a • 刀具：平銑刀 D10、刀把 B2C3-0016、夾持長度為 35 • 步進量：1.8mm • 預留量：壁邊 0.2、底面 0.0 • 進刀方式：單一螺旋、進刀角度 1.0 • 共同參數：安全高度 50、進給下刀 3 工作表面 1 • 刀具路徑運算結果：圖 b	**動態銑削** 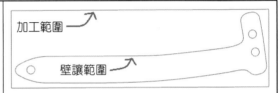 圖 a_（層別 5） 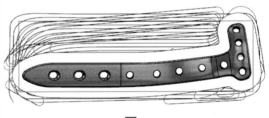 圖 b
再粗加工 —	
• 工法：3D 區域粗加工 • 模型幾何圖形：圖 c 　預留量：壁邊／底面都為 0.3 • 切削範圍：圖 d（定義僅加工範圍內刀具位置_外部／補正距離 2.0 • 刀具：圓鼻銑刀 D8R1、刀把 B2C3-0016、夾持長度為 35 • 剩餘素材：建立素材模型、使用模型層別 102 的形狀素材 • 切削參數：分層深度 0.8mm 　　　　XY 步進量 _ 最小 2.2 最大 4	**區域粗加工** 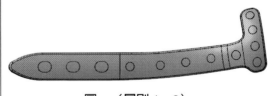 圖 c_（層別 1、2） 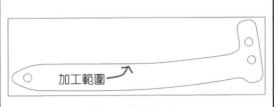 圖 d_（層別 5）

• 進刀方式：螺旋進刀、Z 高度 1.0 及進刀角度 1.0 • 共同參數：安全高度 50、最小垂直提刀 • 刀具路徑運算結果：圖 e	 圖 e
骨板型面中加工 — • 工法：3D 平行加工　 平行 • 模型幾何圖形：圖 f 　預留量：壁邊／底面都為 0.15 • 切削範圍：圖 g_ 定義控制方式為刀尖、刀具位 　置為中心 • 刀具：球銑刀 D8R4、刀把 B2C3-0016、夾持長 　度為 35 • 切削參數：雙向切削、切削間距 0.6、切削間隙 　連結 500% • 進刀方式：平滑 • 共同參數：安全高度 50、最小垂直提刀及垂直 　進退刀圓弧 1 • 刀具路徑運算結果：圖 h	 圖 f_（層別 1、2） 加工範圍 圖 g_（層別 6）  圖 h
骨板型面精加工 — • 工法：3D 平行加工　 平行 • 模型幾何圖形：圖 f 　預留量：壁邊／底面都為 0 • 切削範圍：圖 g_ 定義控制方式為刀尖、刀具位 　置為中心 • 刀具：球銑刀 D6R3、刀把 B2C3-0016、夾持長 　度為 35 • 切削參數：雙向切削、切削間距 0.25、切削間隙 　連結 500% • 進刀方式：平滑 • 共同參數：安全高度 50、最小垂直提刀及垂直 　進退刀圓弧 1	 圖 f_（層別 1、2） 加工範圍 圖 g_（層別 6）

刀具路徑運算結果：圖 i	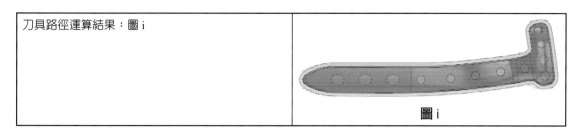
	圖 i

以上的正面三軸刀具路徑，做實體模擬如圖：

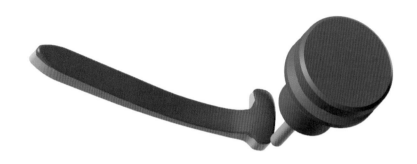

二、倒勾區域加工 _ 側銑工法

　　骨板的周圍壁邊區域，由分析可得知拔模角度有正和負的角度，非使用五軸加工實在無法一次性的全周做加工完成。針對此工件，我們可以選擇多軸加工工法策略中的**側銑工法**，來產生刀具路徑做加工。

結束點

位置 <51.0323, 16.0315, 2.5
法線 <-0.1852, 0.9799, -0.0740>
拔模角 -4.2461
最小 半徑 808.7812
最大 半徑 無限
壁厚 1.9332

4.5

位置 <24.8000, -13.0126, 2.6810
法線 <0.1188, -0.9929, -0.0054>
拔模角 -0.3083
最小 半徑 0.7998
最大 半徑 405.1690
壁厚 0.0001

* 選擇多軸加工工法中的**側銑工法**。

由多軸刀具路徑 — **側銑**工法視窗中設定相關參數：

- 點選**刀具**頁面，選擇平刀（**直徑 5**）的刀具，由頁面中您可更改切削條件。

	編號	裝配名稱	刀具名稱	刀把名稱	直徑
	4		6 球刀/圓鼻銑刀	B2C3-0016	6.0
	3		8 球刀/圓鼻銑刀	B2C3-0016	8.0
	5		2.5 圓鼻銑刀	B2C3-0016	2.5
	1		10 平刀	B2C3-0016	10.0
	6		5 平刀	B2C3-0016	5.0
	7		4 倒角刀	B2C3-0016	4.0-45
	8		4 圓角成型刀具	B2C3-0016	4.0
	2		8 圓鼻銑刀	B2C3-0016	8.0

- 點選**刀把**頁面，由資料庫中您可選擇 **B2C3-0016** 或自行建立新刀把，並定義夾持長度 35。
- 點選**切削方式**，選取圖形_勾選側銑曲面，選取加工面 icon（點選步驟 3 的全周圍壁邊實體面），點選**結束選取**。
- 定義沿面公差（預留量）為 0.1。
- 勾選引導曲線_選取**上邊界**（點選層別 9 步驟 7 的上端引導線），點選**確定**。
- 勾選引導曲線_選取**下邊界**（點選層別 9 步驟 10 的下端引導線），點選**確定**。
- 進階控制_策略選擇同步（頂／底）部曲面。
- 延伸選項選擇自動_延伸長度都定義 0。
- 曲面公差_**切削公差**設定為 0.002，勾選使用**最大距離**設定為 0.3。

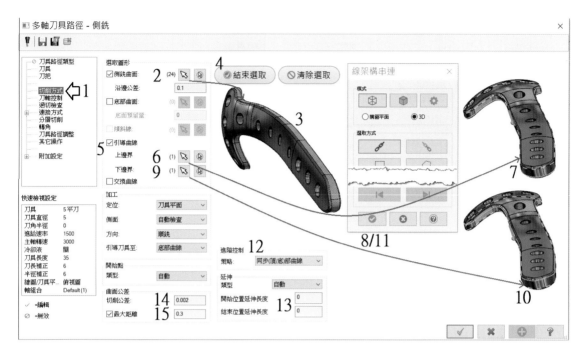

- 點選**刀軸控制**，輸出方式選擇 **5 軸**。
- 不勾選**盡量減少旋轉軸的變化**，最大角度步進定義為 0.3。

- 點選**過切檢查**，檢查選擇為**加工面**。
- 其餘依據內定值即可。

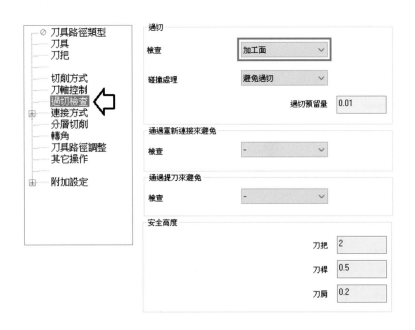

- 點選**連接方式**的選項，首次進刀點 _ **使用進刀**及最後退刀點 _ **使用切出**。
- 間隙連接方式，定義大間隙為**返回提刀高度**及小間隙尺寸定義為 100。
- 距離 _ 定義**快速移動距離**為 20、**進刀 / 退刀進給距離**為 1 及**空切移動安全距離**為 10。
- 其餘的選項依據內定值即可。

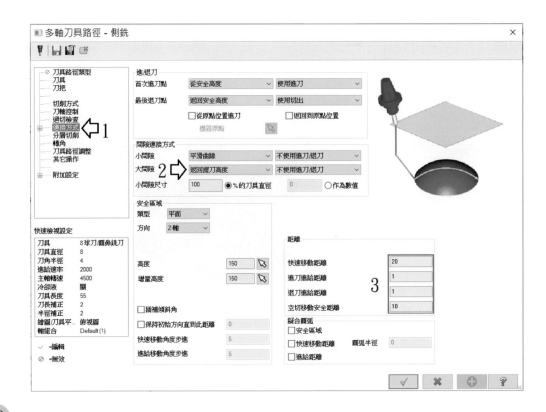

- 點選**連接方式** + 的選項，點擊**預設進刀／退刀**，圓弧直徑／刀具直徑％輸入為 75，然後複製到退刀。

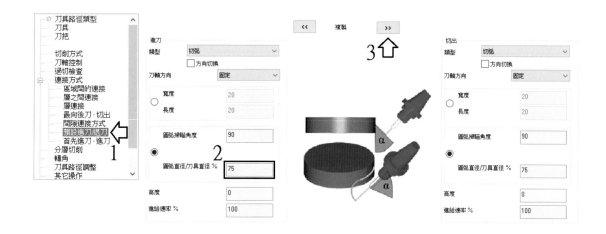

- 點選**分層切削**的選項，定義深度分層項目內的**按距離分層**，輸入 2。
- 刀具偏移到 -3。
- 寬度分層 _ 層數 2 及距離 0.5。

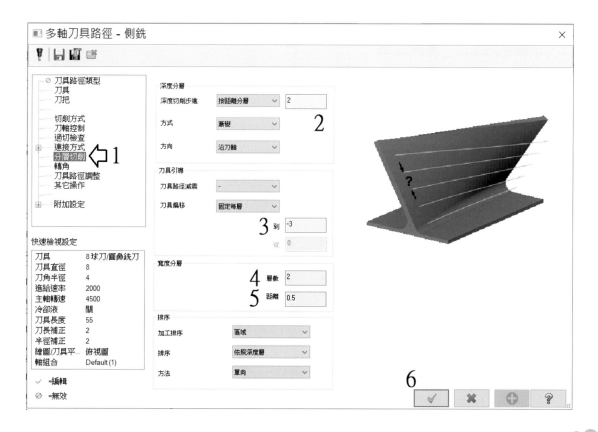

- 其餘的選項參數依照內定即可，通常都是視加工的需要再去調整。
- 點選**確定**，執行刀具路徑運算。刀具路徑運算的結果如圖。

補充說明：

> 此條刀具路徑定義為中加工，至於精加工的刀具路徑你可變更預留量為 0 和分層切削的選項，深度／寬度分層都改為 1。

三、五軸導角加工_漸變工法

骨板的周圍導圓角區域，此區域使用三軸加工亦可行，您可以使用平行工法策略或等距工法的任一策略來做加工。但透過五軸加工的作法，你可以使用導圓刀具以更有效率且快速的一兩刀工法即可加工完成，此作法我們將在反面的區域來做說明。正面的區域因為非全周等 R 圓角，所以我們使用多軸加工工法策略中的漸變工法來產生多刀等距的加工路徑。

- 選擇多軸加工工法中的**漸變**。

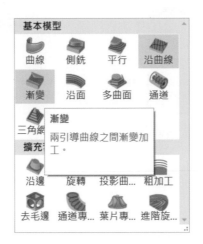

由多軸刀具路徑 — **漸變**銑削工法視窗中設定相關參數：

- 點選**刀具**頁面，選擇**球刀**（**直徑 6**）的刀具，由頁面中您可更改切削條件。
- 點選**刀把**頁面，由資料庫中您可選擇 **B2C3-0016** 或自行建立新刀把，並定義夾持長度 35。
- 點選**切削方式**，從**模型** _ 曲線點選曲線 icon，選取**此曲線**（點擊層別開啓層別 8，點選步驟 3 的上端單一曲線），確認後請點選**確定**。
- **到模型** _ 模型圖形點選圖形 icon，選取**此曲線**（點選步驟 6 的下端單一曲線），確認後請點選**確定**。

補充說明：

> **從模型**與**到模型**的曲線方向須一致，若方向不一致將導致刀具路徑依對角做交叉錯亂運算。

- **加工面** _ 點選加工面 icon，選取要加工的**曲面**（點選步驟 9 的全周外 R 角實體面），確認後請點選**結束選取**。
- 定義**加工面補正**為 0.0。
- 定義**切削公差**為 0.01。
- 定義勾選點的分布**最大距離**為 0.5。
- 定義**最大步進量**為 0.1。
- 其餘的選項依據內定值即可。

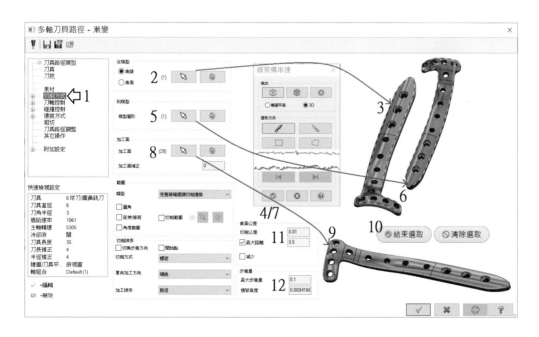

- 點選**刀軸控制**,輸出方式選擇 **5 軸**。
- **最大角度步進量**依內定值 3。
- **刀軸控制**的功能選擇曲面。
- 勾選**限制**的功能選項。

經由刀軸控制 + 的字鍵開啟**限制**的功能選項,勾選**錐形限制**的角度範圍定義。

- 定義依平面仰角為 **w1=15**、**w2=15**。(此限制將以四軸做同動加工)

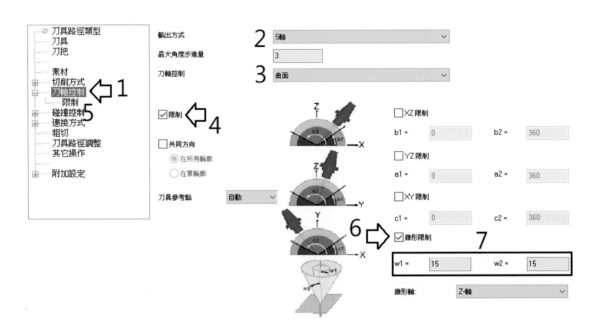

- 點選**碰撞控制**,勾選檢查②的刀刃、刀肩、刀桿及刀把。
- 勾選幾何圖形的干涉面,點選選擇干涉曲面的 icon(點選步驟 5 的上端正面曲面),確認後請點選**結束選取**。
- 公差變更為 0.01。
- 其餘的選項依據內定值即可。

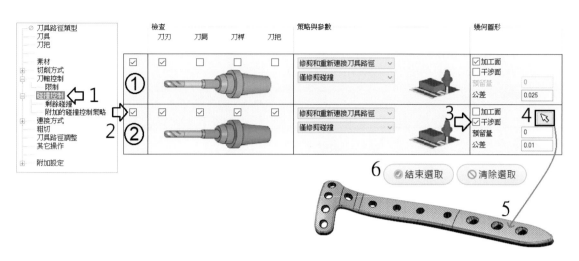

- 點選**連接方式**的選項，首次進刀點 _ **使用進刀**及最後退刀點 _ **使用切出**。
- 間隙連接方式，定義大間隙為**返回提刀高度**。
- 小間隙尺寸定義為 100。
- 高度及增量高度定義為 100。
- 距離 _ 定義**快速移動距離**為 20、**進刀 / 退刀進給距離**為 1 及**空切移動安全距離**為 10。
- 其餘的選項依據內定值即可。

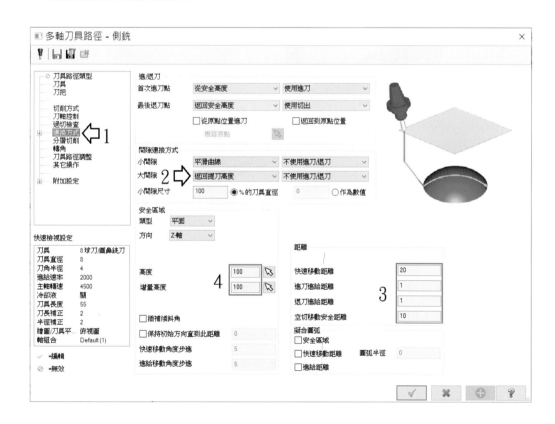

- 點選**連接方式** ➕ 的選項,點擊**預設進刀 / 退刀**,圓弧直徑 / 刀具直徑 % 輸入為 75,然後複製到退刀。

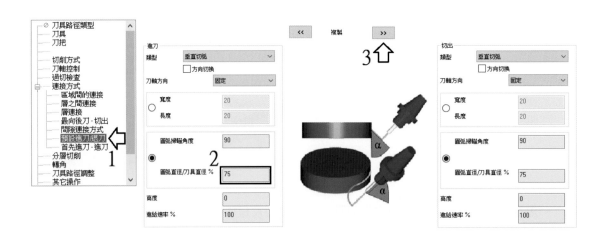

- 點選**確定**,執行刀具路徑運算。刀具路徑的運算結果如圖。

四、多軸鑽孔與倒角加工

　　骨板的定位鎖孔區域如圖,這些區域你可使用傳統的作法,引孔(中心鑽)、啄鑽及絞孔的加工方式做處理,但須注意孔位的斜度問題,須避免鑽偏的問題發生(通常可先銑削一平面)。另一作法是採用螺旋擴孔的加工方式做處理,可避免鑽孔偏位的問題發生,加工精度上也較提高。接下來,我們將介紹 *Mastercam®* 多軸的鑽孔與如何做五軸的倒角加工。

- 選擇 2D 加工工法中的**螺旋銑孔**。

- 定義選擇所需加工的特徵孔，直接使用滑鼠左鍵點選特徵孔的圓柱實體面，系統將自動地抓取特徵孔的法線加工軸向，操作上簡易方便。

由 2D 刀具路徑 — **螺旋銑孔**工法視窗中設定相關參數：

- 點選刀具頁面，選擇**圓鼻銑刀**（直徑 **2.5**）的刀具，由頁面中您可更改切削條件。
- 點選**刀把**頁面，由資料庫中您可選擇 **B2C3-0016** 或自行建立新刀把，並定義夾持長度 25。
- 點選**切削參數，補正方式**＿選擇電腦或磨耗，補正方式爲左。
- 勾選**由圓心開始**。
- 定義**壁邊與底面預留量**都爲 0（你可視加工狀況選擇區分粗／精加工的預留量）或由 + 字選項內的粗／精修加工做定義，此設定可以一次性完成加工。
- 其餘的選項依據內定值即可。

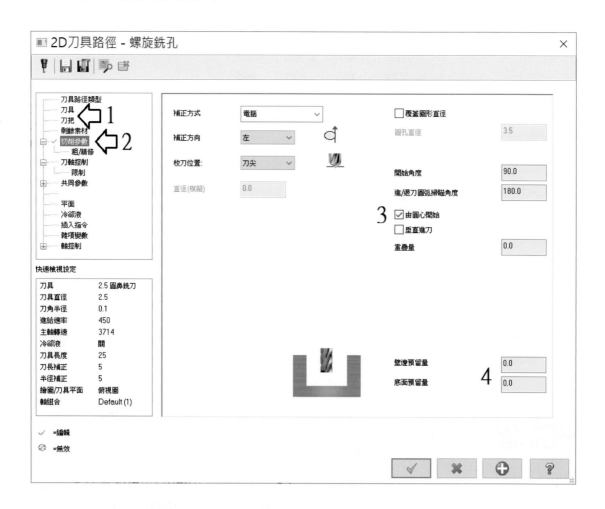

經由切削參數的 + 字鍵開啓**粗／精修**的功能選項：

- 定義粗加工間距爲 0.1、粗加工次數爲 2 及粗切步進量爲 0.1。
- 勾選使用精修，精修方式選擇圓形、精修步進量爲 0.1。

- 不勾選以圓弧進給方式（G2/G3）輸出，定義公差為 0.002。

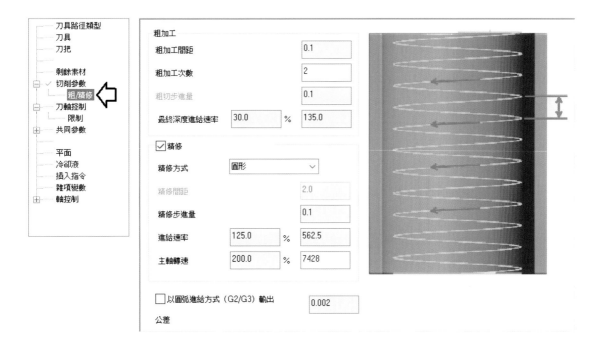

- 點選**刀軸控制**，輸出方式選擇 **5 軸**。

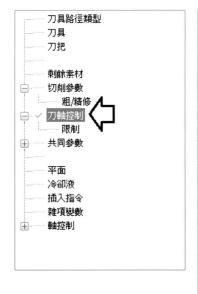

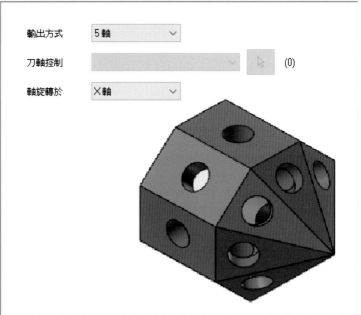

- 點選共同參數，定義安全高度為25.0、參考高度為5.0、進給下刀為1.0、工件表面為0.0 及深度為 -6.0（此深度可自行定義穿透多少）。
- 勾選從孔／線計算增量值及從線／孔的頂部計算深度。

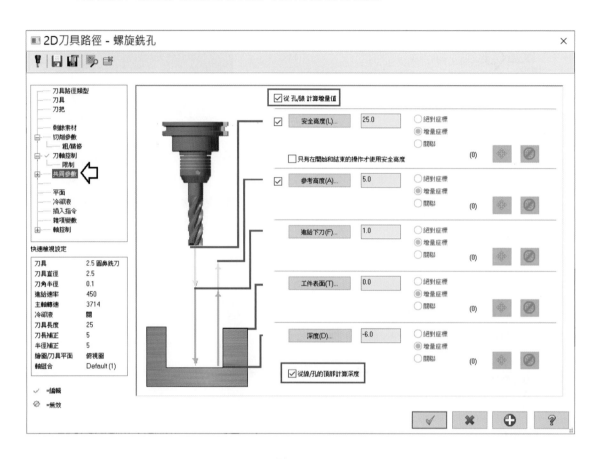

- 點選確定，執行刀具路徑運算。刀具路徑的運算結果如圖。

接下來，針對這些特徵孔的上端邊緣，我們將介紹 **Mastercam**® 五軸的倒角加工應用。

- 選擇多軸加工工法中的**曲線**。

由多軸刀具路徑 — **曲線**銑削工法視窗中設定相關參數：

- 點選**刀具**頁面，選擇**倒角刀（直徑 4-45 度）**的刀具，由頁面中您可更改切削條件。
- 點選**刀把**頁面，由資料庫中您可選擇 **B2C3-0016** 或自行建立新刀把，並定義夾持長度 25。
- 點選**切削方式**，曲線類型 **3D 曲線**，選取**加工面**（點擊層別開啓層別 11，點選步驟 4 的各特徵邊緣線），系統會詢問**開始的加工邊界**與**方向**，確認後請點選**結束選取**。

- 定義徑向補正為 1.0。
- 定義勾選增加距離為 0.5。
- 定義切削公差為 0.01。
- 定義最大步進量為 2.5。

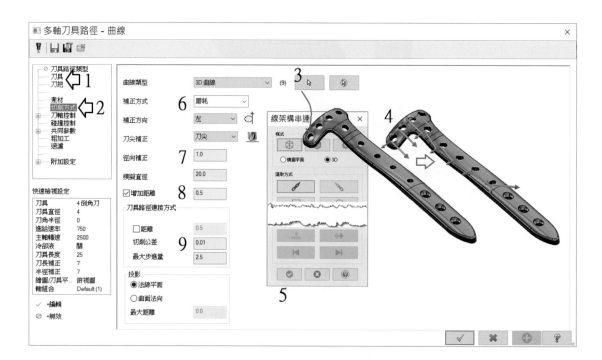

- 點選刀軸控制，選擇曲面。
- 定義勾選增加角度為 1.0。
- 選取刀軸控制的曲面icon（點選步驟4的各特徵上緣實體面），確認後請點選結束選取。
- 其餘的選項依據內定值即可。

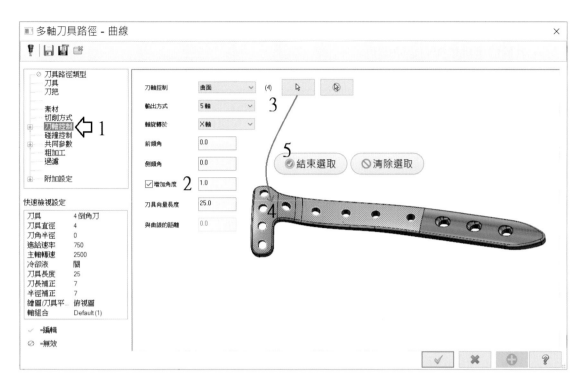

- 點選碰撞控制，刀尖控制選擇在投影曲線上。
- 定義向量深度為 -1.0。

- 點選共同參數，定義安全高度為 50.0 及勾選使用只有在開始和結束操作才使用安全高度。
- 定義參考高度為 2.0。

- 定義進給下刀位置為 1.0。
- 其餘的選項依據內定值即可。

- 點選**確定**，執行刀具路徑運算。刀具路徑運算結果如圖。

五、3+2 固定軸向加工

　　骨板另一處的定位鎖孔區域如圖，這些區域你可以使用先鑽後銑削的加工方式做處理。另一作法是直接採用銑削的加工方式做處理。接下來，我們將介紹 **Mastercam**® 3+2 軸的固定軸向銑削加工。

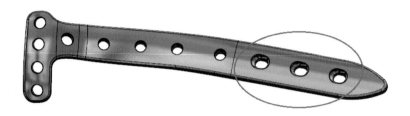

　　執行這些口袋區域孔的粗 / 精加工之前，請先：

- 開啟層別 13_ 名稱 wp lines。
- 將構圖平面和刀具平面切換到 wp3，WCS 定義在俯視圖。

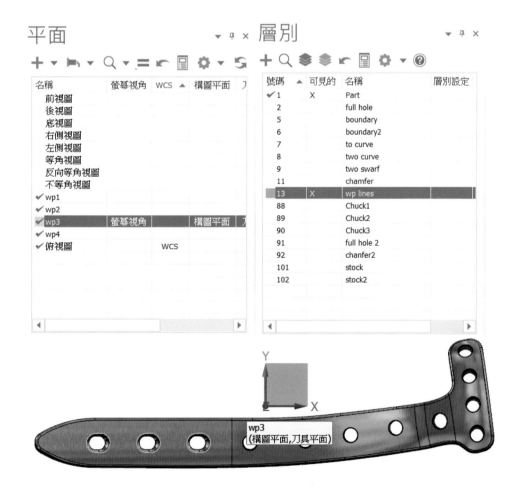

- 選擇 3D 加工工法中的**挖槽**。

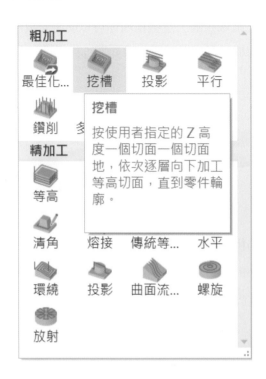

- 定義選擇所需加工的區域實體面,直接使用滑鼠左鍵點選,確認後請點選**結束選取**。

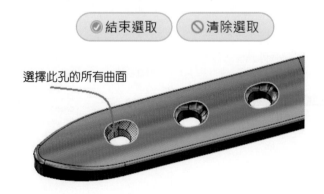

- 定義選擇所需加工的切削範圍,直接使用滑鼠左鍵點選層別 13 的上端邊緣線,確認後請點選**確定**。

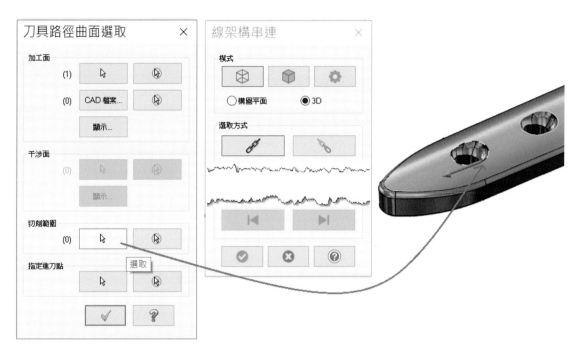

由 3D 刀具路徑 —**挖槽**工法視窗中設定相關參數：

• 點選**刀具參數**頁面，選擇**圓鼻銑刀**（**直徑 2.5**）的刀具，由頁面中您可更改切削條件。

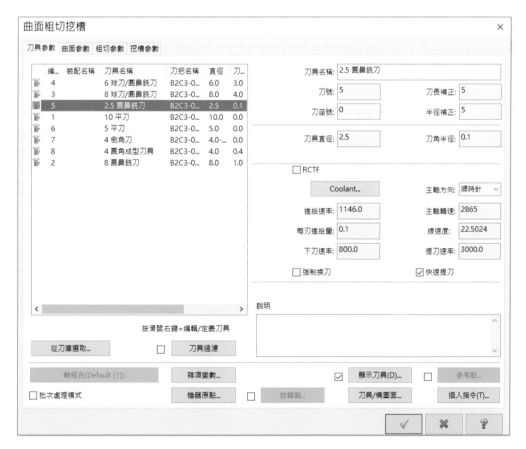

• 點選**曲面參數**頁面，定義安全高度為 50.0、參考高度為 2.0、進給下刀位置為 1.0 及加工面預留量為 0.15。

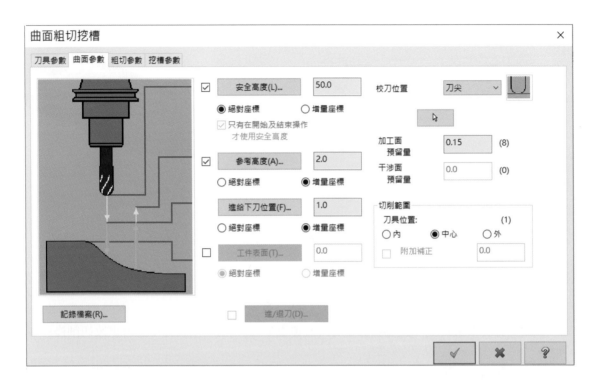

• 點選**粗切參數**，定義整體公差為 0.025 及 Z 最大步進量為 0.1。
• 點選**螺旋進刀**，定義 Z 間距（增量）為 1.0、XY 預留間隙為 1.0 及進刀角度為 1.0，其餘的選項依據內定值即可。
• 點選**切削深度**，定義其他深度預留量為 -2.5（此為穿透的深度值）。

曲面粗切挖槽 ✕

刀具參數　曲面參數　粗切參數　挖槽參數

整體公差(T)... 0.025

Z 最大步進量: 0.1

進刀選項

☑ 螺旋進刀

□ 指定進刀點

□ 由切削範圍外下刀

□ 下刀位置對齊開始孔

☑ 檢測底切

● 順銑　　○ 逆銑

螺旋/斜插下刀設定 ✕

螺旋進刀　斜插進刀

最小半徑: 50.0 % 1.25

最大半徑: 100.0 % 2.5

Z 間距(增量): 1.0

XY 預留間隙: 1.0

進刀角度: 1.0

公差: 0.025

□ 將進入點設為螺旋中心

□ 　銑平面(F)...　切削深度(D)...　間隙設定(G)...　進階設定(E)...

● 增量座標

增量深度

□ 第一刀使用 Z 軸最大進給量

第一刀相對位置 0.2

其它深度預留量 -2.5

□ 自動偵測平面(當處理時)

偵查平面(A)

臨界深度(R)... ∨

清除深度(E)

(注: 加工素材已包含在預留量中)

✓　✖　？

• 點選**挖槽參數**，選擇使用**平行環切**策略，定義切削間距（直徑 %）為 75.0。

曲面粗切挖槽 ✕

刀具參數　曲面參數　粗切參數　挖槽參數

☑ 粗加工　　　　　　　切削方式　　　平行環切

雙向　等距環切　平行環切　平行環切清角　高速切削　螺旋切削　單向　依外形環切
　　　　　　　　　　⬆

切削間距（直徑%）: 75.0　　　□ 刀具路徑最佳化(避免插刀)

● 刀具外徑　○ 刀尖平面
切削間距（距離）: 1.875　　　☑ 由內而外環切　　　高速切削(H)

粗切角度: 0.0　　　□ 使用快速雙向切削

□ 精修

次數　　　間距　　　修光次數　　　刀具補正方式　　　改寫進給速率

1　　　1.0　　　0　　　電腦 ∨　　　□ 進給速率 0.0

□ 主軸轉速 0

☑ 精修切削範圍輪廓　　　□ 進/退刀(L)...　　□ 壁邊精修(T)...

✓　✖　？

521

- 點選**確定**，執行刀具路徑運算。刀具路徑運算結果如圖。

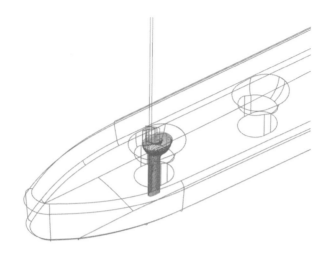

接下來執行精加工刀具路徑：

- 選擇 3D 加工工法中的**傳統等高**。

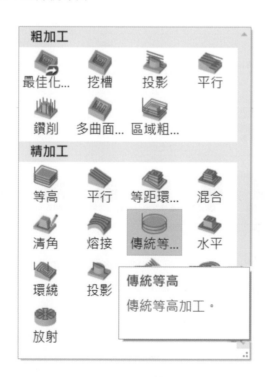

- 定義選擇所需加工的區域實體面，直接使用滑鼠左鍵點選，確認後請點選**結束選取**。

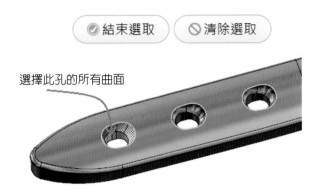

選擇此孔的所有曲面

- 定義選擇所需加工的切削範圍，直接使用滑鼠左鍵點選層別 13 的上端邊緣線，確認後請點選**確定**。

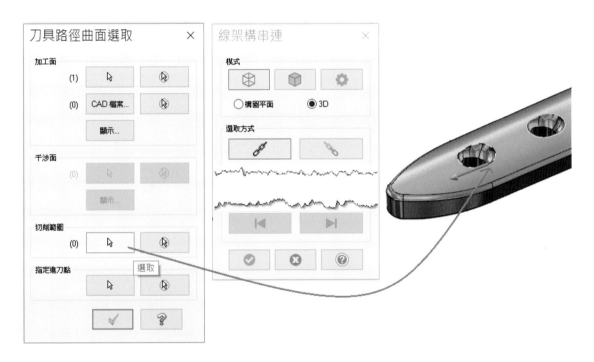

由 3D 刀具路徑 －**傳統**等高工法視窗中設定相關參數：

- 點選**刀具參數**頁面，選擇**圓鼻銑刀**（**直徑 2.5**）的刀具，由頁面中您可更改切削條件。

- 點選**曲面參數**頁面，定義安全高度為 50.0、參考高度為 5.0、進給下刀位置為 1.0 及加工面預留量為 0.0。

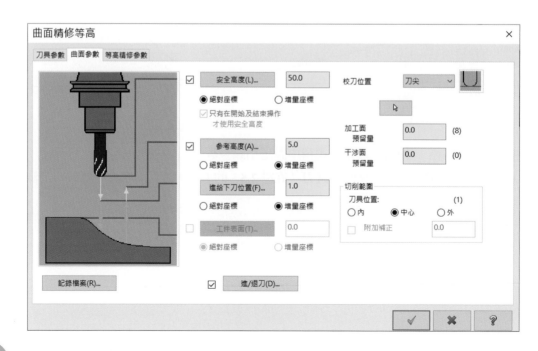

- 點選**等高精修參數**，定義整體公差為 0.01 及 Z 最大步進量為 0.05。
- 封閉輪廓方向，使用順銑。
- 勾選使用**螺旋限制**，定義為 0.03。

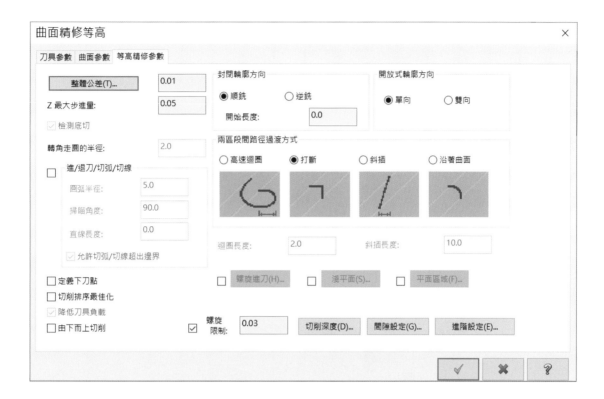

- 點選**確定**，執行刀具路徑運算。刀具路徑運算結果如圖。

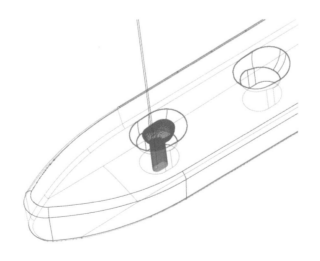

補充說明：

> 其餘的切削區域口袋孔，你可依據不同角度的工作座標（wp1 與 wp2），分別如前述的操作方式來產生加工路徑。

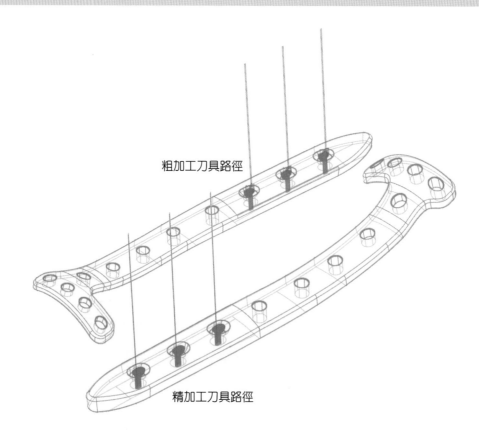

粗加工刀具路徑

精加工刀具路徑

反面加工應用

六、三軸加工工序

三軸加工工序包括有再粗加工及型面的中／精加工。本節反面的三軸工法刀具路徑部分，我們將以概要的方式來做說明（專案內已備有刀具路徑）。

- 確認 wp4 為輸出工作座標 WCS 與構圖平面及刀具平面的定義
- 反面也須填補孔以防加工時，產生落刀重切的問題發生。

  （點選曲面的**填補內孔**功能，直接點擊要填補孔的邊緣線即可）

  —請開啟層別 2_ 名稱 full hole，為已填補好的曲面。

  —你可以開啟層別 88、89 及 90 的示意夾治具，此治具有一單邊為活動邊，你可透過活動鉗來直接做夾持固定工件。

層別

號碼	▲ 可見的	名稱	層別設定
✔ 1	X	Part	
2		full hole	
5		boundary	
6		boundary2	
7		to curve	
8		two curve	
9		two swarf	
11		chamfer	
13		wp lines	
88	X	Chuck1	
89	X	Chuck2	
90	X	Chuck3	
91	X	full hole 2	
92		chanfer2	
101		stock	
102		stock2	

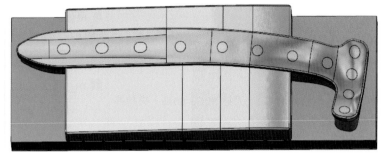

再粗加工 —

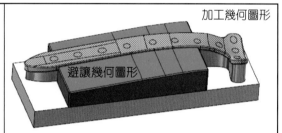

加工幾何圖形

避讓幾何圖形

圖 j_ 加工（層別 1、91）、避讓（層別 88、89 及 90）

- 工法：3D 區域粗加工

  區域粗加工

- 模型幾何圖形：圖 j

  預留量：壁邊／底面都為 0.3

- 切削範圍：圖 k（定義僅加工範圍內刀具位置 _ 中心

- 刀具：圓鼻銑刀 D8R1、刀把 B2C3-0016、夾持長度為 35

- 剩餘素材：建立素材模型、使用模型層別 102 的形狀素材或參考 6- 素材模型。

- 切削參數：分層深度 0.8mm

  XY 步進量 _ 最小 2.2 最大 4

- 進刀方式：螺旋進刀、Z 高度 3.0 及進刀角度 1.0

- 共同參數：安全高度 50、最小垂直提刀

- 刀具路徑運算結果：圖 l

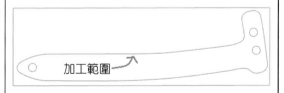

加工範圍

圖 k_（層別 5）

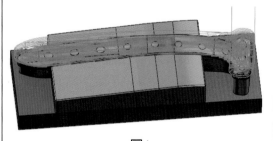

圖 l

Mastercam® 進階多軸銑削加工應用及實例

骨板型面中加工 —

- 工法：3D 平行加工
- 模型幾何圖形：圖 m
  預留量：壁邊／底面都為 0.15
- 切削範圍：圖 n_ 定義控制方式為刀尖、刀具位置為中心
- 刀具：球銑刀 D8R4、刀把 B2C3-0016、夾持長度為 35
- 切削參數：雙向切削、切削間距 0.6、切削間隙連結 500%
- 進刀方式：平滑
- 共同參數：安全高度 50、最小垂直提刀及垂直進退刀圓弧 1

刀具路徑運算結果：圖 o

加工幾何圖形

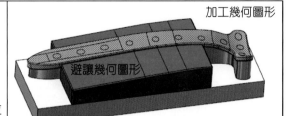

圖 m_ 加工（層別 1、91）、避讓（層別 88、89 及 90）

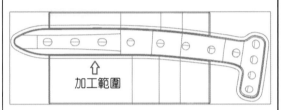

圖 n_（層別 6）

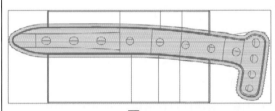

圖 o

骨板型面精加工 —

- 工法：3D 平行加工
- 模型幾何圖形：圖 m
  預留量：壁邊／底面都為 0
- 切削範圍：圖 n_ 定義控制方式為刀尖、刀具位置為中心
- 刀具：球銑刀 D6R3、刀把 B2C3-0016、夾持長度為 35
- 切削參數：雙向切削、切削間 0.25、切削間隙連結 500%
- 進刀方式：平滑
- 共同參數：安全高度 50、最小垂直提刀及垂直進退刀圓弧 1

加工幾何圖形

圖 m_ 加工（層別 1、91）、避讓（層別 88、89 及 90）

圖 n_（層別 6）

• 刀具路徑運算結果：圖 p

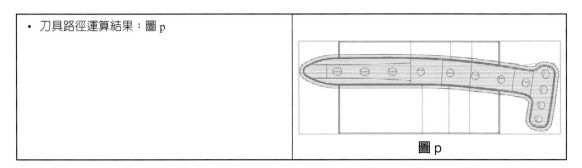

圖 p

以上的反面三軸刀具路徑，做實體模擬如圖：

接下來，針對這些特徵孔的邊緣，我們同樣透過如前述的曲線工法策略操作，來介紹五軸的倒角加工應用。

• 選擇多軸加工工法中的**曲線**。

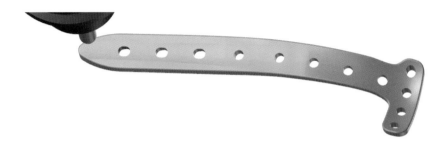

由多軸刀具路徑－**曲線**銑削工法視窗中設定相關參數：

• 點選刀具頁面，選擇**倒角刀**（直徑 **4-45 度**）的刀具，由頁面中您可更改切削條件。

• 點選**刀把**頁面，由資料庫中您可選擇 **B2C3-0016** 或自行建立新刀把，並定義夾持長度 25。

• 點選**切削方式**，曲線類型 **3D 曲線**，選取加工面（點擊層別開啟層別 92，點選步驟 4 的各特徵邊緣線），系統會詢問**開始的加工邊界**與方向，確認後請點選**結束選取**。

• 定義**徑向補正**為 1.0。

• 定義勾選**增加距離**為 0.5。

• 定義**切削公差**為 0.01。

• 定義**最大步進量**為 2.5。

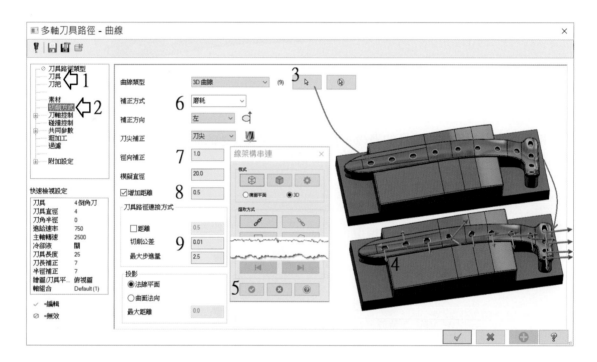

• 點選**刀軸控制**，選擇曲面。

• 定義勾選**增加角度**為 1.0。

• 選取刀軸控制的曲面 icon（點選步驟 4 的各特徵上緣實體面），確認後請點選**結束選取**。

• 其餘的選項依據內定值即可。

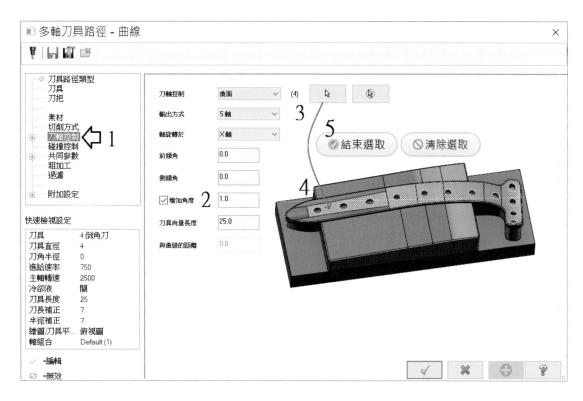

- 點選**碰撞控制**，刀尖控制選擇**在投影曲線**上。
- 定義**向量深度**為 -1.0。

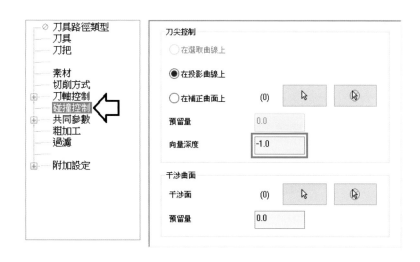

- 點選**共同參數**，定義安全高度為 50.0 與勾選使用只有在開始和結束操作才使用安全高度。
- 定義參考高度為 2.0。

- 定義進給下刀位置為 1.0。
- 其餘的選項依據內定值即可。

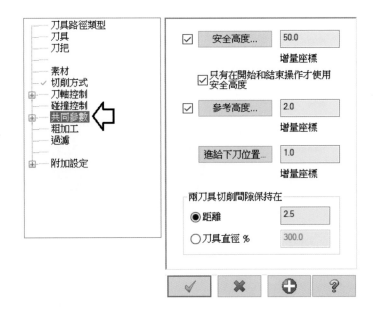

- 點選**確定**，執行刀具路徑運算。刀具路徑運算結果如圖。

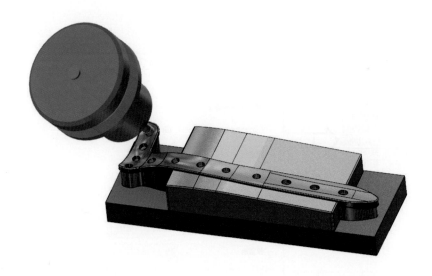

五軸的倒角加工刀具路徑，做實體模擬如圖：

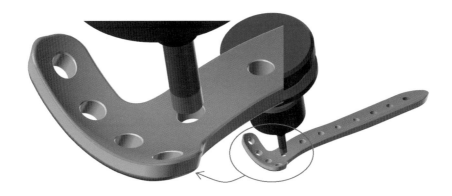

七、多軸導圓角加工應用

反面骨板的周圍導圓角區域為等 R 圓角，此區域使用三軸加工亦可行，您可以使用平行工法策略或等距工法的任一策略來做加工。但透過五軸加工的作法，你可以使用導圓刀具，將更有效率且快速的一兩刀的路徑即可加工完成。所以我們使用多軸加工工法策略中的**曲線**工法來產生多軸的導圓角加工路徑。

* 選擇多軸加工工法中的**曲線**。

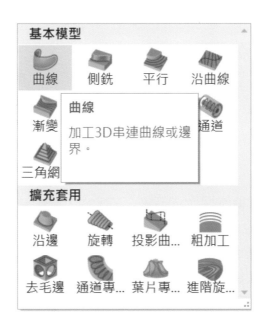

由多軸刀具路徑 — **曲線**銑削工法視窗中設定相關參數：

* 點選刀具頁面，選擇**圓角成型刀**（直徑 **4-R0.4**）的刀具，由頁面中您可更改切削條件。
* 點選**刀把**頁面，由資料庫中您可選擇 **B2C3-0016** 或自行建立新刀把，並定義夾持長度 35。

- 點選**切削方式**，曲線類型 **3D 曲線**，選取加工曲線（點擊層別開啓層別 92，點選步驟 4 的單一邊緣線），系統會詢問**開始的加工邊界**與**方向**，確認後請點選**結束選取**。
- 定義補正方式爲磨耗。
- 定義**補正方向**爲右。
- 定義**徑向補正**爲 2.0。
- 定義勾選**增加距離**爲 0.5。
- 定義**切削公差**爲 0.01。
- 定義**最大步進量**爲 2.5。

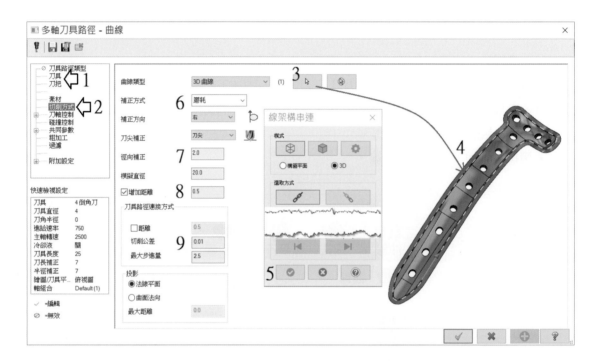

- 點選**刀軸控制**，選擇**曲面**。
- 定義勾選**增加角度**爲 1.0。
- 選取**刀軸曲面**（點選步驟 4 的分模曲面），確認後請點選**結束選取**。
- 其餘的選項依據內定值即可。

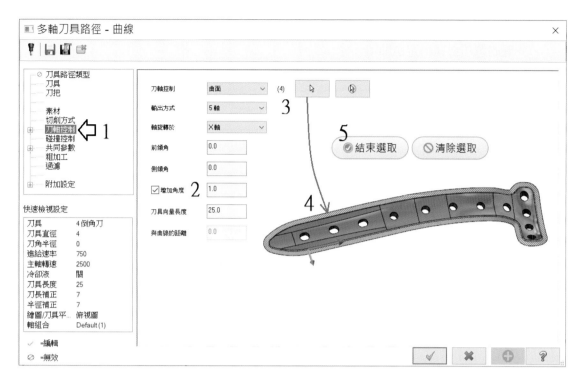

- 點選**碰撞控制**，刀尖控制選擇**在投影曲線上**。
- 定義**向量深度**為 0.0。

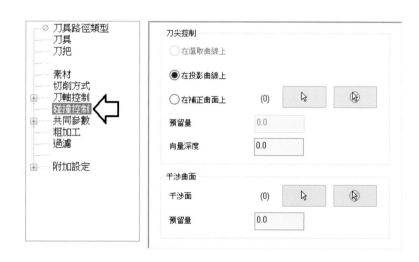

- 點選**共同參數**，定義安全高度為 50.0 與勾選**使用只有在開始和結束操作才使用安全高度**。
- 定義參考高度為 2.0。

- 定義進給下刀位置為 1.0。
- 其餘的選項依據內定值即可。

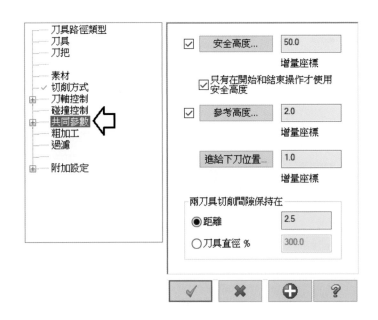

- 點選**粗加工**，勾選深度分層切削，定義粗加工次數為 1、間距為 1.0。
- 定義精修次數為 1、間距為 0.1。

- 點選**確定**，執行刀具路徑運算。刀具路徑運算結果如圖。

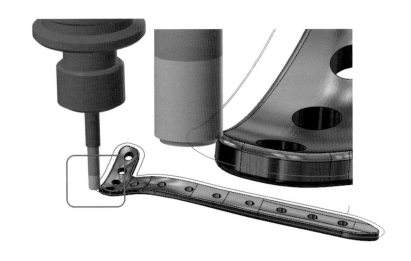

選擇骨板全部的刀具路徑，做實體模擬如圖：

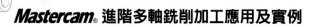

五軸銑削加工實例：葉片

本章節將介紹 *Mastercam®* 多軸銑削工法內的葉片加工應用，以葉片種類所涵蓋的產業範圍有航太、汽機車、能源產業、消費性產品及各類設備等等，都有其裝配上的葉片零件需求。而葉片所區分的類型又多種多樣，包括有風扇葉片、渦輪葉片、進氣導片、小葉片、螺旋葉片與真空幫浦葉片等等。於製程上也有不同的成型工序，例如精密脫蠟的機車專用葉片，而此類製程也需要再透過五軸加工來完成。此章節我們將介紹 *Mastercam®* 的葉片模組或使用其他的多軸銑削工法來產生葉片刀具路徑。

14-1 基本設定（Basic Setup）

一、輸入專案

經由光碟 Chapter-14 輸入開啟 "Mastercam impeller_Start.mcam" 專案檔，您也可以使用滑鼠的左鍵，點選專案直接拖拉到工作視窗來做開啟。

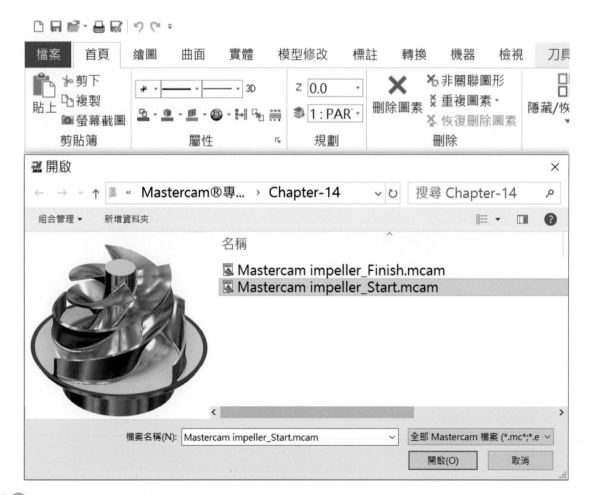

二、素材設定

建議使用的素材：

1. 模擬使用的圓柱素材，高度 115mm，直徑為 φ197mm，層別 105_ 名稱 Stock。

2. 實際加工時需多加 base 基座高度做夾持，建議高度 150mm，直徑為 φ200mm。

3. 粗加工的外形素材，建議可事先車削完成或使用三軸動態擺線的粗加工方式完成。

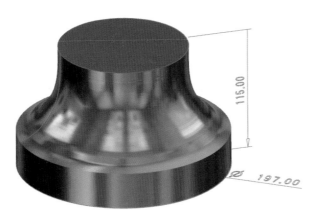

基座可使用夾持方式或攻牙鎖螺絲加銷孔做定位

- 點擊**層別**，開啟層別 105_ 名稱 Stock。
- 點選管理列中的**素材設定**。
- 從頁面中選擇**實體／網格**。
- 點擊選擇 icon，點選此層別 105_ 名稱 Stock 的實體。
- 點選確定，以完成此素材的設定（此素材的設定只做為實體模擬的使用）。

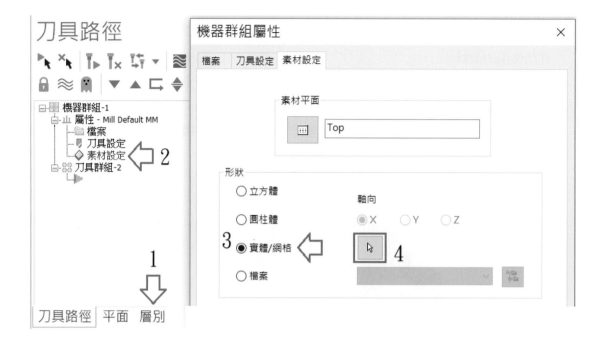

三、工作座標

依內定的俯視圖做為 Z 方向工作座標（工件基準點定義在素材頂部中心 XYZ=0）。

四、建立刀具

- 刀具選用設定（刀號和切削條件可自行做定義或修改）：
  1. 圓鼻銑刀直徑 D10 圓角半徑 R1。
  2. 球刀，直徑 8mm。
  3. 球刀，直徑 6mm（備用，使用於漸變工法來產生輪軸（轂）的刀具路徑）。
     （刀把與相關切削參數可依加工的材質自行定義）

編號	裝配名稱	刀具名稱	刀把名稱	直徑	刀角...	長度	刀刃數	類型	半徑...
2		8 球刀/圓...	HSK63AT...	8.0	4.0	45.0	4	球刀	全部
3		6 球刀/圓...	HSK63AT...	6.0	3.0	30.0	4	球刀	全部
5		10 圓鼻銑刀	HSK63AT...	10.0	1.0	45.0	4	圓鼻刀	角落

14-2 加工工法應用（Application of Machining）

一、葉片專家多層粗加工

此葉片專家工法包括有粗切和精修葉片、輪轂及圓角等切削加工方式。

• 選擇多軸工法中的**葉片專家**。

由多軸工法策略 — 葉片粗加工銑削工法視窗中設定相關參數：

• 點選**刀具**頁面，選擇**圓鼻刀**（**直徑 10**）的刀具，由頁面中您可更改切削條件。

多軸刀具路徑 - 葉片專家

	編號	裝配名稱	刀具名稱	刀把名稱	直徑
	5		10 圓鼻銑刀	HSK63AT...	10.0
	2		8 球刀/圓鼻銑刀	HSK63AT...	8.0
	3		6 球刀/圓鼻銑刀	HSK63AT...	6.0

- 點選**刀把**頁面，由資料庫中您可選擇 **HSK63 AT T025315** 或自行建立新刀把，並定義夾持長度 50。
- 點選**素材**，點擊**依照選取圖形**，點選 icon（點擊層別開啓層別 105，點選此 Stock 素材外形），確認後請點選**結束選取**。

- 點選**切削方式**，加工模式 _ 點選粗切，策略定義爲**與輪轂平行**。
- **排序方式**選擇單向 - 由前邊緣開始，排序定義爲由內而外。
- **深度步進量** _ 最大距離定義爲 1（你可依據使用的刀具和材質自行增減切層）。
- **寬度層數** _ 最大距離定義爲 5。

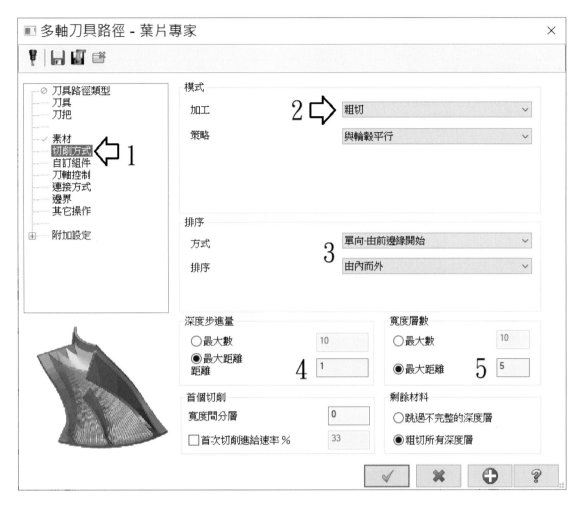

- 點選**自訂組件**，點選葉片、分流、倒圓角的 icon，選取要加工的葉片曲面（點選步驟 3 的左右葉片和周圍的 R 角曲面），確認後請點選**結束選取**。
- 定義**葉片、分流、倒圓角**的預留量為 0.3。
- 點選**輪轂**的 icon，選取要加工的葉片輪轂（點選步驟 6 的葉片輪軸曲面），確認後請點選**結束選取**。
- 定義**輪轂**的預留量為 0.3。
- 勾選**使用干涉面**，選取要干涉的葉端曲面（點選步驟 9 的各葉端曲面），確認後請點選**結束選取**。
- 定義**干涉間隙**為 0.2。
- **區段**定義為 1。
- **加工指定數量**定義為 1。
- 定義**加工公差**為 0.02。

- **最大距離**為 0.5（此為點的分布功能）。

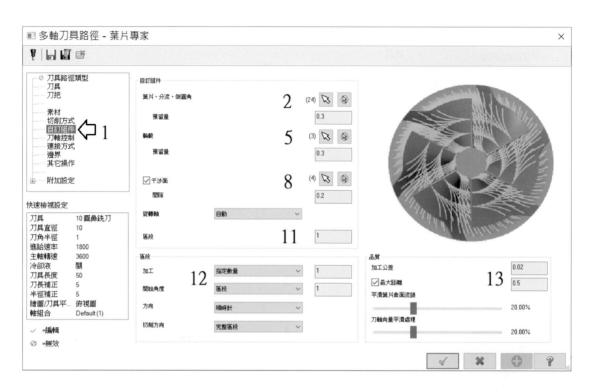

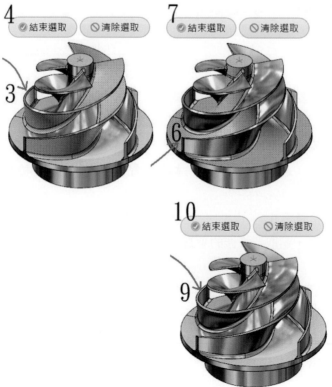

- 點選**刀軸控制**，傾斜選項可依據內定值即可，它分別首選前傾角為 5、最小前傾角為 0、最大前傾角為 45 及側傾角為 30。
  （這些選項值通常可依據葉片的類型、分隔葉大小與刀具直徑來做適當調整）
- 勾選使用**切削角度限制**的功能（避免造成機臺行程極限的提刀或迴轉問題）。
- 定義**最小切削角度限制**為 15。
- 定義**最大切削角度限制**為 90。
- 定義**最大角度步進量**為 3。
- 定義**快速移動最大角度步進量**為 5。
- **安全類型**點選使用圓形。
- 定義**安全高度**的相關選項功能，刀把為 2、刀桿為 1 及刀肩為 1。
- 定義**安全角度**為 1。

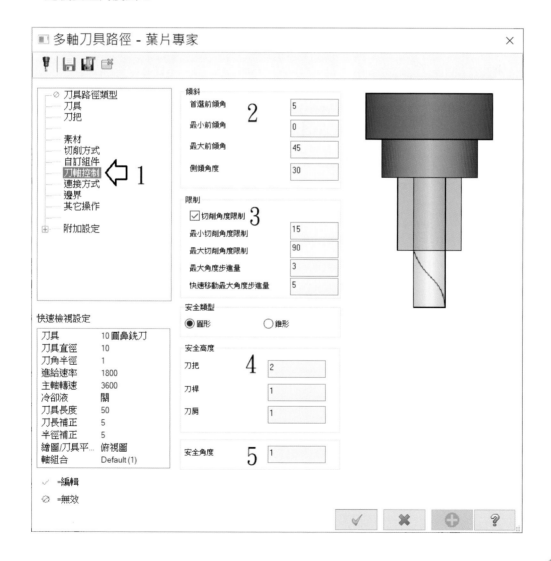

- 點選**連接方式**。
- 層連接方式勾選使用自動。
- 每層深度間連接方式勾選使用自動。
- 間隙（安全提刀方式）使用球形、勾選自動檢查尺寸和位置。
- 定義**進刀進給距離**為 6。
- 定義**退刀進給距離**為 6。
- 其餘依據內定值即可。

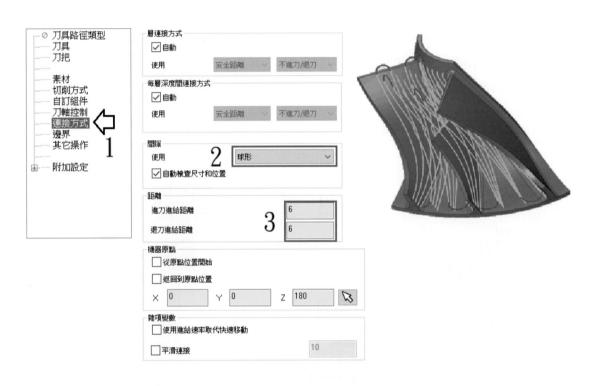

- 點選**邊界**，定義邊緣延伸 _ 相切前緣為 3 及後緣為 3。

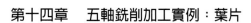

■ 多軸刀具路徑 - 葉片專家　　　　　　　　　　　　　×

　　　　　　　　　　　　　　　　　　　　前緣　　　　　後緣
◇ 刀具路徑類型
　　刀具
　　刀把　　　　　邊緣
　　　　　　　　　邊緣加工　　　　　　　　∨
　　素材
　　切削方式
　　自訂組件
　　刀軸控制　　　邊緣延伸
　　連接方式
✓ 邊界　← 1　　相切　　　　　3　　　　　3
　　其它操作
　　　　　　　　　　　　　　　2　　　3
⊞　附加設定

* 點選**確定**，執行刀具路徑運算，刀具路徑的運算結果如圖。

* 你可以使用**刀具路徑轉換**的功能，陣列複製此單一區的葉片粗加工路徑。

實體模擬

二、葉片輪軸（轂）中／精加工

接下來，我們繼續使用葉片專家來進行輪軸（轂）的刀具路徑運算。建議您可直接複製上一條的葉片粗加工刀具路徑，可以避免很多選項的重複設定。

複製此粗加工的刀具路徑，以執行葉片輪軸刀具路徑的運算。

使用滑鼠點擊此複製後的刀具路徑**參數**，開啟此刀具路徑的工法頁面。

• 點選**刀具**頁面，選擇**球刀（直徑 8）**的刀具，由頁面中您可更改切削條件。

多軸刀具路徑 - 葉片專家

編號	裝配名稱	刀具名稱	刀把名稱	直徑
5		10 圓鼻銑刀	HSK63AT...	10.0
2		8 球刀/圓鼻銑刀	HSK63AT...	8.0
3		6 球刀/圓鼻銑刀	HSK63AT...	6.0

• 點選**刀把**頁面，由資料庫中您可選擇 **HSK63 AT T025630** 或自行建立新刀把，並定義夾持長度 55。

• 點選**切削方式**，加工模式 _ 點選精修輪轂。

• **排序方式**選擇雙向 - 由前邊緣開始，排序定義為由左而右。

• **寬度層數** _ 最大距離定義為 2（此選項為刀間距 ae）

- 點選**自訂組件**，修改定義**葉片**、**分流**、**倒圓角**的預留量爲 0.12。
- 修改定義**輪轂**的預留量爲 0.12。
- 修改定義**干涉間隙**爲 0.1。
- 其餘依據內定值即可。

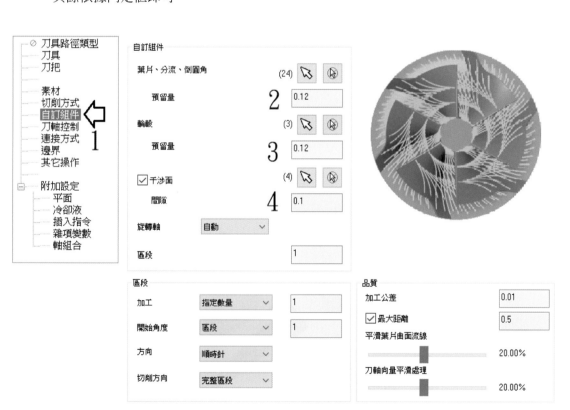

- 點選**連接方式**。
- 層連接方式勾選使用自動。
- 每層深度間連接方式勾選使用自動。
- 間隙（安全提刀方式）使用球形、勾選自動檢查尺寸和位置。
- 定義**進刀進給距離**為 3。
- 定義**退刀進給距離**為 3。
- 其餘依據內定值即可。

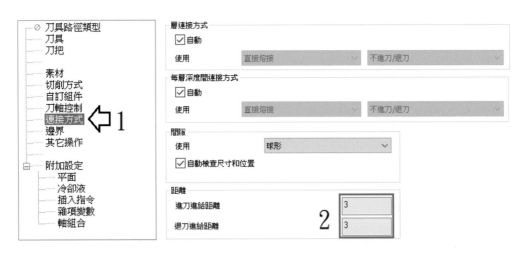

- **刀軸控制**及**邊界**都保持與粗加工設定相同。
- 點選**確定**，執行刀具路徑運算，刀具路徑的運算結果如圖。

刀具路徑轉換_陣列複製

實體模擬

補充說明：

> 複製此輪軸（轂）中加工的刀具路徑，以執行運算精加工的刀具路徑。
>
> 使用滑鼠點擊此複製後的刀具路徑**參數**，開啓此刀具路徑的工法頁面。
>
> - 點選**刀具**頁面，同樣選擇球刀（**直徑 8**）的刀具，更改精加工的切削條件。
> - 點選**切削方式**，**定義寬度層數 _ 最大距離**定義爲 1（此選項爲刀間距 ae）。
> - 點選自訂組件，修改定義葉片、分流、倒圓角的預留量爲 0。
> - 修改定義**輪轂**的預留量爲 0。
> - 其餘依據內定值即可。

另外經驗補充說明：

> 加工任何類型的葉片，並非一定要使用葉片模組。你也可以使用一般的多軸工法來產生刀具路徑。例如輪軸（轂）的做法就可選用多軸策略中的漸變加工工法，產生的刀具路徑如下圖。（經驗分享：須注意刀具的定義）

三、葉片中/精加工

再接下來，我們不使用**葉片專家工法**來產生葉片的加工路徑，將使用多軸策略中的側銑工法來做葉片中/精加工。建議加工的排序上，此葉片的加工可先於輪軸（轂）的加工，以避免輪軸（轂）加工時，刀桿夾持的安全間隙少於殘料時，會發生干涉碰撞的問題。

- 選擇多軸加工工法中的**側銑工法**。

由多軸刀具路徑 — **側銑**工法視窗中設定相關參數：

- 點選**刀具**頁面，選擇**球刀**（**直徑 8**）的刀具，由頁面中您可更改切削條件。

多軸刀具路徑 - 葉片專家

編號	裝配名稱	刀具名稱	刀把名稱	直徑
5		10 圓鼻銑刀	HSK63 AT...	10.0
2		8 球刀/圓鼻銑刀	HSK63 AT...	8.0
3		6 球刀/圓鼻銑刀	HSK63 AT...	6.0

- 點選**刀把**頁面，由資料庫中您可選擇 **HSK63 AT T025630** 或自行建立新刀把，並定義夾持長度 55。
- 點選**切削方式**，選取圖形 _ 勾選側銑曲面，選取加工面 icon（點選步驟 3 的單一葉片曲面，包含層別 4 的葉片補助面），點選**結束選取**。
- 定義沿面公差（預留量）為 0.12。
- 勾選底部曲面，選取加工面 icon（點選步驟 6 的輪軸曲面，包含層別 4 的輪軸延伸面），點選**結束選取**。
- 定義底面預留量為 0.12。
- 勾選引導曲線 _ 選取上**邊界**（點選層別 3 步驟 9 的上端引導線），點選**確定**。
- 勾選引導曲線 _ 選取下**邊界**（點選層別 3 步驟 12 的下端引導線），點選**確定**。
- 進階控制 _ 策略選擇**自動**。
- 延伸選項選擇**自動** _ 延伸長度都定義 0。
- 曲面公差 _ **切削公差**設定為 0.01，勾選使用**最大距離**設定為 0.5。

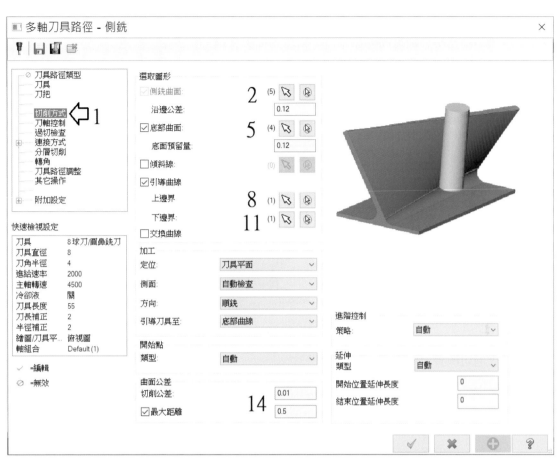

多軸刀具路徑 - 側銑 ✕

- 刀具路徑類型
- 刀具
- 刀把
- 切削方式 ⇦ 1
- 刀軸控制
- 過切檢查
- 連接方式
- 分層切削
- 轉角
- 刀具路徑調整
- 其它操作
- 附加設定

快速檢視設定

刀具	8球刀/圓鼻銑刀
刀具直徑	8
刀角半徑	4
進給速率	2000
主軸轉速	4500
冷卻液	關
刀具長度	55
刀長補正	2
半徑補正	2
繪圖/刀具平...	俯視圖
軸組合	Default (1)

✓ =編輯
⊘ =無效

選取圖形

☑ 側銑曲面： **2** (5)
　沿邊公差： 0.12

☑ 底部曲面： **5** (4)
　底面預留量： 0.12

☐ 傾斜線： (0)

☑ 引導曲線
　上邊界： **8** (1)
　下邊界： **11** (1)

☐ 交換曲線

加工
定位： 刀具平面
側面： 自動檢查
方向： 順銑
引導刀具至： 底部曲線

開始點
類型： 自動

曲面公差
切削公差： **14** 0.01
☑ 最大距離 0.5

進階控制
策略： 自動

延伸
類型： 自動
開始位置延伸長度 0
結束位置延伸長度 0

✓ ✕ ⊕ ?

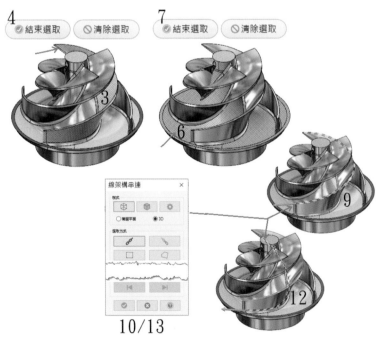

4 ✓結束選取　⊘清除選取　　7 ✓結束選取　⊘清除選取

3

6

線架構串連 ✕

9

12

10/13

- 點選**刀軸控制**，輸出方式選擇 **5 軸**。
- 勾選**盡量減少旋轉軸的變化**，最大角度步進定義為 1。

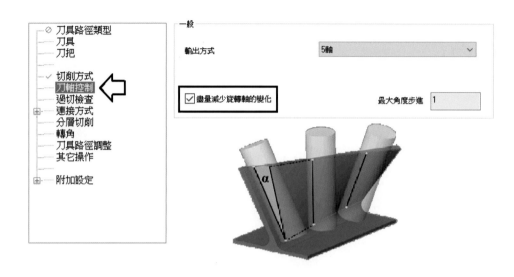

- 點選**過切檢查**，檢查選擇**加工面**。
- 其餘依據內定值即可。

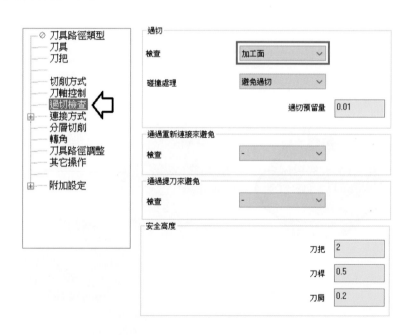

- 點選**連接方式**的選項，首次進刀點_**使用進刀**及最後退刀點_**使用切出**。
- 間隙連接方式，定義大間隙為**返回提刀高度**及小間隙尺寸定義為 100。
- 距離_定義**快速移動距離**為 100、進刀／退刀進給距離為 1 及**空切移動安全距離**為

100。

- 其餘的選項依據內定值即可。

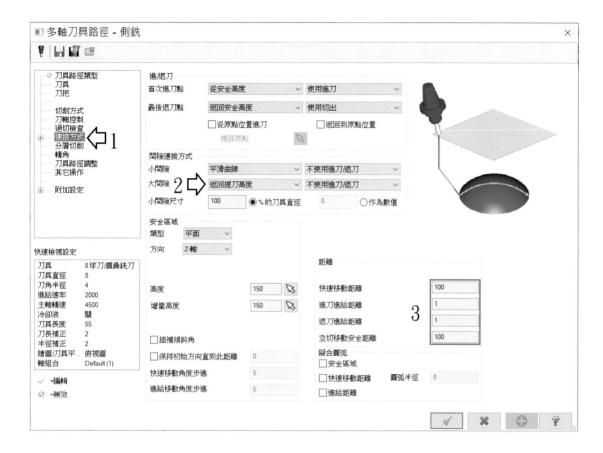

- 點選**分層切削**的選項，定義深度分層項目內的**按距離分層**，輸入 1.5。

Mastercam® 進階多軸銑削加工應用及實例

多軸刀具路徑 - 側銑

- 刀具路徑類型
- 刀具
- 刀把
- 切削方式
- 刀軸控制
- 過切檢查
- 連接方式
- 分層切削
- 轉角
- 刀具路徑調整
- 其它操作
- 附加設定

快速檢視設定

刀具	8球刀/圓鼻銑刀
刀具直徑	8
刀角半徑	4
進給速率	2000
主軸轉速	4500
冷卻液	關
刀具長度	55
刀長補正	2
半徑補正	2
繪圖/刀具平...	俯視圖
軸組合	Default (1)

✓ =編輯
⊘ =無效

深度分層

深度切削步進　按距離分層　1.5
方式　漸變
方向　沿刀軸

刀具引導

刀具路徑減震　-
刀具偏移　固定每層
到　0
從　0

寬度分層

層數　1

排序

加工排序　區域
方法　單向

- 其餘的選項參數依照內定即可，通常都是視加工的需要再去調整。
- 點選**確定**，執行刀具路徑運算，刀具路徑運算的結果如圖。

實體模擬

補充說明：

> 複製葉片中加工的刀具路徑，以執行運算精加工的刀具路徑。
>
> 使用滑鼠點擊此複製後的刀具路徑**參數**，開啓此刀具路徑的工法頁面。
>
> • 點選刀具頁面，同樣選擇球刀（**直徑 8**）的刀具，更改精加工的切削條件。
>
> • 點選**切削方式**，定義**寬度層數**_最大距離定義為 1（此選項為刀間距 ae）。
>
> • 點選**切削方式**，定義沿面公差（預留量）為 0 及定義底面預留量為 0。
>
> • 點選**分層切削**的選項，定義深度分層項目內的**按距離分層**，輸入 0.5。
>
> • 其餘依據內定值即可。

四、葉片端面加工

　　葉片的端面加工部分，如果素材使用車削的方式直接加工尺寸到位，那麼你無須再進行此部分的刀具路徑編程。假若你透過三軸的粗加工方式來進行素材的加工，且沒有做外形的中精加工時，那麼建議您可以進行以下的刀具路徑編程來加工葉片的端面。我們將選擇使用多軸策略中的**沿面**工法來做編程介紹。

　　• 選擇多軸加工工法中的**沿面**。

由多軸刀具路徑 —**沿面**銑削工法視窗中設定相關參數：

• 點選**刀具**頁面，選擇球刀（**直徑 8**）的刀具，由頁面中您可更改切削條件。

• 點選**刀把**頁面，同樣使用 **HSK63 AT T025630** 或自行建立新刀把，並定義夾持長度

55。

- 點選**切削方式**，曲面 _ 點選曲面 icon，選取**此曲面**（點擊步驟 3 的葉片端面，確認後請點選**結束選取**。

- 將開啟**曲面流線設定**，確認所需切削的方向，確認後請點選**確定**。

- 定義**切削方向**為雙向。

- 定義**加工面預留量**為 0.0。

- 定義勾選**增加距離**為 0.5。

- 定義切削控制，勾選點的分布**距離**為 0.5。

- 定義**切削公差**為 0.01。

- 定義**切削間距**距離為 0.4。

- 其餘的選項依據內定值即可。

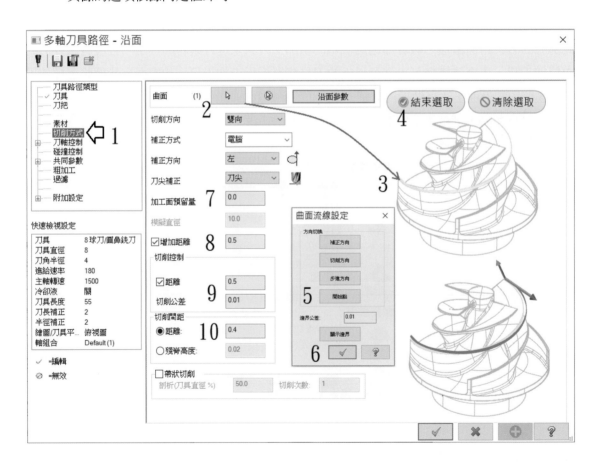

- 點選**刀軸控制**的功能，依曲面、輸出方式選擇 **5 軸**。

- 定義**前 / 側傾角**為 0.0。

- 勾選**增加角度**依內定值 1。

- 刀具向量長度依內定值 25.0。

刀軸控制	曲面	(1)
輸出方式	5軸
軸旋轉於	X軸
前傾角	0.0
側傾角	0.0
☑ 增加角度	1.0
刀具向量長度	25.0
☐ 最小傾斜	
最大角度(增量)	0.0
刀桿及刀把間隙	0.0

- 經由刀軸控制的＋字鍵開啟**限制**的功能選項，進入功能頁面中，勾選 Z 軸，定義**最小距離**為 15.0、**最大距離**為 88.0。
- 極限動作_點選**修改超過極限的運動**。

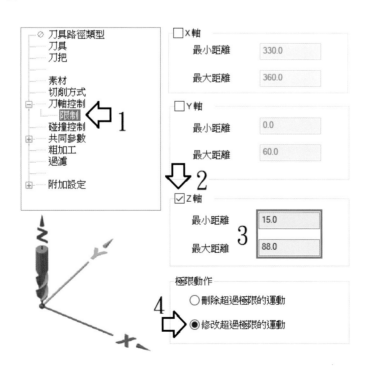

- **碰撞控制及共同參數**的功能選項，依據內定值即可或自行修改所需。
- 點選**確定**，執行刀具路徑運算。刀具路徑的運算結果如圖。

選擇完整的刀具路徑做實體模擬，如圖。

15

刀具路徑安全驗證及模擬

在前面第三章節我們有簡單介紹了刀具路徑模擬、實體切削驗證與整機模擬。我們將在這個章節來做較詳細的介紹與說明。

15-1 基本設定與操作（Basic Setup）

一、整機模擬檔案安裝

開啟 *Mastercam®* 整機模擬檔案資料夾（此為預設位置）

C:\Users\Public\Documents\Shared Mastercam xxxx\MachineSimulation\MachSim

或是 **C:\Users\Public\Documents\Shared Mcamxxxx\MachineSimulation\MachSim**

xxxx 代表 *Mastercam®* 版本

將光碟 Chapter-15 內，有下面三個資料夾複製到進去。

Demo_VMC_3-Axis：立式三軸銑床

Demo_VMC_4-Axis_A：立式四軸銑床（A 軸在右側）

Demo_VMC_5-Axis_AC：立式 5 軸銑床（Table A 軸 / Table C 軸）

C:\Uasrs\Public\Documents\Shared Mastercam xxxx\MachineSimulation\MachSim

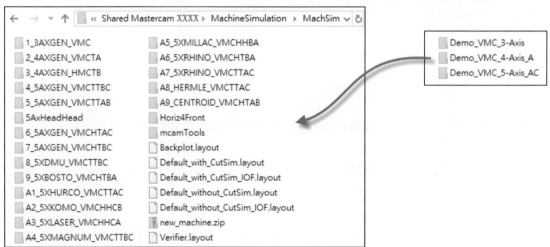

二、*Mastercam®* 模擬器的整機模擬

開啟 "GettingStarted_Finish_Vise.mcam" 專案檔，您也可以使用滑鼠的左鍵，點選專案直接拖拉到工作視窗來做開啟。

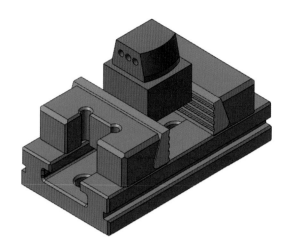

在**第三章節**的 **3-3. 路徑模擬驗證與加工報表**，我們有簡單介紹整機模擬，但並未設定夾具與指定整機模擬的機器。此處來設定一下夾具與整機模擬的參數。

• 點擊**模擬選項**。

• 點擊**組件**頁面：

　素材爲素材設定

　勾選**夾具**，並設定爲**層別號碼 300**

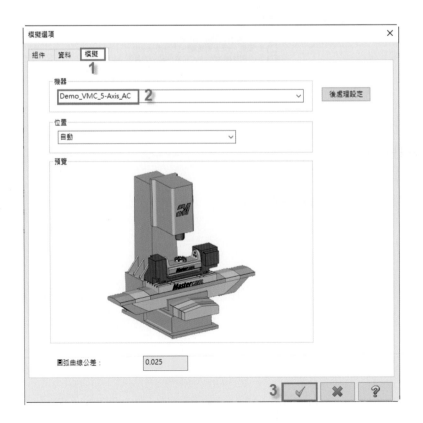

• 點擊**模擬**頁面：

選擇機器為 **Demo_VMC_5-Axis_AC**，點擊**確定**完成模擬選項對話框。

- 點擊選取全部操作。
- 選擇驗證已選取的操作，***Mastercam***® 將會另開一個模擬器的視窗。

- 選擇 ***Mastercam***® 模擬器首頁選項卡的**模擬：**

  設定停止條件：**更換操作時、碰撞時、刀具檢查**

  勾選可見的選項內刀具**路徑、刀具、夾具、機器**等

  選擇操作的選項內**目前操作**

  選擇刀具路徑選項內**沿著**

  選擇**模擬**選項卡內的**顏色循環、碰撞檢查**與**顯示邊界**

- 用**調整指針**設定模擬的速度（慢←→快）：

  點擊**播放**執行整機模擬驗證（自行調整最佳觀看視角）

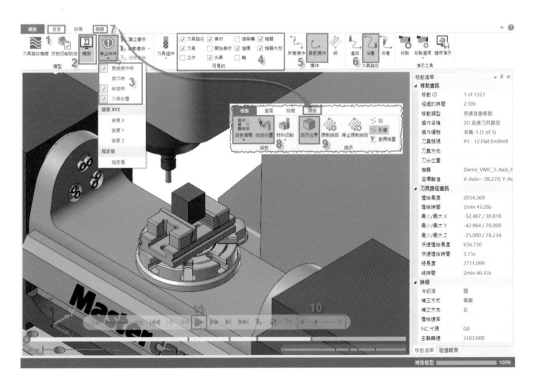

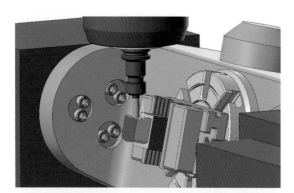 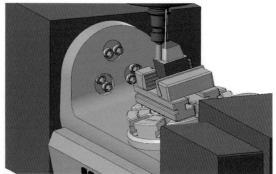

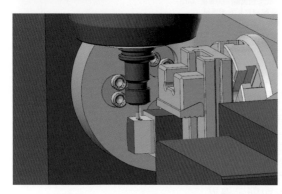 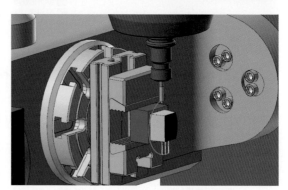

- 選擇模擬器首頁選項卡：

  確認可見的選項內**刀具路徑**有勾選

  選擇操作的選項內**所有操作**

- 點選模擬器**檢視**選項卡的顯示選項內 _ **軸控制**：

  選擇**軸**可切換控制各個軸向

  選擇**增量**可調整寸動控制的位移量

  利用寸動控制的 ➕ 、➖ 或是旋鈕可以移動整機模擬的各個軸，圖例就是移動 Y 軸
  往正向位移，發生了刀桿與夾具碰撞的紅色警告。

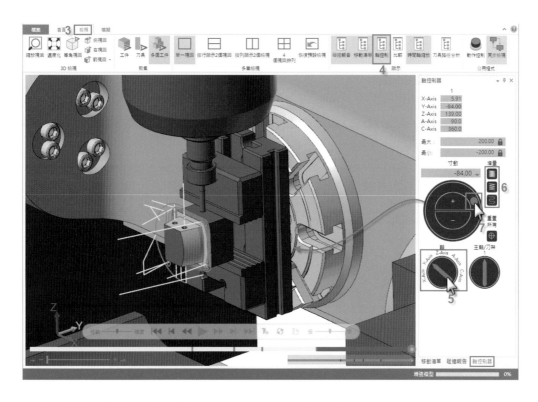

- 點選模擬器**檢視**選項卡的顯示選項內 _ **刀具路徑分析**：
  選擇**操作**可以在畫面中，顯示個別刀具路徑不同的顏色，還可以選擇依刀具、進給速率等選項來分辨路徑顏色。

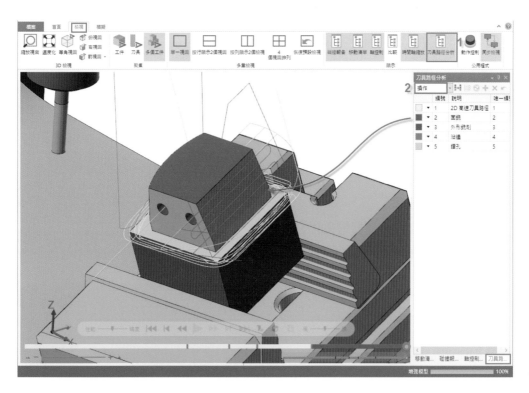

15-2 ModuleWorks 整機模擬功能

前面介紹的為 **Mastercam**® 模擬器使用 ModuleWorks 的整機檔案，這個部分僅能做一些簡單的操作與檢查。實際若要達到更多的功能性操作與安全，則需要直接使用 ModuleWorks 的整機模擬。而且此功能內還可以整合使用**後處理**做完整性的 NC 程式驗證模擬（請諮詢您的代理商），以達到與機器實際動作可一致性的完整驗證模擬。

一、輸入模型執行機器模擬

開啟 "Machine_Simulation_01.mcam" 專案檔，您也可以使用滑鼠的左鍵，點選專案直接拖拉到工作視窗來做開啟。

層別號碼 100：CAD 圖形

層別號碼 300：夾具

- 點擊選取全部操作。
- 點選**機器**選項卡**模擬機器選項**的功能：

　　Mastercam® 將會另開一個機器模擬的視窗。

二、機器類型說明

在機器模擬的視窗中，可以選擇對應的整機模擬類型，且 **Mastercam**® 在系統安裝時，就已經含有許多常見的整機模擬機器檔，主要包含常見的三軸～五軸機器，透過檔名讓您更方便的做選擇。

VMC：Vertical Machining Center 立式加工中心機

HMC：Horizontal Machining Center 臥式加工中心機

HH：Head / Head

HT：Head / Table

TT：Table / Table

亦有部分機器的品牌與型號：HURCO、HERMLE、DMU 等等

若有其他客製化需求的機器，請諮詢您的代理商，可以構建完整的整機模擬檔。

以下為部分內建的整機模擬檔案：

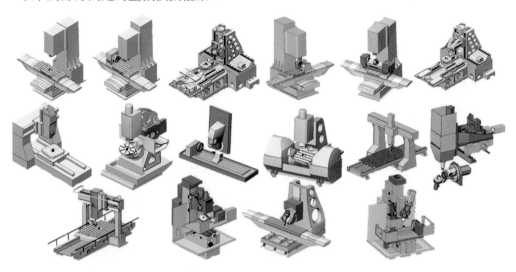

下面三臺整機模擬的示意圖則為本章節前面安裝檔案：

Demo_VMC_3-Axis	Demo_VMC_4-Axis_A	Demo_VMC_5-Axis_AC
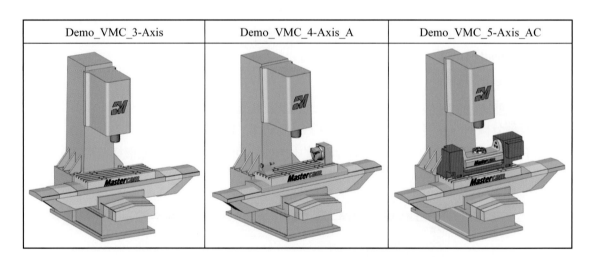		

三、執行機器模擬

- 選擇機器：**A6_5XRHINO_VMCHTBA**

  工件的圖形：**全部圖素**

  工件的位置：**在 XYZ 的平移**（一般可以選擇**自動**即可）

  X：0、Y：0、Z-76.2（因夾具底面距離床臺面為 76.2mm）

  夾具從層別：**層別號碼 300**

  勾選顏色及快速鍵：使用 ***Mastercam***® 設定

• 選擇**模擬**執行機器模擬：

Mastercam®將會另開一個機器模擬的視窗。

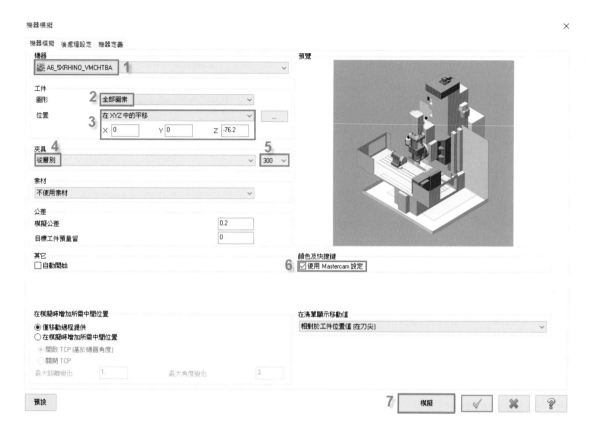

• 在機器模擬的視窗內，選擇**檢視**選項卡。

開啓**移動清單**、**分析（刀具路徑）**、**機器**、**報表**、**進度條**、**軸控制**等停靠窗格，畫面位置可能有所不同，請自行拖曳移動窗格的位置。

Mastercam® 進階多軸銑削加工應用及實例

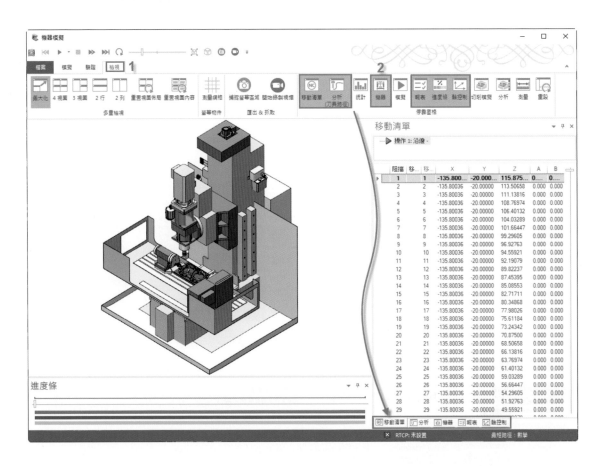

四、檢視碰撞位置

* 在機器模擬的視窗內，選擇**模擬**選項卡。

  調整**模擬執行速度**（慢←→快）

  點擊**執行**開始模擬

* 在模擬過程會發生有碰撞的紅色警示。

  選擇**報表**窗格

  點擊碰撞的行號範圍區塊

  模擬視窗會移動到碰撞的位置（請自行調整觀看角度與大小）

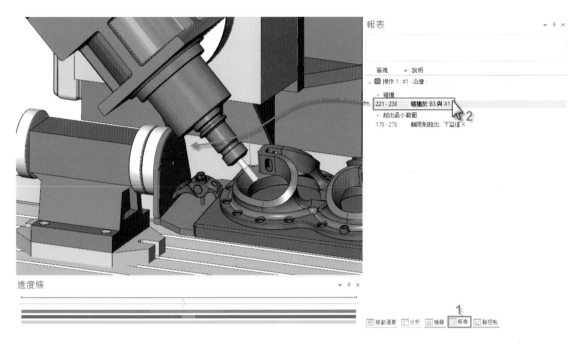

- 選擇**移動清單**窗格，此時會看到 221 單節的位置開始發生碰撞，滾動滑鼠滾輪或是**拖曳右邊的垂直尺規**，可以更清楚的觀看所有碰撞的位置。

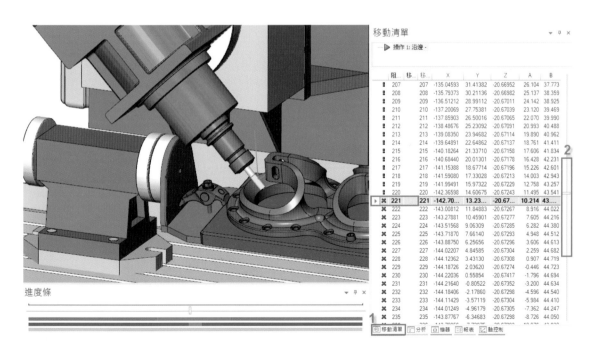

五、使用工件模擬

- 選擇**模擬**選項卡：

  選擇**工件／素材**模式

  將視角檢視切換至**左視圖**（或自行旋轉至觀看視角）

- 拖曳視窗右邊的垂直尺規，或是選擇**執行**開始模擬，亦可直接使用鍵盤快速鍵操作。

  （R）：執行、（Ctrl+R）：暫停

  （S）：單節前進、（B）：單節後退

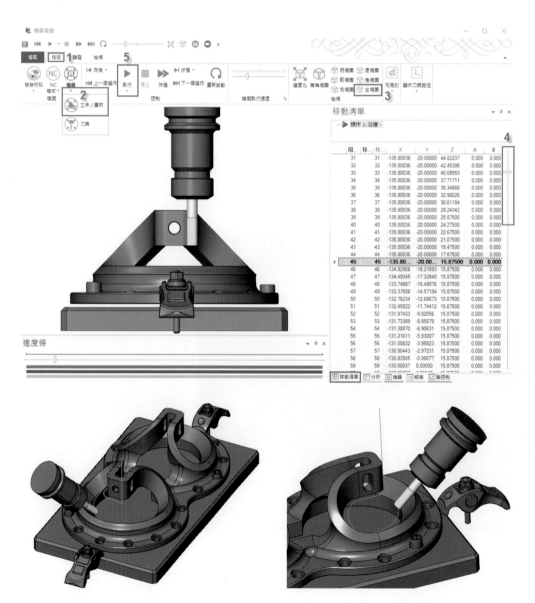

六、更換機器模擬

使用整機模擬的好處就是,你無需實際在機器上做加工驗證,不僅可以節省機器的稼動時間,也可以提早發現問題,避免損失金錢。包括有刀把的適用與否、刀具的夾長安全性及擺設位置或高度的事先確認。

接下來我們就切換其他的機器來做整機模擬的驗證,利用之前的功能來做檢查,是否依舊有碰撞的問題產生。

- 回到 **Mastercam**₀ 主畫面,並再次點選**模擬機器選項**的功能:

- 選擇機器:**8_5XDMU_VMCTTBC**

  工件的圖形:**全部圖素**

  工件的位置:**自動**

  夾具從層別:**層別號碼 300**

  勾選顏色及快速鍵:使用 **Mastercam**₀ 設定

  選擇**模擬**執行機器模擬,並切換至機器模擬的視窗。

- 選擇**模擬**選項卡：

  選擇**機器**模式

  將視角檢視切換至**等角視圖**（請自行旋轉與放大觀看視角）

  選擇**報表**窗格

  選擇**執行**開始模擬（或利用鍵盤快速鍵操作）

- 此時在報表窗格內，並未有任何碰撞之訊息，由此可見此模型與刀具路徑在此機器上可以很安全地加工。

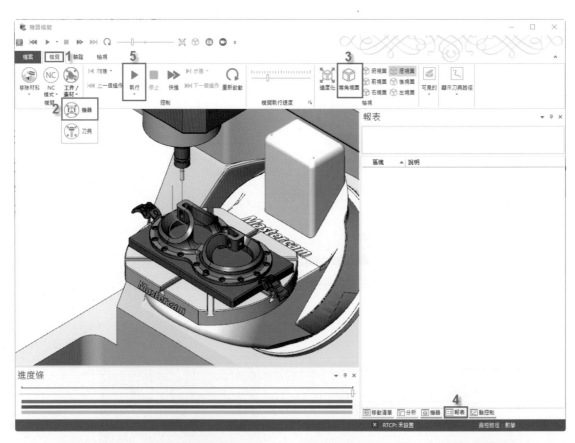

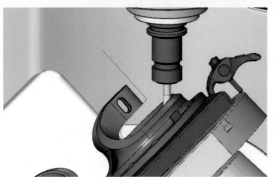

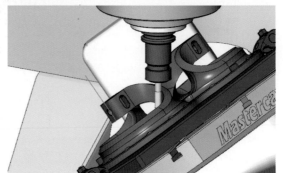

15-3 整機模擬路徑分析

　　透過 **ModuleWorks** 的整機模擬，使用者可以清楚檢視刀具與機器的相關動作，達到更安全的檢查。此章節我們將透過這個整機模擬來檢視更多在多軸路徑上的一些資訊。

一、順序

　　開啓 "Machine_Simulation_02.mcam" 專案檔，您也可以使用滑鼠的左鍵，點選專案直接拖拉到工作視窗來做開啓。

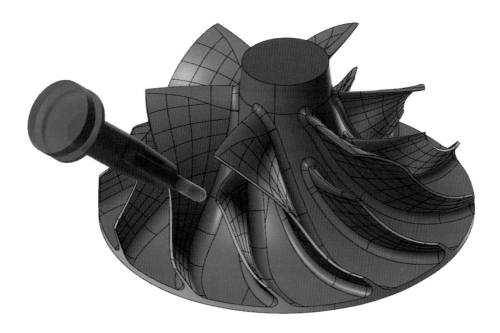

- 點選**機器**選項卡**模擬機器選項**的功能：
  Mastercam® 將會開啓機器模擬的視窗。

- 選擇機器：**Demo_VMC_5-Axis_AC**
  工件的圖形：**全部圖素**

工件的位置：**自動**

在清單顯示移動值：**絕對機器軸值**

選擇**模擬**執行機器模擬

- 在機器模擬的視窗內，選擇**模擬**選項卡：

在可見的群組內，啟用**刀具路徑**

在顯示刀具路徑群組內，啟用**顯示軌跡線**（請自行調整圖形大小與位置）。

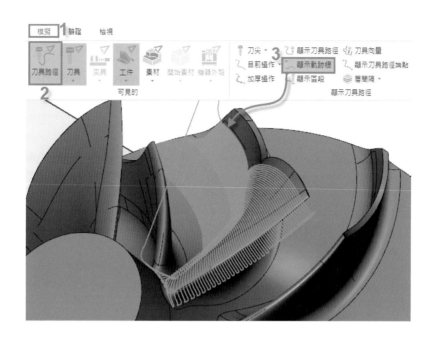

- 選擇**分析**窗格，再選擇**順序**。

  此時將會以 10 種顏色將刀具路徑區分顯示，可以方便觀看路徑分布的位置，更能確定加工的起點和終點。使用者也可以利用右邊的功能自行增加或減少區分的顏色（需點擊更新才會重新調整）。

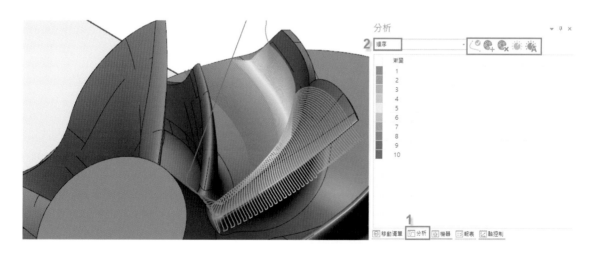

二、旋轉軸值

- 選擇 **A-Axis 軸值**或 **C-Axis 軸值**。
- 點擊**自動調整**更新顯示。

因機器定義 A 軸名稱爲 A-Axis、C 軸名稱爲 C-Axis。

此時將會顯示 A-Axis 或 C-Axis，在這個刀具路徑操作的旋轉軸角度範圍。更可以方便檢查軸的最大值與最小值，你可以直接觀看到是否有超過行程的角度。使用者也可以自行增加或減少區分的顏色（需點擊更新才會重新調整）。

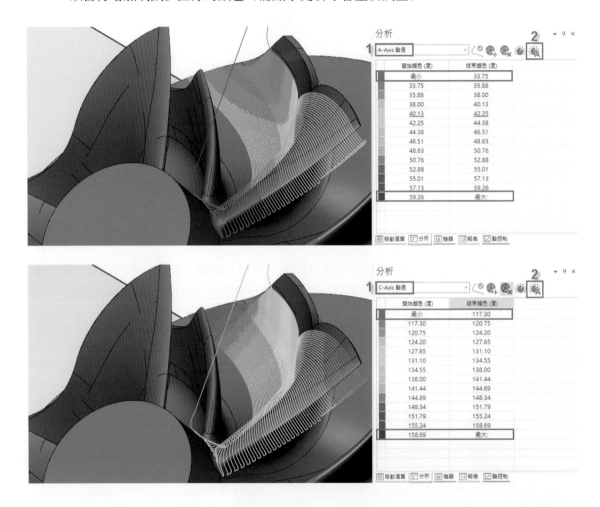

三、旋轉軸值更改

- 選擇 **A-Axis 軸值更改**或 **C-Axis 軸值更改**。
- 點擊**自動調整**更新顯示。

  此時將會顯示 A-Axis 或 C-Axis，在這個刀具路徑操作旋轉軸的分布間格，使用者將可以直接觀看到是否有較大的角度變化，可以回到 *Mastercam*® 內調整參數讓旋轉軸平穩動作。

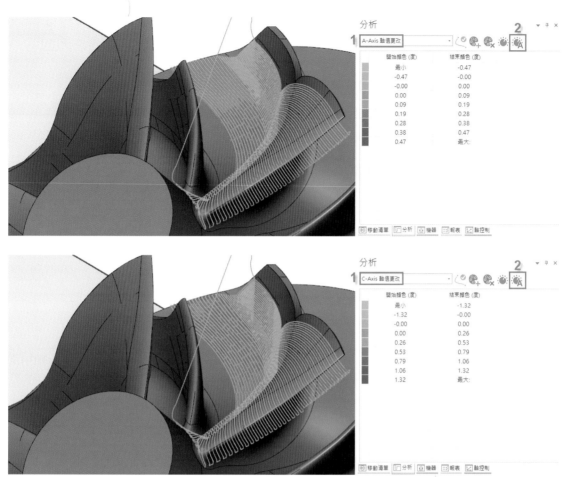

四、反轉軸

- 選擇 **A-Axis 反轉軸**或 **C-Axis 反轉軸**。

- 點擊**自動調整**更新顯示。

  此時將會顯示 A-Axis 或 C-Axis，在這個刀具路徑操作旋轉軸的轉向變更時，就會切換不同顏色。當旋轉軸在**向後**（意思為反轉）這個紅色處，即是旋轉軸在此處轉向的位置。

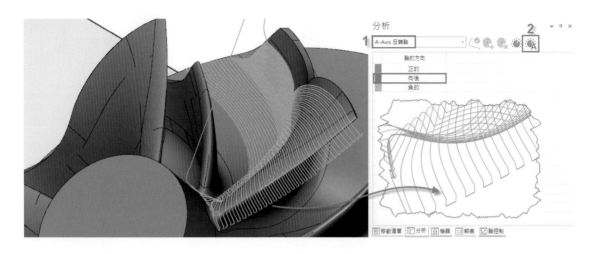

五、線段長度

- 選擇**線段長度**。
- 點擊**自動調整**更新顯示。

  此時將會顯示刀具路徑的切削長度分布，可以檢視路徑中點的分布距離，在多軸精加工內，就要注意單節長度的距離，會關係到加工的質量。

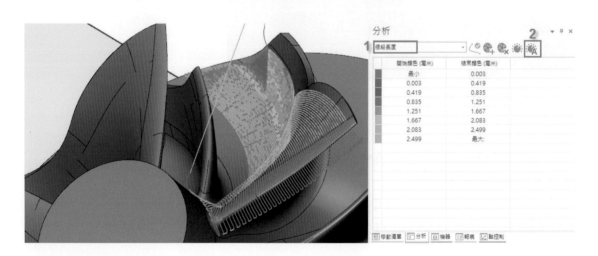

六、碰撞與接近

請參考 **15-2 ModuleWorks 整機模擬功能**的 "Machine_Simulation_01.mcam" 專案檔並選擇 **A6_5XRHINO_VMCHTBA** 的機器進行操作，執行到機器模擬的視窗。

- 在機器模擬的視窗內，選擇**模擬**選項卡。

  確認在**機器**的模式，可見的群組內，啟用**刀具路徑、刀具、夾具、工件**等。

在顯示刀具路徑群組，啓用**顯示刀具路徑**（請自行調整圖形大小與位置）。

- 選擇**分析**窗格，再選擇**碰撞與接近**。
- 點擊執行開始模擬，此時碰撞的路徑將會以顏色來顯示。

　　紅色表示發生碰撞的路徑

　　黃色表示接近區域（極限內與機器、夾具等非常接近）

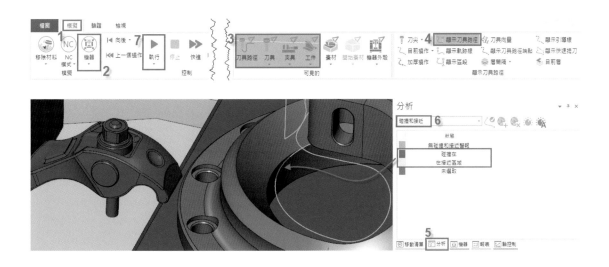

15-4 整機模擬使用外部後處理

　　前面章節介紹了 **ModuleWorks** 的整機模擬，使用者若仔細觀看，會發現此模擬皆以操作的順序爲基礎做模擬，並沒有模擬出刀具在開始移動或是旋轉軸的旋轉連結動作，也就是刀具會直接位移至使用者設定的安全高度開啓模擬，更換操作時也是直接的移轉到另一操作的起始位置。這樣有可能沒有眞正的顯示出當旋轉軸旋轉時、刀具換刀位移或是當實際程式遇到了軸的極限點（請參考第八章的第五章節，避開機臺的行程極限）所產生的動作。這時候就需要透過外部後處理方式，以達到與機器實際動作一致性的完整驗證。

一、標準的整機模擬

　　此功能爲選購模組（此功能請諮詢您的代理商），所以在此以範例專案的方式做介紹，圖形與刀具路徑如圖所示，我們可清楚觀察到這個刀具路徑僅有下刀、提刀與中間連結的路徑，在最高點處並沒有任何的提刀動作。

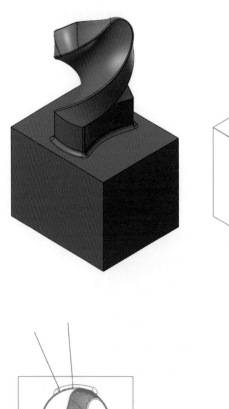

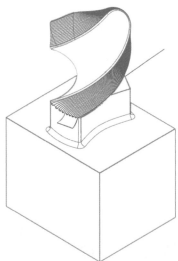

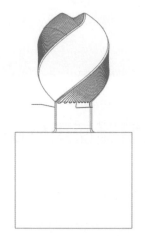

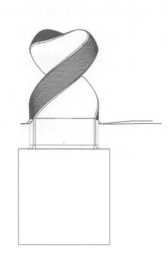

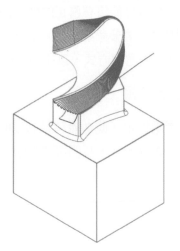

當我們直接進入機器模擬視窗時，旋轉軸已旋轉且刀具已移動到下刀起始位置，而且刀具路徑與先前在 **Mastercam**® 內相同，並無不同之處。

下圖為進入機器模擬視窗的初始畫面

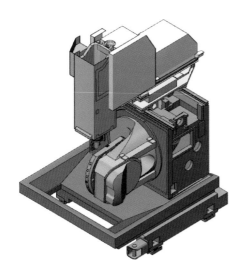 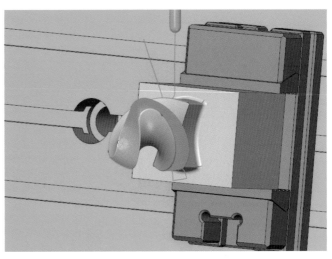

二、外部後處理

接下來我們**使用外部後處理**功能，當選擇**模擬**時，軟體會預執行後處理動作，然後再進入機器模擬視窗（當遇到接近極點、角度變化過大與超過行程時皆會有提示）。

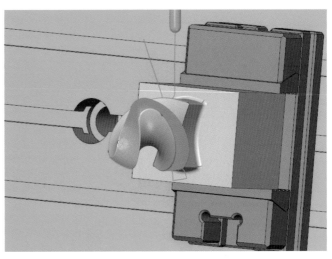

下圖為進入機器模擬視窗的初始畫面。

我們可以看到進入機器模擬視窗的初始畫面，旋轉軸在零點位置，且刀具也是在 Z 軸機械原點位置，刀具路徑與先前在 *Mastercam*® 內有些許差異（有旋轉軸的旋轉動作路徑與工件上方的極限點提刀動作）。

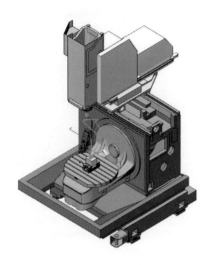 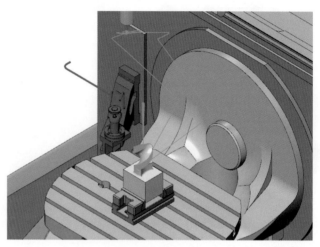

接下來我們可以執行整機模擬，觀看路徑執行動作。

旋轉軸位移時，刀具仍在 Z 軸原點處，並未作下刀移動，與機器實際動作一致。

範例程式如下：

```
G00 B88.899 C=DC(95.349)
CYCLE800(1,"DMG",200000,57,0,0,0,-88.895,354.652,0,0,0,0,1,100,1)
X0.332 Y80.548
Z83.467
CYCLE800()
```

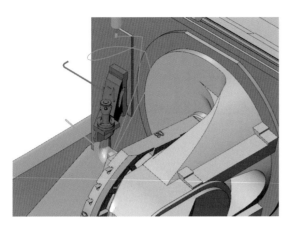
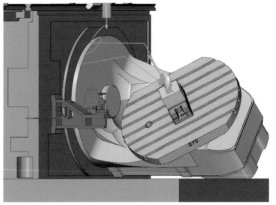

　　旋轉軸位移遇到極限點時，刀具會先提刀至設定的位置，且旋轉軸旋轉（角度變化可見上圖 C 軸轉臺的 270 標記處已經變更）。

　　範例程式如下：

```
X-0.338 Y-0.538 Z-4.562 A-1.593 C292.305
TRAFOOF
G0 SUPA D0 Z-0.1
CYCLE800()
TRAORI
A-0.825 C22.692
```

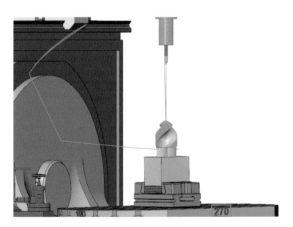
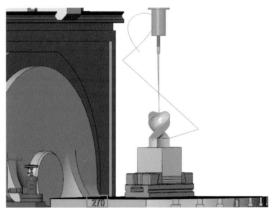

　　極限點提刀動作與實際機器動作一致，可以確保整機模擬正確無誤，繼續執行加工。

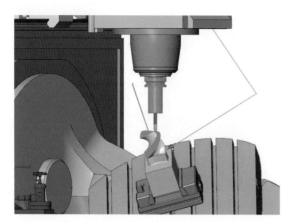 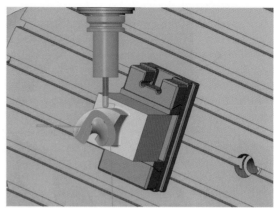

16

多軸控制器基本 G&M 碼 機能簡介

16-1 多軸控制器的類別

· 普遍的五軸數控系統包括有：

• HEIDENHAIN_ 海德漢	• FAGOR
• SIEMENS_ 西門子	• NUM
• FANUC_ 發那科	• ANDRONIC
• OKUMA	• FIDIA
• MAZAK	• 新代
• MITSUBISHI	• PC Base
	• …

· 常用的五軸刀具跟隨指令：

- HEIDENHAIN_ 海德漢：M128/M129
- SIEMENS_ 西門子：TRAORI/TRAOFOFF
- FANUC_ 發那科：G43.4 or G43.5/G49
- OKUMA：G169/G170
- MAZAK：G43.4/G49
- MITSUBISHI：G43.4/G49
- 新代：G43.4/G49
- …

· 常用的 3+2 傾斜軸指令：

- HEIDENHAIN_ 海德漢：PLANE SPATIAL…
- SIEMENS_ 西門子：CYCLE800 / CYCLE800（）
- FANUC_ 發那科：G68.2/G69
- OKUMA：G68.2 or CALL XXXX /G69
- MAZAK：G68.2/G69
- MITSUBISHI：G68.2/G69
- 新代：G68.2/G69
- …

五軸刀具跟隨指令概述說明

在此，我們將針對 **HEIDENHAIN 海德漢**、**SIEMENS 西門子**及 **FANUC 發那科**系列的三種多軸控制器類型做說明介紹，至於其他類型的控制器皆有手冊做詳細的說明介紹您可自行參考。

控制器廠牌：HEIDENHAIN TNC640_ **海德漢**

- **M128**：傾斜軸定位時，維持刀尖的位置（TCPM）。
- **M129**：重設 M128。

M128 的行為（**TCPM:** 刀具中心點管理）

- 控制傾斜軸的位置在 NC 程式內被改變，刀尖與工件的位置距離仍然維持不變。

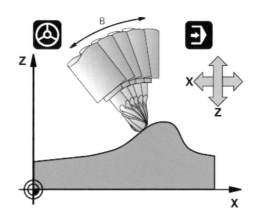

M128 在單節的開始生效；M129 在單節的結尾生效。M128 也在手動操作模式內有效，即使模式變更後仍然有效。補償移動的進給速率將繼續有效，直到您程式編輯新的進給速率，或以 M129 來取消 M128。

範例　補償移動的進給速率為 1000 mm/min

N50 G01 G41 X+0 Y+38.5 IB-15 F125 M128 F1000*

・在傾斜式工作臺上使用 M128

如果您在 M128 作用中，程式編輯傾斜式工作臺的移動，控制器將依據此模式來旋轉座標系統。例如您將 C 軸旋轉 90°（透過定位指令或工件原點位移），然後在 X 軸內設定移動量，控制器將會移動機械軸 Y。控制器也會轉換為預設，並根據旋轉臺的移動而改變。

・具有三維刀具補償的 M128

如果你使用 M128 與刀徑補正 G41/G42 來執行三維刀具補正，控制器將針對某些機械幾何作組態，自動的將旋轉軸定位（例如：周邊銑削）。

周邊銑削：含 M128 的 3-D 半徑補償以及半徑補償（G41/G42）應用，使用周邊銑削時，控制器將垂直於移動方向以及垂直於刀具方向，將刀具置換 DR 誤差值的總量（來自刀具表格與 T 單節）。使用 G41/G42 刀徑補償來定義補償方向（移動方向 Y+），為使控制器能到達設定的刀具導向，您必須啟用功能 M128，接著進行刀徑補償。控制器會自動定位旋轉軸，以便刀具可以啟動補償值來達到旋轉軸座標所定義的定向。

範例　使用 M128 和旋轉軸座標的刀具來定義軸向

N10 G00 G90 X-20 Y+0 Z+0 B+0 C+0* 預先定位

N20 M128* 啟動 M128

N30 G01 G42 X+0 Y+0 Z+0 B+0 C+0 F1000* 啟動的刀徑補償

N40 X+50 Y+0 Z+0 B-30 C+0* 旋轉軸定位（刀具方位）

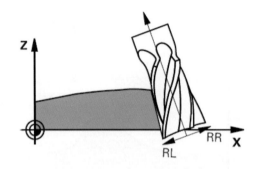

提供 HEIDENHAIN 海德漢五軸程式範例做參考：

```
0 BEGIN PGM XXX
27 L Z-1.0 F8000 M91 M31
28 LBL 50
29 PLANE RESET STAY
30 L B+0 FMAX
31 L C+0 FMAX M94 C
32 LBL 52
33 PLANE RESET STAY
34 CYCL DEF 7.0 DATUM SHIFT
35 CYCL DEF 7.1 X0.0
36 CYCL DEF 7.2 Y0.0
37 CYCL DEF 7.3 Z0.0
38 LBL 0
39 L M129
40 CYCL DEF 247 DATUM SETTING~
    Q339=1 ;DATUM NUMBER
41 ; =====================
42 ; TOOL NUMBER : 1
```

```
43 ; TOOL TYPE      : TIPRADIUSED
44 ; TOOL ID        : D12R0.4
47 ; TOOL DIA.      : 12.0 TIP RAD.:0.4 TOOL LEN    : 60.0
46 TOOL CALL 1 Z S1500 DL+0.0 DR+0.0
47 M3
       Q1= 500 ; PLUNGE FEEDRATE
       Q2= 1000 ; CUTTING FEEDRATE
       Q3= 3000 ; RAPID SKIM FEEDRATE
       Q4= 8000 ; RAPID FEEDRATE
       Q5= 2000 ; M128 FEEDRATE
48 ; L M140 MB MAX
49 L B0.0 C0.0FQ3 M03
50 CYCL DEF 32.0 TOLERANCE
51 CYCL DEF 32.1 T0.3
52 CYCL DEF 32.2 HSC-MODE:1 TA0.5
53 L M126
54 L X-66.7 Y-123.558 FQ3
55 L M128 FQ5
56 L C-142.9118FQ3
57 L X-66.7 Y-123.558 Z88.7746 B68.6278 C-142.9118M08
68 L X-27.5497 Y-55.7477 Z43.5678 B68.6278 C-142.9118R0
69 L X-26.3686 Y-53.5925 Z41.8473 B68.6278 C-142.9118
70 L X-25.5812 Y-52.1557 Z40.7004 B68.6278 C-142.9118FQ1
…
102 L X-29.3899 Y-49.9525 Z40.6992 B68.626 C-143.0453FQ3
103 L X-31.3667 Y-53.5399 Z43.5667 B68.626 C-143.0453
104 L X-70.5186 Y-121.3529 Z88.7753 B68.626 C-143.0453
105 L M129
106 L Z-1.0 F8000 M91
107 L X-640.0 Y-400.0 F8000 M91
108 L B0.0 C0.0FQ3 M03
109 M09
110 L M127
111 CALL LBL 50
112 L M05
113 CYCL DEF 32.0 TOLERANCE
114 CYCL DEF 32.1
115 L M30
116 END PGM XXX
```

提供鑽孔循環指令做參考：

循環程式號碼	循環程式內容
200	鑽孔
201	鉸孔
202	搪孔
203	萬用鑽孔
204	反向搪孔
205	萬能啄鑽
206	新的使用浮動絲攻筒夾
207	新剛性攻牙
208	搪銑

提供 M 功能表指令做參考

M00	停止程式 / 主軸停止 / 冷卻劑關閉
M01	選擇性的程式停止
M02	停止程式 / 主軸停止 / 冷卻劑關閉 / 清除狀態顯示
M03	主軸順時針 ON
M04	主軸逆時針 ON
M05	主軸 STOP
M06	換刀 / 停止程式的執行
M08	冷卻劑 ON
M09	冷卻劑 OFF
M13	主軸順時針 ON / 冷卻劑 ON
M14	主軸逆時針 ON / 冷卻劑 ON
M30	與 M02 相同的功能
M89	可用的 M 功能循環呼叫，在程式中生效（取決於機械參數）
M90	只在延遲模式內：固定的輪廓轉角加工速度
M91	在定位單節內：座標以機械原點為基準
M92	定位單節內：座標以機械製造商定義的位置為基準
M94	將旋轉軸的顯示降低到 360° 以下的數值
M97	使用較小刻度來進行輪廓加工
M98	開放式輪廓的完整加工
M99	單節的循環呼叫

M101	刀具最長壽命終止時自動換刀
M102	重設 M101
M103	進給係數 F 時降低進給速率（百分比）
M104	重新啟動最後設定的原點
M105	以第二個 kv 係數來加工
M106	以第一個 kv 係數來加工
M107	隱藏換刀的錯誤訊息
M108	重設 M107
M109	在刀具切削邊緣的固定輪廓加工速度（增加與降低進給速率）
M110	在刀具切削邊緣的固定輪廓加工速度（只降低進給速率）
M111	重設 M109/M110
M114	使用傾斜軸時，自動補正機械幾何
M115	重設 M114
M116	角度軸的進給速率，單位是 mm/minn
M117	重設 M116
M118	在程式執行 加 手輪定位
M120	預先計算刀徑補正的輪廓（LOOK AHEAD）
M124	執行沒有補償的直線單節時不包含點
M126	旋轉軸的較短移動路徑
M127	重設 M126
M128	以傾斜軸定位時，維持刀尖的位置（TCPM）
M129	重設 M128
M130	移動到具有傾斜加工面的非傾斜座標系統內
M134	旋轉軸定位時在沒有切線變化的轉折處精確停止
M135	重設 M134
M136	每一主軸旋轉有微米精度的進給速率 F
M137	重設 M136
M138	選擇傾斜軸
M140	刀具在刀具軸的方向從輪廓縮回
M141	隱藏接觸式探棒的監控功能
M142	刪除程式資訊
M143	刪除基本旋轉
M144	補正單節結尾 ACTUAL/NOMINAL 位置的機械運動組態
M145	重設 M144

控制器廠牌：SIEMENS_西門子

Transformation= TRAORI，主軸運動軌跡的轉換刀尖控制

- **TRAFOOF**：主軸運動軌跡補正關閉
- **TRAORI**：主軸運動軌跡補正開啓
- **TRAORI 2**：應用在雙主軸切換，或多刀具軸頭調用的參數
- **Swiveling**：旋轉補正

TRAORI 功能運作：

- X、Y 和 Z 的補正運動會自動運算且包含刀具方位的變更，其中刀尖會保持在固定位置。

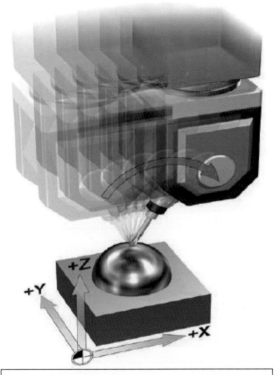 

| TRAORI 開啓時，A 軸、X 軸及 Z 軸偏擺運動時，刀尖在空間保持恒定的位置。 | TRAORI 關閉時，A 軸、X 軸及 Z 軸偏擺運動時，刀尖在空間無法保持恒定的位置是移動的。 |

提供 5 軸常用西門子功能表指令做參考：

SUPA	取消各系統框架 G153 to G53（TRANS/ ATRANS/ ROT/ AROT）
ORIWKS	工件坐標系中的刀具定向（WCS）
CYCLE832	高速高精表面加工優化

G645	連續路徑模式：包含切線單節轉換的平滑化
ORIAXES	方向線性插補
ORISON	方向向量平滑化開啟 / ORISOF（關）
OTOL=0.05	旋轉軸及向量的平滑化允差

提供 SIEMENS_ 西門子五軸程式範例做參考：

```
N10 ; Program Name   : XXX
N25 TRAFOOF
N26 G90 SUPA G1D0Z0 F19999
N27 G90 A0. C0.
N28 ; TOOL NO.     : 1
N29 ; TOOL TYPE    : TIPRADIUSED
N30 ; TOOL ID      : D12R0.4
N31 ; TOOL DIA. 12.0    TIP RAD 0.400    LENGTH 60.000
N32 T1
N33 M6
N34 R50= 3000 ;G01 FEED
N35 R51= 500 ;DOWN FEED
N36 R52= 1000 ;CUTTING FEED
N37 CYCLE832(0.1,3,1)
N38 S1500 M3
N39 TRAORI
N40 ORIWKS
N41 G54 A0. C0.
N42 D1
N43 ; =========
N44 ; Toolpath    : Swarf +-120
N45 ; Allowance : +0.0
N46 ; Workplane : 3+2
N47 ; =========
N48 G1 X-66.7 Y-123.558 F=R50
N49 C=DC( 151.276 ) F=R52
N50 Z88.775
N51 A-34.112 C=DC( 151.276 ) F3000
N52 A-55.007 C=DC( 151.276 )
N53 X-27.55 Y-55.748 Z43.568 C=DC( 151.276 )
N54 X-26.369 Y-53.592 Z41.847 C=DC( 151.276 )
N55 X-25.581 Y-52.156 Z40.7 C=DC( 151.276 ) F500
N56 X-25.632 Y-51.658 Z41.28 C=DC( 151.276 ) F1000
N57 X-26.16 Y-51.158 Z41.519 C=DC( 151.276 )
…
N80 X-27.199 Y-50.557 Z41.519 A-55.006 C=DC( 151.210 )
N81 X-28.237 Y-49.957 A-55.005 C=DC( 151.143 )
```

```
N82 X-28.933 Y-49.748 Z41.278 C=DC( 151.143 )
N83 X-29.39 Y-49.952 Z40.699 C=DC( 151.143 )
N84 X-31.367 Y-53.54 Z43.567 C=DC( 151.143 ) F3000
N85 X-70.519 Y-121.353 Z88.775 C=DC( 151.143 )
N86 TRAFOOF
N87 G90 SUPA G1D0Z0F19999
N88 A0. C0.
N89 M9
```

控制器廠牌：FANUC_ 發那科 / MAZAK/MITSUBISHI/ 新代

- **G43.4**：刀具中心點控制（類型 1），開啓 RTCP 功能。

- **G43.5**：刀具中心點控制（類型 2），開啓 RTCP 功能。

- **G49**：刀具長度補償取消，取消 RTCP 功能。

    *G43.5 是以向量 I,J,K 爲運算模式，有其正負方向性。主要在於解決 G43.4 於臨界點
    （0/90/180/270）的角度時，以最近點做移動無法判斷方向的問題。

RTCP 功能運作：

刀尖點控制功能，RTCP（Rotate Tool Center Point）。開啓 RTCP 功能後，機械座標由刀柄移至刀尖點，所下的移動指令或進給指令皆以刀尖點爲基準點作控制。提供以下的範例程式作了解必較：

未開啓 RTCP 功能：

G00 X0 Y0 Z0 B0 C0 // 刀柄移至 X0 Y0 Z0 B0 C0

G01 X50. Y0 Z0 B-45. C0 // 刀柄移至 X50. Y0 Z0 B-45. C0

未開啓 RTCP 功能時，以刀柄爲控制中心進行加工，其走向如下圖：

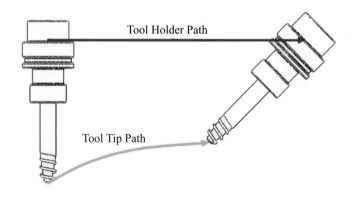

開啓 RTCP 功能：

G43.4 H1 // 開啓 RTCP 功能，控制點爲刀尖點

G00 X0 Y0 Z0 B0 C0 // 刀尖移至 X0 Y0 Z0 B0 C0

G01 X50. Y0 Z0 B-45. C0 // 刀尖移至 X50. Y0 Z0 B-45. C0

開啓 RTCP 功能時，以刀尖點爲控制中心進行加工，其走向如下圖：

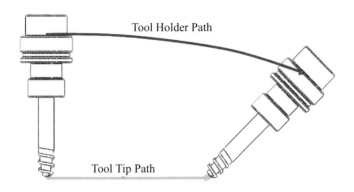

提供 FANUC_ 發那科五軸程式範例做參考：

```
%
G0 G90   G94 G21 G49 G69
G17 G80 G40
G0 G91 G28 Z0
G0 G91 G28 X0
G0 G90 A0.0 C0.0
G0 G90 G54
( TOOL TYPE        : TIPRADIUSED )
( TOOL ID.         :  "D12R0.4" )
( TOOL DIAMETER :   12.0   )
( TOOL LENGTH     :   60.0   )
T1 M6
S1500 M03
(  ========= )
(   TOOLPATH      :   SWARF +-120   )
(   WORKPLANE    :   3+2 )
(   ALLOWANCE    :   0.0   )
(  ========= )
G5.1Q1
( FIRST 5AXIS MOVE )
M10
M45
G1 G90 X-66.7 Y-123.558 F3000.
G43.4 Z88.7746 H1
G01 A-55.0067 C151.276 F3000.
M8
X-27.5497 Y-55.7477 Z43.5678
```

```
X-26.3686 Y-53.5925 Z41.8473
X-25.5812 Y-52.1557 Z40.7004 F500.
X-25.6318 Y-51.6578 Z41.2795 F1000.
X-26.1598 Y-51.1583 Z41.5192
X-27.1985 Y-50.5575 Z41.5189 A-55.006 C151.2096
…
X-28.2373 Y-49.9566 Z41.5186 A-55.0054 C151.1432
X-28.9334 Y-49.748 Z41.2785
X-29.3899 Y-49.9525 Z40.6992
X-31.3667 Y-53.5399 Z43.5667 F3000.
X-70.5186 Y-121.3529 Z88.7753
M9
G49
G5.1Q0
M05
G0 G91 G28 Z0
G0 G91 G28 X0
G0 G91 G28 A0.0
G0 G91 G28 C0.0
M30
%
```

16-2 3+2 傾斜固定軸指令概述說明

在此，我們將針對 **HEIDENHAIN_ 海德漢**、**SIEMENS_ 西門子**及 **FANUC_ 發那科**系列的三種多軸控制器類型做說明介紹，至於其他類型的控制器皆有手冊做說明介紹可提供給您參考。各類型的控制器以傾斜軸指令使用較爲多元，同樣爲 **HEIDENHAIN_ 海德漢**傾斜平面控制就有多種的模式，以下將概述地做說明。

控制器廠牌：HEIDENHAIN TNC640_ 海德漢

以往舊模式都以 **Cycle19** 作爲平面軸向的工件座標轉換，而目前都以 **PLANE SPATIAL** 模式的功能做使用，以下爲幾種工作座標的轉換模式做說明介紹。

· 使用空間角度定義工作平面：平面空間

空間角度最多到三次環繞，非傾斜工件座標系統的旋轉（傾斜順序 A-B-C）來定義工作平面。

範例

N50 PLANE SPATIAL SPA+27 SPB+0 SPC+45 .....*

SPATIAL 空間內

SPA 空間 A：繞著（非傾斜）X 軸旋轉

SPB 空間 B：繞著（非傾斜）Y 軸旋轉

SPC 空間 C：繞著（非傾斜）Z 軸旋轉

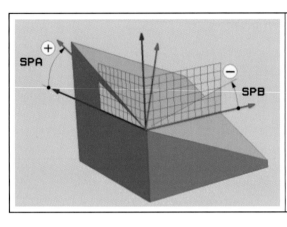
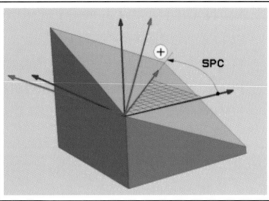

‧使用投影角度定義工作平面：投影平面

利用指定的兩個角度，將第一座標平面（刀具軸 Z 上 Z/X）及第二座標平面（刀具軸 Z 上 Y/Z）投射到要定義的加工平面上，以投影角度定義一工作平面。

範例

N50 PLANE PROJECTED PROPR+24 PROMIN+24 ROT+30 .....*

PROJECTED：投影

PROPR：主要平面

PROMIN：次要平面

ROT：旋轉

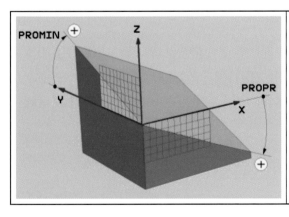
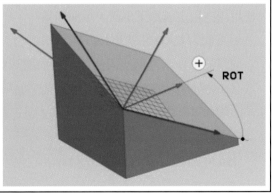

· 使用歐拉角度定義工作平面：平面歐拉

歐拉角度最多到三個環繞，以個別傾斜的座標系統旋轉定義加工平面。瑞士數學家 Leonhard Euler 拉定義了這些角度。

範例

N50 PLANE EULER EULPR45 EULNU20 EULROT22 .....*

EULER：定義這些角度的瑞士數學家

EULPR Pr：進動角度 —— 環繞 Z 軸座標系統的旋轉角度

EULNU Nu：章動角度 —— 環繞已經由進動角度所偏移的 X 軸之座標系統的旋轉角度

EULROT Rot：旋轉角度 —— 環繞傾斜 Z 軸之加工平面的旋轉角度

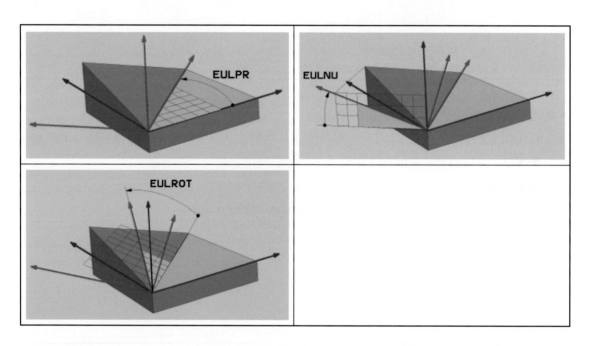

· 使用兩向量定義加工平面：平面向量

如果您的 CAD 系統可以計算出傾斜加工平面的基底向量及法線向量，您可以使用兩個向量的工作平面做定義。控制器內部計算出法線方向，所以您可以輸入在 -9.999999 及 +9.999999 之間的數值。定義加工平面所需要的基本向量是由 BX、BY 和 BZ 所定義。法線向量是由分量 NX、NY 及 NZ 所定義。

範例

N50 PLANE VECTOR BX0.8 BY-0.4 BZ-0.42 NX0.2 NY0.2 NT0.92 ..*

VECTOR：向量

BX, BY, BZ：基本（Base）向量 —— X、Y 和 Z 分量

NX, NY, NZ：法線（Normal）向量 ── X、Y 和 Z 分量

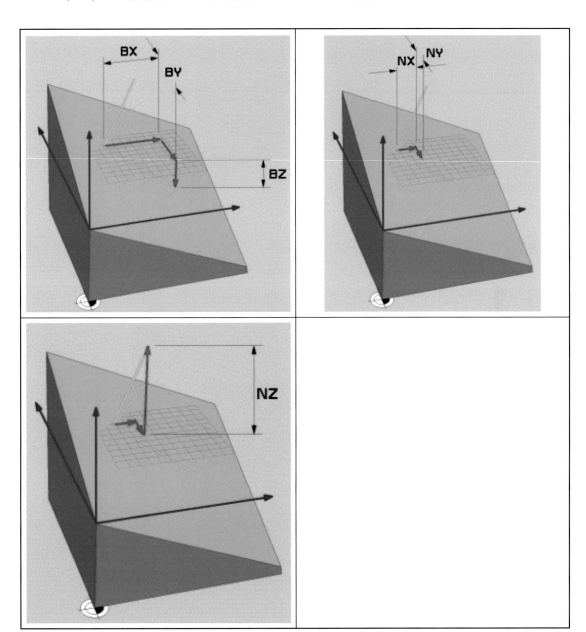

· **經由三個點定義工作平面：點平面**

工作平面可單獨地輸入，在此平面上任何三個點 P1 至 P3 所定義。

範例

N50 PLANE POINTS P1X+0 P1Y+0 P1Z+20 P2X+30 P2Y+31 P2Z

+20 P3X+0 P3Y+41 P3Z+32.5 .....*

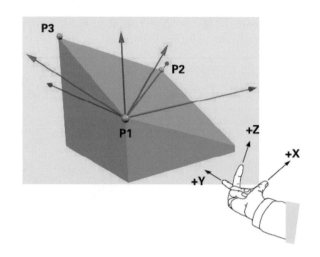

· **透過單一增量空間角度定義工作平面：平面相對**

當已經啟動之傾斜工作平面要由另一軸向旋轉所傾斜時，請使用相對空間角度。範例：
加工在一傾斜平面上的 45° 導角。

範例

N50 PLANE RELATIV SPB-45 .....*

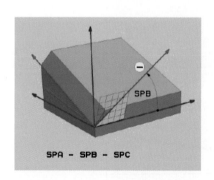

· **透過軸角度傾斜工作平面：平面軸向**

平面軸向功能同時定義了工作平面的斜率與方位以及旋轉軸之標稱座標。

範例

N50 PLANE AXIAL B-45 .....*

AXIAL 在軸方向內

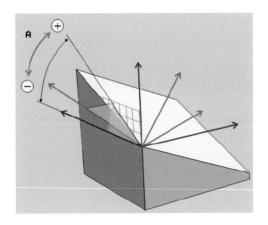

提供 HEIDENHAIN TNC640 3+2 固定軸程式範例做參考：

```
0 BEGIN PGM XXX
27 L Z-1.0 F8000 M91 M31
28 LBL 50
29 PLANE RESET STAY
30 L B+0 FMAX
31 L C+0 FMAX M94 C
32 LBL 52
33 PLANE RESET STAY
34 CYCL DEF 7.0 DATUM SHIFT
35 CYCL DEF 7.1 X0.0
36 CYCL DEF 7.2 Y0.0
37 CYCL DEF 7.3 Z0.0
38 LBL 0
39 L M129
40 CYCL DEF 247 DATUM SETTING~
    Q339=1 ;DATUM NUMBER
41 ; ====================
42 ; TOOL NUMBER : 1
43 ; TOOL TYPE    : TIPRADIUSED
44 ; TOOL ID      : D12R0.4
45 ; TOOL DIA.    : 12.0 TIP RAD.:0.4 TOOL LEN    : 60.0
46 TOOL CALL 1 Z S1500 DL+0.0 DR+0.0
47 M3
    Q1= 500 ; PLUNGE FEEDRATE
    Q2= 1000 ; CUTTING FEEDRATE
    Q3= 3000 ; RAPID SKIM FEEDRATE
    Q4= 8000 ; RAPID FEEDRATE
    Q5= 2000 ; M128 FEEDRATE
48 L B0.0 C0.0FQ3 M03
49 L M129
50 CALL LBL 52
51 CYCL DEF 7.0 DATUM SHIFT
```

```
52 CYCL DEF 7.1 X-30.0449
53 CYCL DEF 7.2 Y-52.0392
54 CYCL DEF 7.3 Z35.8253
55 PLANE SPATIAL SPA60.0 SPB0.0 SPC-30.0 STAY SEQ+ TABLE ROT
56 L B+Q121 C+Q122 F4000 M126
57 ; =========
58 ; Toolpath    : 3+2axis Rough
59 ; Workplane : 3+2
60 ; =========
61 CYCL DEF 32.0 TOLERANCE
62 CYCL DEF 32.1 T0.1
63 CYCL DEF 32.2 HSC-MODE:1
64 ;*** First Move 3p2 ***
65 L X0.0228 Y0.6829 FQ3
66 L Z95.9859 M08
67 L X0.0 Y-1.4503 R0
68 L Z4.1343
69 L Z0.2 FQ1
70 L X13.9506 Y-1.4505 FQ2
71 L Y1.4503
...
94 C X1.0391 Y-3.9538 DR+
95 L X1.0355 Y-3.9503
96 CC X3.536 Y-1.45
97 C X0.0 Y-1.4503 DR-
98 L Z95.9859 FQ3
99 L M127
100 CALL LBL 52
101 M09
102 L Z-1.0 F8000 M91
103 L X-640.0 Y-400.0 F8000 M91
104 L B0.0 C0.0FQ3 M03
105 CALL LBL 50
106 L M05
107 CYCL DEF 32.0 TOLERANCE
108 CYCL DEF 32.1
109 L M30
110 END PGM XXX
```

控制器廠牌：SIEMENS_ 西門子

- **CYCLE800**：主軸運動軌跡補正開啟。

- **CYCLE800 ()**：主軸運動軌跡補正關閉。

　　CYCLE800 即五軸定位加工，是以工件的座標系來旋轉（定義為工件本身的旋轉而非機械軸座標系旋轉），可以達到工件加工座標的轉換設定。

程式製作者可以使用下面其中一種工件搖擺模式（Swivel mode）來設定加工平面：

- Axis by Axis（軸對軸）
- Project angle（投影角）
- Solid angle（實體角）

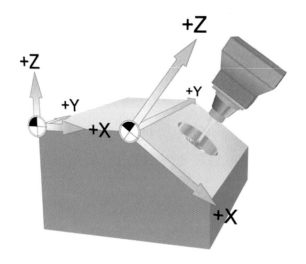

　　以上三種模式全部都以工件的座標系來旋轉（意義是轉工件本身而非機械軸座標系）。就 NC 程式製作來說，機臺的搖擺頭種類（"Type T" 刀具搖擺、"Type P" 工件搖擺或 "Type M" 刀具及工件搖擺）對程式製作是無直接關聯性的。程式製作者只須面對工件，依工件加工面的參考點及角度資料來設定所要的加工面。其意義是一個含 CYCLE800 的程式可以在不同的五軸機械結構上做加工運行。

Swivel mode: (_MODE) 搖擺旋轉模式

- Axis by Axis（軸對軸）
- Project angle（投影角）
- Solid angle（實體角）

　　註：搖擺旋轉模式皆以工件座標系來平移旋轉工件。

Axis by Axis（**軸對軸**）：

　　工件可依工件座標系，一旋轉軸跟隨著一旋轉軸做旋轉。每一新的旋轉都接上一次旋轉後的座標系做旋轉。旋轉的順序可以自由定義，例如 X(A) → Y(B) → Z(C)，Y(B) → X(A) → Z(C),……。

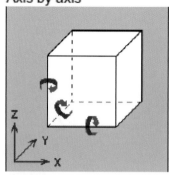

Axis by axis

Project angle（投影角）：

旋轉角 $-Y\alpha$, $X\alpha$ 是加工平面投影到座標系統最面前兩軸的投影角（如圖一，圖二）。第三個旋轉角 $Z\beta$ 會跟隨上一個旋轉後做旋轉（如圖三）。

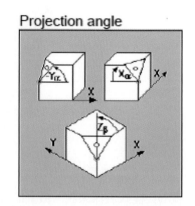

Projection angle

- 當工件座標系統以（G17）XY 為加工平面，新的工件座標 X 軸方向落在新的工件平面與舊的工件 ZX 平面的交接線上（如圖三藍色座標線所示）。

- 當工件座標系統以（G18）ZX 為加工平面，新的工件座標 Z 軸方向落在新的工件平面與舊的工件 YZ 平面的交接線上。

- 當工件座標系統以（G19）YZ 為加工平面，新的工件座標 Y 軸方向落在新的工件平面與舊的工件 XY 平面的交接線上。

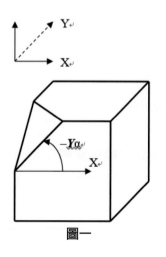

圖一

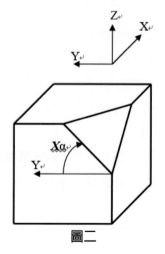

圖二

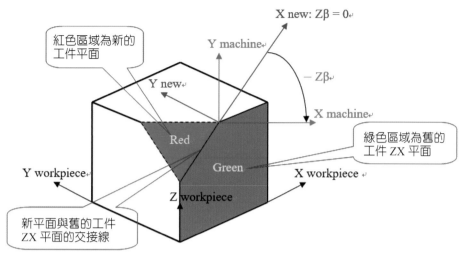

圖三　俯視圖

Solid angle（**實體角**）：

首先工件以 Z 軸為中心旋轉 α 角度，然後再以原始 Y 軸為中心旋轉 β 角度。第二個旋轉是由第一個旋轉完成後銜接開始。

— 若是機器結構是 B, C 軸，則新的 X 軸方向與機器 X 軸同方向。

— 若是機器結構是 A, C 軸，則新的 X 軸方向與機器 Y 軸同方向。

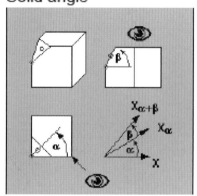

Cycle 800 系列指令的格式碼參數

CYCLE800（_FR,_TC,_ST,_MODE,_X0,_Y0,_Z0,_A,_B,_C,_X1,_Y1,_Z1,_DIR,_FR_I）

參數	資料類型	意義	
_FR	整數	刀具後退模式選擇	
		數值	0：刀具不後退
			1：Z 軸後退（位置是機械廠由 Swivel startup menu 設定）
			2：ZXY 軸後退（位置是機械廠由 Swivel startup menu 設定）
			4：以刀具的方向後退到最大軟體極限的位置
			5：以刀具的方向後退到增量的位置

參數	資料類型	意義	
_TC	字串 [20]	搖擺頭名字（最多 20 個英文字母） "0"：代表取消生效搖擺頭資料	
_ST	整數	新的加工平面或遞增加工平面	
		數值	個位：
			0：新的加工平面
			1：遞增加工平面
			十位：
			0x：不修正刀尖位置
			1x：修正刀尖位置
			此功能需要有選配 TRAORI 功能，且機械廠須修改標準循環程式：
			TOOLCARR.SPF
			參考第 8 頁 Tracking TL：刀尖追隨啓用說明
			百位：
			1xx：設定銑床刀具傾斜
			2xx：設定車床車刀具傾斜
			3xx：設定車床銑刀具傾斜
			千位：
			0xxx：系統內部使用
			萬位：
			1xxxx：__ DIR 無方向選擇旋轉軸不動，只以旋轉負方向做計算
			2xxxx：__ DIR 無方向選擇旋轉軸不動，只以旋轉正方向做計算
			十萬位：
			0xxxxx：適用於 SW6.5 以下的版本選擇旋轉方向 _DIR "Minus"or
			"Plus"
			1xxxxx：方向選擇負方向最佳化
			2xxxxx：方向選擇正方向最佳化
			方向選擇正、負方向最佳化，跟 _DIR 相關聯，是由機械廠在
			Cycle800 installation & setup menu 設定後才有此選項

參數	資料類型	意義
_MODE	整數	搖擺旋轉模式 旋轉角度與蜒轉軸指定： 十進制數值，二進制編碼 7 6 5 4 3 2 1 0 bit 01：第一個角度，以第一軸為旋轉中心 10：第一個角度，以第二軸為旋轉中心 11：第一個角度，以第三軸為旋轉中心 ------------------------------ 01：第二個角度，以第一軸為旋轉中心 10：第二個角度，以第二軸為旋轉中心 11：第三個角度，以第三軸為旋轉中心 ------------------------------ 01：第三個角度，以第一軸為旋轉中心 10：第三個角度，以第二軸為旋轉中心 11：第三個角度，以第三軸為旋轉中心 ------------------------------ 00：軸對軸 Axis by axis angle（A,B,C） 01：實體角 Solid angle（A,B） 10：投影角 Project angle（A,B,C） 11：直接轉機械軸 axes direct 註：若選用實體角 Solid angle，則與 Bit0~5 無關聯 編碼範例：軸對軸 Axis by axis 旋轉 ZàYàX 二進制碼：00011011 十進制碼：27
_X0,_Y0,_Z0	實數	座標旋轉參考中心點
_A	實數	1. 第一個旋轉角度（軸對軸，投影角模式） 2. 以 Z 軸為旋轉中心旋轉的角度（實體角模式）
_B	實數	1. 第二個旋轉角度（軸對軸，投影角模式） 2. 以 Y 軸為旋轉中心旋轉的角度（實體角模式）
_C	實數	1. 第三個旋轉角度（軸對軸，投影角模式）
_X1,_Y1,_Z1	實數	座標旋轉後新的平移座標設定（新的工件零點）
_DIR	整數	指定旋轉軸的轉向。 當 NC CYCLE800 計算出兩個解答時，操作者可以選擇適合的方向來蜒轉。機械廠可預先指定那一旋轉軸可選擇方向，於 Cycle800 installation & setup menu 中設定：$TC_CARR37[n]=XXXXX0XXXà 無此選項 _DIR。 $TC_CARR37[n]=XXXXX1XXXà 有此選項 _DIR，指定第一旋轉軸。 $TC_CARR37[n]=XXXXX2XXXà 有此選項 _DIR，指定第二旋轉軸。 -1：（Minus）負方向，轉向低數值方向（機定方向） +1：（Plus）正方向，轉向高數值方向 0：旋轉軸不自動旋轉（例如手動旋轉軸），只做計算。參考：參數 _ST 萬位選項
_FR_I	實數	刀具以刀具的方向後退到增量的位置值

提供 SIEMENS_ 西門子 3+2 固定軸程式範例做參考：

```
; 0 BEGIN PGM XXX
N31 TRAFOOF
N32 M01
N33 ; TOOL NUMBER : T1
N34 ; TOOL TYPE        : TOOL TYPE:TIPRADIUSED
N35 ; TOOL ID.           : D12R0.4
N36 ; TOOL DIAMETER : 12.0    TOOL TYPE:TIPRADIUSED
N37 ; TOOL TIPRAD    TIP RAD.:0.4
N38 ; TOOL LENGTH      : 60.0
N39 T1
N40 M06
N41 G90 SUPA G1 D0 Z-1.0 F5000
N42 G90 A0.0 C0.0
N43 R50= 3000 ; RAPID SKIM FEEDRATE
N44 R51= 500 ; PLUNGE FEEDRATE
N45 R52= 1000 ; CUTTING FEEDRATE
N46 R53= 5000 ; RAPID FEEDRATE
N47 CYCLE832(0.1,_ROUGH,1)
N48 S1500 M3
N49 M28
N50 M26
N51 TRAFOOF
N52 G54
N53 D1
N54
CYCLE800(0,"TABLE",100000,57,-30.045,-52.039,35.825,56.31,-25.659,-16.102,0,0,0,-1,100,1)
N55 M27
N56 M25
N57 G1 X0.0228 Y0.68287 F=R50
N58 Z95.986
N59 ;FMAT
N60 G40 X0.00003 Y-1.45028 Z95.986 M8
N61 Z4.134
N62 Z0.2 F=R51
N63 X13.95058 Y-1.4505 Z0.2 F=R52
N64 Y1.45033 Z0.2
N65 X-13.9505 Y1.45055 Z0.2
N66 X-13.95053 Y-1.45005 Z0.2
N67 X0.00003 Y-1.45028 Z0.2
N68 X0.00251 Y-1.45027 Z0.2
...
N92 G17 X1.03906 Y-3.95383 I-1.464 J0.0
N93 G1 X1.03552 Y-3.95029 Z0.2
N94 G2 G17 X0.00003 Y-1.45033 I2.5 J2.5
N95 G1 Y-1.45028 Z0.2
N96 Z95.986 F=R50
```

```
N97 M9
N98 TRAFOOF
N99    CYCLE800()
N100 M28
N101 M26
N102 M05
N103 G90 SUPA G1 D0 Z-1.0 F5000
N104 G90 SUPA G1 D0 Y0.0 F5000
N105 G0 A0.0 C0.0 F5000
N106 M30
```

控制器廠牌：MITSUBISHI/FANUC_ 發那科 / MAZAK/ 新代

- **G68.2**：開啟傾斜平面座標系功能。
- **G69**：取消傾斜平面座標系功能。

傾斜面加工機能，是對原本座標系的 X、Y、Z 軸進行旋轉及原點的平行移動，產生新的座標（Feature座標）定義，使得空間上的任意平面（傾斜面）能執行一般加工程式指令加工。

指令格式：

G68.2 X_ Y_ Z_ I_ J_ K_ ；

G53.1；

G69；

G68.2	開啟傾斜平面座標系功能
G53.1	移動指令，將刀具軸方向旋轉至垂直所設定之傾斜平面
G69	取消傾斜平面座標系功能
X_ Y_ Z_	傾斜平面座標系原點
I_ J_ K_	傾斜平面座標系方向的尤拉角

傾斜面加工指令說明

傾斜面加工指令的 G Code 是全系列共通使用的 G Code。傾斜面加工指令機能，是將現在設定的工件座標系 X、Y、Z 定義成新座標系（Feature 座標系）。

定義新座標系（Feature 座標系）的方法有下記幾種：

指令	指定方式
G68.2 P0	尤拉角指定方式
G68.2 P1	Roll、Pitch、Yaw 角指定方式
G68.2 P2	平面內 3 點指定方式

指令	指定方式
G68.2 P3	2 平面指定方式
G68.2 P4	投影角指定方式
G68.3	工具軸方向指定

- G68.2 指令省略位址 P 時,預設為 G68.2 P0(尤拉角指定方式)。
- G68.2 指令位址 P 的設定範圍為 0~4,設定範圍以外的數值時,會出現異警。
- G68.2 指令位址 P、Q 設定值包含小數點時,會將小數點省略僅以整數值執行指令。
- G68.2、G68.3 指令請單獨使用,若和其他 G Code 或移動指令在同一單節執行時,會出現傾斜面加工格式錯誤。

傾斜面加工指令取消

G69(標準加工中心系列 G Code)/ G69.1(M2 格式)

G69 / G69.1 傾斜面加工取消

- G69(G69.1)指令請單獨使用,若和其他 G Code 或移動指令在同一單節執行時,會出現傾斜面加工格式錯誤。
- 圓弧補間模式、固定循環模式中不能使用取消指令,若使用了本指令,會出現傾斜面加工指令模式錯誤。

Roll、Pitch、Yaw 角指定方式

1. 指令格式

G68.2 P1 Qq Xx Yy Zz Iα Jβ Kγ ;	
G68.2 P1	傾斜面加工模式 ON(用以指定 Roll、Pitch、Yaw 的角度)
x,y,z	新座標系的原點(傾斜面加工指令前座標系的絕對值指令)
q	旋轉順序
α	繞著 X 軸方向旋轉的角度(Roll 角度)(設定範圍 -360°~360°)
β	繞著 Y 軸方向旋轉的角度(Pitch 角度)(設定範圍 -360°~360°)
γ	繞著 Z 軸方向旋轉的角度(Yaw 角度)(設定範圍 -360°~360°)

- 位址 X、Y、Z 省略時,預設值為 0。
- 位址 I、J、K 省略時,預設定為 0。
- 位址 Q 省略時,q 預設定為 123。

軸向旋轉順序(q):

q	第 1 旋轉軸	第 2 旋轉軸	第 3 旋轉軸
123	X 軸	Y 軸	Z 軸
132	X 軸	Z 軸	Y 軸
213	Y 軸	X 軸	Z 軸
231	Y 軸	Z 軸	X 軸
312	Z 軸	X 軸	Y 軸
321	Z 軸	Y 軸	X 軸

2. 新座標系（Feature 座標系）設定：

- 設定新座標系的原點爲 x、y、z（傾斜面加工前座標系的座標標值）。
- 位移後座標系爲傾斜面加工指令前的座標系繞著 X 軸以 α 度旋轉。
- 旋轉後的座標系爲傾斜面加工指令前的座標系繞著 Y 軸以 β 度旋轉。
- 旋轉後的座標系爲傾斜面加工指令前的座標系繞著 Z 軸以 γ 度旋轉。

　例　G68.2 P1 Q123 Xx Yy Zz Iα Jβ Kγ; → q1 = 123（WX、WY、WZ 的旋轉順序）

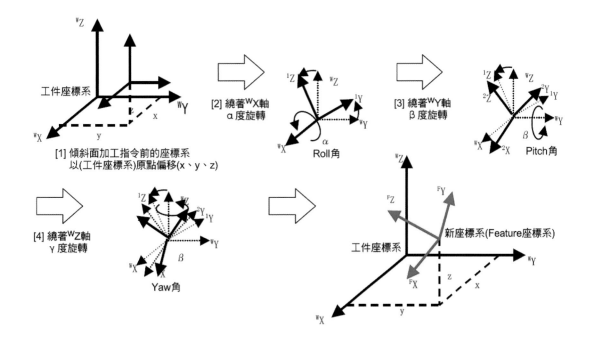

工具軸方向控制

　　使用 G53.1 的指令時，刀具軸方向會以新座標系的 +Z 方向自動移動旋轉軸。旋轉軸的選擇結果，在 G53.1 指令執行旋轉軸後，所運算出的角度其主要旋轉軸會有正值和負值二個組合。如要選擇那個結果可使用 G53.1 指令位址 P（P=0、1、2）來指定。

P = 0 時：各機械類型有各自不同的結果。

P = 1 時：主要旋轉軸為正值的結果。

P = 2 時：主要旋轉軸為負值的結果。

註：未指定時，預設為 P0。

指令格式：

G53.1 Pp	
G53.1	工具軸方向控制
P	旋轉軸的選擇
0 時	各機械類型有各自不同的結果
1 時	主要旋轉軸為正值
2 時	主要旋轉軸為負值

提供 FANUC_ 發那科 3+2 固定軸程式範例做參考：

```
%
G0 G90   G94 G21 G49 G69
G17 G80 G40
G0 G90 G54
( TOOL TYPE        : TIPRADIUSED )
( TOOL ID.        :   "D12R0.4" )
( TOOL DIAMETER :   12.0   )
( TOOL LENGTH    :   60.0   )
T1 M6
G0 G91 G28 Z0
G0 G91 G28 X0
G0 G90 A0.0 C0.0
S1500 M03
(   ========= )
(   TOOLPATH    :   3+2AXIS ROUGH   )
(   WORKPLANE   :   3+2 )
(   ALLOWANCE   :   0.1   )
(   ========= )
M10
M45
G49
G69
G68.2 X-30.0449 Y-52.0392 Z35.8253 I-60.0 J0.0 K150.0
G53.1
M11
M46
G01 G90 X-0.0228 Y-0.6829 S1500 M03 F3000.
```

```
G43 Z95.9859 H1
M8
X0.0 Y1.4503
Z4.1343
Z0.2 F500.
X-13.9506 Y1.4505 F1000.
Y-1.4503
X13.9505 Y-1.4505
...
X0.0001 Y6.4503
G03 X-1.0391 Y3.9538 I-0.002 J-1.463
G01 X-1.0355 Y3.9503
G02 X0.0 Y1.4503 I-2.5 J-2.5
G01 Z95.9859 F3000.
M9
G69
G49
M05
M10
M45
G0 G91 G28 Z0
G0 G91 G28 X0
G0 G91 G28 A0.0
G0 G91 G28 C0.0
M30
%
```

Mastercam® 客製化後處理之軟體發展公司介紹

Postability is a custom software development firm focused on the development of NC post processors for Mastercam CAD/CAM Systems, which are used in the programming of computer-controlled machine tools.

As a Mastercam Business Partner, Postability works through the global Mastercam Reseller channel to support clients in all precision manufacturing industries including but not limited to automotive, aerospace, consumer products, defense, heavy equipment, medical, musical instruments, and power generation. Our vision is to be the most trusted and respected post processing firm in the world.

A Post Processor is the link between the CAM System and the NC machine. It convers generic CAM output into controller-readable file. We might refer to that as a driver, a translator, a converter, or middleware. While standard for NC code were developed (EIA RS-274D / ISO 6983 / DIN 66025), the adoption was low, meaning that post processors are a required step in the overall CAD/

CAM process in order to have useable NC code for a given machine tool.

Post processing is an important yet often overlooked step in the CAD/CAM/CNC process. A post processor (referred to as a "post") converts generic CAM system output to machine-specific NC code that accounts for machine kinematics, control syntax, advanced control functionality, programmer style, shop standards, and operator preferences.

Postability's Unified Post Kernel represents a step forward in Mastercam post development. Core post functions are maintained separately to the customized sections of each post processor. Each client benefits from ongoing development as the Unified Post Kernel is enhanced to support new Mastercam functionality, while simultaneously appreciating the high level of customization possible with Mastercam's MP post processor programming language.

Modern CAM systems and 3rd party systems now offer toolpath simulation within a machine environment. Postability offers Machine Simulation driven by the post processor, which can result in tighter correlation between posted code and simulated motion as compared to standard Machine Simulation.

5-Axis has become widely used in the machining industry. It offers many possible advantages:

-improved cutting conditions

-use of standard tooling

-shorter tool extensions for more rigid cutting

-reduced setups which can improve accuracy and efficiency, reduced cycle times

Reader of this book will learn 5-axis methods and become more comfortable with their application and use in industry. The author has done a great service to the industry by sharing their knowledge in the area.

Dave Thomson
President, Postability

附錄 *Mastercam*® 專案檔目錄

說明：
本書的專案範例檔案是使用 Mastercam 2020 版本進行編程的，只有使用此版本或以上的
Mastercam 版本才能開啓這些檔案。

第三章 - *Mastercam*® 多軸銑削加工使用入門 _
GettingStarted_Start.mcam

第四章 - 四軸旋轉銑削加工應用
_4axis_Start.mcam

第五章 - 3+2 固定軸銑削與鑽孔加工
_3Plus2axis_Start.emcam

第六章 - 多軸刀具軸向設定

3D curve
control_Finish.mcam

Boundary_Finish.mcam

From chain
control_Finish.mcam

From point
control_Finish.mcam

Lines_Finish.mcam

Plane
control_Finish.mcam

Surface
control_Finish.mcam

To point
control_Finish.mcam

第七章 - 多軸銑削工法應用

Muitiaxis toolpath-
casel_Finish.mcam

Muitiaxis toolpath-
case2_Finish.mcam

Muitiaxis toolpath-
case3_Finish.mcam

Muitiaxis toolpath-
case4_Finish.mcam

Muitiaxis toolpath-
case5_Finish.mcam

Muitiaxis toolpath-
case6_Finish.mcam

Muitiaxis toolpath-
case7_Finish.mcam

Muitiaxis toolpath-
case8_Finish.mcam

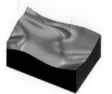

Muitiaxis toolpath-
case9_Finish.mcam

Muitiaxis toolpath-
case10_Finish.mcam

Muitiaxis toolpath-
case11_Finish.mcam

Muitiaxis toolpath-
case12_Finish.mcam

第八章 - 進階多軸工法選項應用

5axis collision
control.mcam

5axis linking
control.mcam

Toolaxis limit
control.mcam

第九章 - 五軸銑削加工實例：地球
_Mastercam_New globe_Start.mcam

第十章 - 五軸銑削加工實例：花瓶
_Mastercam_Vase_Start.mcam

Mastercam® 進階多軸銑削加工應用及實例

第十一章 - 五軸銑削加工實例：輪軸
_Wheel Axis_Start.mcam

第十二章 - 五軸銑削加工實例：五軸環
_5-Axis Ring_Start.mcam

第十三章 - 五軸銑削加工實例：骨板
_Mastercam Bone plate_Start.mcam

第十四章 - 五軸銑削加工實例：葉片

_Mastercam impeller_Start.mcam

第十五章 - 刀具路徑安全驗證及實體模擬

GettingStarted_Finish_Vi se.mcam

Machine_Simulation_01. mcam

Machine_Simulation_02. mcam

以上專案檔皆收錄於本書所附的光碟中。

國家圖書館出版品預行編目資料

Mastercam®進階多軸銑削加工應用及實例／吳
世雄，陳威志，鄧博仁著. －－二版.－－
臺北市：五南圖書出版股份有限公司，
2023.05
面；　公分
ISBN 978-986-522-541-4（平裝）

1.機械工程　2.電腦程式　3.電腦輔助設計

446.89029　　　　　　　　110002981

5F57

Mastercam®進階多軸銑削加工應用及實例

作　　　者 ― 吳世雄（56.7）、陳威志、鄧博仁

發 行 人 ― 楊榮川

總 經 理 ― 楊士清

總 編 輯 ― 楊秀麗

副總編輯 ― 王正華

責任編輯 ― 張維文

封面設計 ― 姚孝慈

出 版 者 ― 五南圖書出版股份有限公司

地　　　址：106台北市大安區和平東路二段339號4樓

電　　　話：(02)2705-5066　　傳　　真：(02)2706-6100

網　　　址：https://www.wunan.com.tw

電子郵件：wunan@wunan.com.tw

劃撥帳號：01068953

戶　　　名：五南圖書出版股份有限公司

法律顧問　林勝安律師

出版日期　2020年11月初版一刷
　　　　　2021年 3 月初版二刷
　　　　　2023年 5 月二版一刷

定　　　價　新臺幣1300元

經典永恆・名著常在

五十週年的獻禮——經典名著文庫

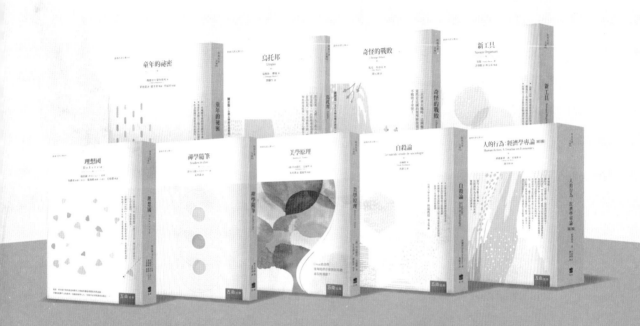

五南，五十年了，半個世紀，人生旅程的一大半，走過來了。

思索著，邁向百年的未來歷程，能為知識界、文化學術界作些什麼？

在速食文化的生態下，有什麼值得讓人雋永品味的？

歷代經典・當今名著，經過時間的洗禮，千錘百鍊，流傳至今，光芒耀人；

不僅使我們能領悟前人的智慧，同時也增深加廣我們思考的深度與視野。

我們決心投入巨資，有計畫的系統梳選，成立「經典名著文庫」，

希望收入古今中外思想性的、充滿睿智與獨見的經典、名著。

這是一項理想性的、永續性的巨大出版工程。

不在意讀者的眾寡，只考慮它的學術價值，力求完整展現先哲思想的軌跡；

為知識界開啟一片智慧之窗，營造一座百花綻放的世界文明公園，

任君遨遊、取菁吸蜜、嘉惠學子！